実践力を身につける

Pythonの
教科書

クジラ飛行机 ［著］

■ **本書のサンプルファイルについて**

本書のなかで使用されているサンプルファイルは以下のURLからダウンロードできます。

http://book.mynavi.jp/supportsite/detail/9784839960247.html

- サンプルファイルのダウンロードにはインターネット環境が必要です。
- サンプルファイルはすべてお客様自身の責任においてご利用ください。サンプルファイルを使用した結果で発生したいかなる損害や損失、その他いかなる事態についても、弊社および著作権者は一切その責任を負いません。
- サンプルファイルに含まれるデータやプログラム、ファイルはすべて著作物であり、著作権はそれぞれの著作者にあります。本書籍購入者が学習用として個人で閲覧する以外の使用は認められませんので、ご注意ください。営利目的・個人使用にかかわらず、データの複製や再配布を禁じます。

■ **本書中の文字の色について**

プログラムの囲みの中で、右のように文字自体に色が付いている場合は、Pythonが表示させている箇所であることを示します。読者のみなさんが入力をする必要はありません。

プログラムの囲みの中で、右のように文字にマーカーが引いてある場合は、そのプログラムの中で重要であったり、後で説明が出てくる箇所であったりすることを意味しています。

■ **「後から読んでも大丈夫」マークについて**

右のようなマークがついているところは、少し内容が高度なところです。初めて本書を読むときには難しいかもしれないので、よく分からなかったら飛ばしておいて、少しPythonに慣れてから、また読み直してみてください。マークがついていなくても、難しく感じるところがあったら、そこは飛ばして先に進み、折を見て見返してみると良いでしょう。

注　意

- 本書での説明は、Mac OS X (10.10.5) および Windows 7 を使用して行っています。使用している環境やソフトのバージョンが異なると、画面が異なる場合があります。あらかじめご了承ください。
- 本書に登場するハードウェアやソフトウェア、ウェブサイトの情報は本書初版第1刷時点でのものです。執筆以降に変更されている可能性があります。
- 本書の制作にあたっては正確な記述につとめましたが、著者や出版社のいずれも、本書の内容に関して何らかの保証をするものではなく、内容に関するいかなる運用結果についても一切の責任を負いません。あらかじめご了承ください。
- 本書中の会社名や商品名は、該当する各社の商標または登録商標です。本書中では™および®マークは省略させていただいております。

はじめに

本書は今、熱い注目を集めている、プログラミング言語Python（パイソン）の入門書です。これからPythonでプログラミングを学びたいと思っている皆さんに向けて書きました。Pythonはどんなプログラミング言語でしょうか。Pythonの良いところは、手軽に実用的なプログラムが作れるところです。学習が容易でありながら生産性が高いことでも有名です。そのため、プログラミングの初心者からその道のプロまで、幅広い層に支持されているプログラミング言語です。誰でも無償で利用できて、WindowsやMac OS X、Linuxと、メジャーな環境でも使うことができます。すでにPythonは多くの分野で使われており、実績も多くあります。世界有数の企業（有名なところでは、Google）が、積極的にPythonを採用してきました。

そうした点から見ても、十分にPythonを学ぶ価値があります。とはいえ、これまで日本では、プログラミング言語のRubyの人気に押され気味でした。しかし、科学分野や深層学習（ディープラーニング）、Web開発でのPython利用が加速したため、今や、Python熱風は世界をはじめ日本でも大きく吹き荒れているのです。ですから、専門書や資料が増えている今が一番Pythonを始めるのに適していると言えるでしょう。

プログラミングができると、仕事や生活を、より豊かにすることができます。プログラミングは、実用的で便利で、何より、楽しいものです。本書では、基本的なPythonの使い方を、実用的なサンプルと共に紹介しています。何事も、最初の一歩が肝心です。ぜひ、楽しくPythonを学んでいきましょう！

・対象読者

これからプログラミングを始めたい人
本格的なPythonプログラミングを始める前に基本を抑えたい人
Pythonについて一通り知りたい人

・謝辞

本書は、次の皆さんの協力により、より楽しく、より分かりやすい本になりました。この場をお借りして、改めて感謝致します。

マイナビ出版 伊佐知子さま、溝口良伸さま、EZNAVI.net（望月まさと）さま、
杉山陽一さま、totomodsさま

Contents

Chapter 1　Pythonのインストールとプログラムの実行　001

Chapter 1-1　プログラミングやPythonについて　002
プログラミングとは？　002
プログラミングを学ぶとどんな良いことがあるのか？　003
プログラミング言語「Python」とは？　004
本書を読み進めるヒント　005

Chapter 1-2　Pythonのインストール　006
Pythonのインストール概要　006
Pythonのダウンロード　006
Windowsでのインストール方法　007
Mac OS Xでのインストール方法　009

Chapter 1-3　Pythonの対話モードについて　012
対話実行モード(REPL)とは？　012
REPLの使い方　012
REPLを電卓として使ってみよう　015
電卓の何倍も便利なREPL　016

Chapter 1-4　Python開発環境について　018
Pythonの開発環境について結論からいうと……　018
PyCharm —— 本格的なPythonの統合開発環境　018
IDLE —— Pythonに標準付属　019
Atom　020

Chapter 1-5　エディタで書いたスクリプトを実行しよう　021
はじめてのPythonスクリプト　021
コマンドラインからプログラムを実行しよう　023

Chapter 2　はじめの一歩 —— 基本的な文法を学ぼう　027

Chapter 2-1　電卓より便利なPytyon　028
Pythonは電卓より便利　028
スクリプトから計算を行う方法　031
コメントについて　032
複雑な計算をスクリプトで解いてみよう　033

Chapter 2-2　変数について　034
変数とは？　034
Pythonで変数を使うには？　035
変数を使うと分かりやすくなる！　036
print( )関数で数値に説明を加える　038

Chapter 2-3　文字列について　042
文字列とは？　042
文字列の表現方法　042
三重引用符の利用　044
文字列同士の連結　045
文字列に変数の値を埋め込む　046

IV

Chapter 2-4	**ユーザーから入力を得る方法**	050
	ユーザーに値を入力してもらおう	050
	演算を行うときは型を合わせることが必要	052
	ユーザー入力のプログラムを作ってみよう	054
Chapter 2-5	**制御構文（1）条件分岐について**	056
	制御構文とは？	056
	条件分岐 if構文の使い方	057
	BMIで肥満度テストしよう	062
	TrueかFalseを表す、真偽型（bool型）について	064
	真偽型同士の演算に使う、論理演算について	064
	if構文を入れ子にする	066
Chapter 2-6	**制御構文（2）繰り返しについて**	070
	プログラムの繰り返しについて	070
	範囲付き繰り返しのfor構文について	073
	繰り返し中止のbreakと継続のcontinue	078

Chapter 3　リストや関数について —— 便利な仕組みを知っておこう　087

Chapter 3-1	**リストについて**	088
	リスト（list）について	088
	リストを一気に処理しよう！ 〜forと組み合わせる	090
	リストを操作してみよう	093
	リストの親戚「タプル（tuple）」について	098
	集合型（set）について	099
	リスト・タプル・集合型の特徴まとめ	100
Chapter 3-2	**辞書型について**	101
	辞書型（dict）とは？	101
	辞書型の使い方	102
	辞書の要素を列挙する方法	103
	辞書型をfor構文と組み合わせて使おう	105
	英単語の出現回数を数えてみよう	108
Chapter 3-3	**文字列の操作**	110
	文字列を操作しよう	110
	文字列の生成と演算	110
	文字の抽出	111
	文字列の分割と結合	113
	文字列の置換	114
	その他の文字列の操作	115
Chapter 3-4	**関数の定義と利用**	116
	関数とは？	116
	関数を定義してみよう	117
	docstringについて	119
	関数の中で関数を呼ぶ「再帰」について	124
	引数のデフォルト値を指定する	126
	名前付き引数の指定	127

V

可変長引数の指定	128
ローカル変数とグローバル変数について	129

Chapter 3-5　無名関数について　131

関数は変数に代入できるのか?	131
関数定義しない関数 —— 無名関数とは?	134
リストに対する処理map()とfilter()について	136
リストや辞書型の値を並び替えよう	138

Chapter 3-6　イテレータとジェネレータについて　141

イテレータとジェネレータについて	141
for構文が繰り返し実行される仕組み	141
イテレータについて	143
ジェネレータ —— 自作のイテレータを作ろう	144

Chapter 3-7　例外処理について　148

例外処理とは?	148
エラーを補足する —— try .. except .. 構文	149
エラーを発生させる	152
for構文と同じ機能の関数を作ってみよう	153

Chapter 4　モジュールやパッケージを使ってみよう　155

Chapter 4-1　モジュールについて　156

モジュールとは?	156
便利な標準モジュールを使ってみよう	160
標準ライブラリのrandomモジュールを使ってみよう	160
標準ライブラリのdatetimeモジュールを使ってみよう	163
標準モジュールと自作モジュールどちらが優先される?	165

Chapter 4-2　PyPIのパッケージを使ってみよう　166

PyPIとは?	166
暗号化ライブラリ「pycrypto」を使ってみよう	168
pipでインストールしたパッケージについて	172

Chapter 4-3　ファイル処理とwith構文　173

ファイルを読み書きしよう	173
ファイル読み書きの作法	173
try..finally..で確実に閉じよう	176
with構文を使って楽をしよう	176
テキストファイルを1行ずつ処理しよう	177
Pythonのオブジェクトや変数を保存しよう	178

Chapter 4-4　コマンドラインツールを作ろう　180

コマンドラインから使うツールを作ろう	180
コマンドライン引数を受け取ろう	180
ファイル名で検索するツールを作ろう	185
スクリプトのパスを得る方法	187

Chapter 4-5　正規表現について　188

正規表現とは?	188
正規表現を覚えよう	190

Chapter 4-6	**リスト内包表記**	195
	リスト内包表記とは?	195
	三項演算子とリスト内包表記でFizzBuzzゲーム	199
	内包表記の種類	200
Chapter 4-7	**デコレータについて**	202
	デコレータとは?	202
	多重にネストするデコレータ	205

Chapter 5 　実践編 ── **Python を実践で使おう**　207

Chapter 5-1	**デスクトップアプリを作ってみよう**	208
	デスクトップアプリとは?	208
	ダイアログを使ったGUIアプリ	208
	GUIプログラミング	211
	文字数カウンタを作ってみよう	212
Chapter 5-2	**Webアプリを作ってみよう**	214
	Webアプリとは?	214
	PythonでWebサーバを起動しよう	215
	いちばん簡単なWebアプリ	216
	URLパラメータの値を取得しよう	220
	Webアプリで上手にデバッグする方法	221
Chapter 5-3	**Webアプリの1行チャットを作ろう**	223
	こんなチャットを作ろう	223
	フォーム部品について	224
	チャットアプリのプログラム	226
Chapter 5-4	**機械学習に挑戦してみよう**	231
	機械学習とは?	231
	Scikit learnではじめる機械学習	233
Chapter 5-5	**機械学習でワインの美味しさを判定しよう**	241
	機械学習でワインの美味しさを判定するには	241
	ワインのデータについて	241
	機械学習のプログラムを書こう	243

Chapter 6 　応用編 ── **オブジェクト指向について**　249

Chapter 6-1	**オブジェクト指向について**	250
	オブジェクト指向とは?	250
	コンストラクタ ── インスタンスの初期化メソッド	253
	BMI計算クラスを設計する	255
	テストの点数を管理する	256
	クラス変数とインスタンス変数	258
Chapter 6-2	**継承について**	261
	継承とは?	261
	メソッドのオーバーライド	265
	多重継承について	267

VII

Chapter 6-3	**非公開メンバと静的メソッド**	270
	オブジェクト指向の機能を掘り下げよう	270
	非公開メンバについて	270
	空のクラスについて	272
	静的なメソッドstaticmethodについて	273
	今日の為替レートを取得してみよう	274
Chapter 6-4	**クラスの特殊メソッドについて**	276
	クラスの特殊メソッドとは？	276
	演算子のオーバーロード	276
	インデックス番号やキーのアクセスを実現する __getitem__ と __setitem__	279
	イテレータとして振る舞うクラスを作ろう	281
	アクセサとゲッター・セッターについて	282
Chapter 6-5	**抽象基底クラスとダック・タイピング**	286
	抽象基底クラスとダック・タイピングについて	286
	抽象基底クラスとは？	286
	ダック・タイピングについて	288
Chapter 6-6	**ユニットテストについて**	292
	ユニットテストとは？	292
	テストの前準備と後片付け	295
	値を検証するメソッド	297
Chapter 6-7	**会員制Webサイトを作ろう**	298
	会員制Webサイトを作るには	298
	クッキー（Cookie）について	298
	セッション（Session）について	300
	会員制のメッセージボードを作ろう	303

| Index | **キーワード** | 310 |
| | **コマンド・スクリプト** | 310 |

TIPS	OS XのIDLEで日本語が入力できない場合	011
TIPS	パッケージ管理システムを使う方法	011
TIPS	Python Shell（IDLE）からREPLを使う方法	017
TIPS	Python 2とPython 3は何が違うの？	026
はてな？	日本語の変数名は使わないの？	041
Column	値はすべてオブジェクトである	084
Column	Raspberry Piで快適なカフェを！	085
Column	エラーとバグについて	086
TIPS	似たような処理を何度も書くのはバグの元	124
Column	バグのないプログラムを書くために	154
TIPS	importしなくても使える組み込み関数	159
Column	本格Webサーバアプリ「Apache」について	230

VIII

Chapter 1

Pythonの インストールと プログラムの実行

最初に、Pythonの開発環境を整えましょう。Pythonの公式サイトで、各OS向けの親切なインストーラーを配布しています。ここでは、Pythonのインストール方法について、そして、簡単なプログラムを実行する方法について解説します。

Chapter 1-1	プログラミングやPythonについて	002
Chapter 1-2	Pythonのインストール	006
Chapter 1-3	Pythonの対話モードについて	012
Chapter 1-4	Python開発環境について	018
Chapter 1-5	エディタで書いたスクリプトを実行しよう	021

Chapter 1-1

プログラミングやPythonについて

この節のポイント

- ●プログラミングがどんなものか知っておこう
- ●「Python」の特徴を知っておこう
- ●本書の読み方を知っておこう

プログラミングとは？

私たちがコンピュータを操作するとき、通常は、何かしらのアプリケーションを利用します。MicrosoftのExcelやWordも、アプリケーション（以後、アプリと略します）です。スマートフォンの通話アプリやゲームやメッセージツールもアプリです。私たちがコンピュータに直接命令を出すことは、今ではほとんどないでしょう。私たちはアプリを通して、さまざまなサービスを利用します。

そして、アプリを作成するのに利用するのがプログラミング言語です。Pythonはプログラミング言語の中でも、「スクリプト言語」と言って、手軽に使えるプログラミング言語の1つです。スクリプト（英語：script）というのは、台本という意味です。例えて言うなら、コンピュータは演劇の舞台です。その上で動くPythonのプログラムは、さながら、俳優や女優です。そうです、私たちが書いた台本通りに、プログラムは舞台となるコンピュータの上で動くのです！ プログラマーの多くはプログラミングを楽しいと感じています。それは、思い通りに、舞台を演出する監督の気分を味わうことができるからです。

図1-1-1　Pythonは台本通りに動く役者

とはいえ、プログラミング言語は、現実の台本と違って、曖昧な表現を記述することはできません。コンピュータの上で動く演者は、なかなかに頑固なのです。私たちの側が的確な指示を出さないことには、思い通りに動いてくれないのです。もちろん、何が悪いのかエラーメッセージを出して教えてくれるので、全くの無愛想の分からず屋というわけではありません。しかも、幸いなことに、Pythonは、それほど気むずかしいわけではありません。

これから、Pythonについて学んで行きますが、それは、役者をどのように動かすのかを指示する台本を書くことであるとイメージして、楽しく学んでください。

プログラミングを学ぶとどんな良いことがあるのか?

本書を通してプログラミングを学ぶことができます。プログラミングができると、どんな良いことがあるでしょうか?大きく3つのメリットがあります。

- **プログラミングによって仕事を自動化できる**
- **論理的思考力(ロジカルシンキング)を培うことができる**
- **問題解決のためのスキルを向上させることができる**

プログラミングができれば、さまざまな仕事を自動化することができます。つまりPythonを利用して、身の回りのさまざまな定型作業を自動化できます。どんな仕事をするにしても、今では、コンピュータを使わない仕事はありません。そして、コンピュータを使うのであれば、プログラミングができることで、仕事の質を大きく向上させることができます。ちょっとした作業でも効率よく自動化することができるからです。ですから、プログラミングができる人と、できない人では、仕事の質、また、人生の厚みが異なると言っても良いかもしれません。

また、プログラミングを通じて、「論理的思考力」(ロジカルシンキング)を鍛えることができます。これは、プログラミングだけでなく、大きく人生の役に立ちます。そもそも、論理的思考力とは、物事を成し遂げるために必要となる事柄を、列挙・整理し、具体的な手順を考えることです。論理的思考力があるなら、物事における目標や目的を明確にすることができます。

そして、難解な問題を解く際に、複雑で大きな問題を解決が容易な小さな問題に分割して考えることができるようになります。これは、まさに、プログラムを作るために必要とされる能力です。こうした論理的思考力は、プログラムを作るだけでなく、現実の社会で起きるあらゆる問題に対処するのに役立つものです。このように、論理的思考力を鍛えれば、問題解決のためのスキルも高くなると言えます。

現に、世界の大富豪の多くがプログラマー出身です。Microsoftのビル・ゲイツ、Googleのセルゲイ・ブリン、ラリー・ペイジ、Facebookのマーク・ザッカーバーグなど、数兆円規模の資産を築いたIT企業の創業者は、みんなプログラマー出身なんです。その見事な経営手法の背後には、プログラミングによって磨き鍛え抜かれた論理的思考力・問題解決スキルが関係しているに違いありません。プログラミングを学ぶことには、さまざまなメリットがあるのです。

プログラミング言語「Python」とは？

本書の冒頭でちょっと紹介しましたが、Pythonについて、改めて紹介しましょう。Pythonとは、オープンソースで開発されている、フリーのプログラミング言語です。

1991年にオランダ人のグイド・ヴァンロッサムが開発し、公開したのが始まりです。2000年にバージョン2が公開されると、注目を集めメジャーなプログラミング言語として認知されるようになりました。Windows/Mac OS X/LinuxとさまざまなOSで動作し、今では、多くの場面で利用されています。

Pythonの名前ですが、イギリスのTV番組『空飛ぶモンティ・パイソン』に由来しています。そして、英語の辞書を引いてみると分かりますが『python』というのは『ニシキヘビ』を意味する単語です。そのため、Pythonのマスコットやアイコンに、ニシキヘビが使われています。
続けて、Pythonの特徴を紹介しましょう。

Pythonの特徴1 —— 可読性の高さ

Pythonの特徴の1つ目は、可読性の高さです。インデント(タブやスペースで文字の開始位置を下げること)によって、コードの可読性が高くなるように言語が設計されています。また、より少ないコード行数でプログラムを表現できるようにも工夫されています。小規模なプログラムから大規模なプログラムまで、さまざまなプログラムを分かり易く書けるようにと配慮されているのです。

Pythonの特徴2 —— ライブラリが豊富

また、ライブラリ(汎用的に使えるようプログラムをまとめたもの)が豊富に用意されているのも特徴です。膨大なライブラリがインターネット上で公開されており、パッケージ管理ツールにより、手軽にライブラリを自作のプログラムに追加できるようになっています。それで、Pythonは、Webアプリケーションやバッチ処理、デスクトップで動くアプリケーションの開発や科学計算・機械学習などなど、さまざまな場面で活用されています。

Pythonの特徴3 —— オブジェクト指向言語

Pythonは、オブジェクト指向開発を実践することもできます。詳しくは後ほどのChapter 6で紹介しますが、オブジェクト指向とは、ソフトウェアの設計や開発において、操作手順よりも操作対象に重点を置く考え方を言います。オブジェクト指向を使うと、効率的なソフトウェアの開発ができるのが特徴です。Pythonが扱うデータはすべて「オブジェクト」の構造になっています。とはいえ、Pythonでは、オブジェクト指向をそれほど意識しなくても利用できるよう工夫されています。オブジェクト指向については、少しずつ覚えていきましょう。

本書を読み進めるヒント

本書を楽しく読み進めるヒントを紹介します。というのも、プログラミングの入門者が陥りやすい罠があるのです。それは「100%理解しないと次に進めない症候群」です。これは、最初から解説やサンプルプログラムのすべてを理解しようとして、熱心に本を読んでいく人に多いのですが、そのつど、すべてを理解しようとするため、何度も同じ所を繰り返し読んで、なかなか先に進めなくて、イライラするという状況が連続します。最後には、本を読むのをやめるだけではなく、プログラミングが嫌いになってしまいます。

本書を含め入門書というのは、できるだけ分かりやすくプログラミングについて説明するものですが、どうしても、プログラミングの概念はひとことで説明できないところもあります。そもそも、そういう決まりになっており、他に説明のしようがない場合もあります。ですから、ある程度、理解したら、分からない部分が多少あったとして先に読み進めてください。そして、折を見て読み返してみるというのが良いでしょう。きっと、前回読んだときよりも、内容を理解できるようになっているはずです。

プログラミングは手を動かして動作を確認するのが大切

そして、ぜひ、自分でサンプルプログラムを打ち込んで実行してみてください。最初は訳が分からなくても「プログラムを書いて動かす」という体験が理解につながります。それから、サンプルのプログラムが正しく動いたら、少しでも良いので、自分なりに書き換えてみてください。プログラムを書き写して、実行して、書き換えて再び動作を確認する、これを繰り返し行うことで、理解はぐっと深まります。

それでは、読者の皆さんが、本書を通して、楽しくPythonプログラミングを習得できることを願っています(間違っても、イライラして本を投げ捨てるなんてことがありませんように……)。

- もし分からないことが出てきても、こだわりすぎず読み進めよう
- 分からなかった部分は、後から見直してみよう
- 手を動かして、プログラムを打ち込んで実行してみよう

Chapter 1-2

Pythonのインストール

この節のポイント

● Windows/Mac OS XにPythonをインストールしよう

Pythonのインストール概要

Pythonは、マルチOSに対応しています。Windows、Linux、Mac OS Xなどの主要なOSで利用することができます。また、Android、iOSなどのモバイルOS上で利用することもできます。そうです、Pythonができれば、さまざまなプラットフォーム上でプログラムを動かすことができるのです。

ただ、プログラミングを学ぶのに主に利用する環境は、WindowsかMac OS Xだと思いますので、ここでは、WindowsとMac OS Xについて、そのインストール方法を紹介します。

Pythonのダウンロード

Pythonをインストールするには、まず、Pythonの公式Webサイトから、インストーラーをダウンロードします。Webサイトのダウンロードページは、以下になります。

● **PythonのWebサイト > ダウンロードページ**
   [URL] https://www.python.org/downloads/

ダウンロードページにアクセスすると、2つのダウンロードボタンがあります。「Python 3.x.x」と「Python 2.x.x」(xには任意の数字が入ります)の2種類が提供されています。
Python 3とPython 2の違いについては、後ほど紹介しますので、ここでは、「Python 3.x.x」のボタンをクリックしてダウンロードしましょう。

では、どのようにインストールするのか、各OSごとに見ていきましょう。

図1-2-1　Pythonのダウンロードページ

Windowsでのインストール方法

1 インストーラーを実行する

インストーラーのダウンロードが完了したら、実行ファイルをダブルクリックして実行します。セキュリティの警告がでるので、発行元が「Python Software Foundation」であることを確認して実行ボタンをクリックします。

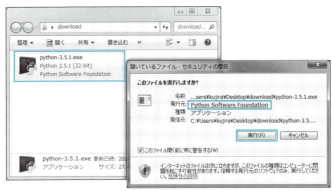

図1-2-2　アイコンをダブルクリックして実行

2 インストールを開始

すると、右図のようなインストーラーの画面がでます。ここがポイントなのですが、画面下方にある「Add Python 3.x to PATH」というチェックボックスにチェックをつけてから、画面上側にある「Install Now」のボタンをクリックします。

図1-2-3　チェックをつけてインストール開始

再度、確認のため、ユーザーアカウント制御のダイアログが表示されます。「コンピューターへの変更を許可しますか？」の問いに「はい」のボタンを選んでクリックします。すると、Pythonがインストールされます。

図1-2-4　変更を許可する

3 インストール終了

Windows 7では、プログラムの一覧に、Python 3.xが表示されていれば、インストール完了です。
Windows 8/8.1では、「スタート」画面左下に出る「↓」ボタンを押し、アプリ一覧に表示されていれば完了です（画面の右奥に表示されていることがあるので、よく探してください）。
Windows 10では、スタートメニューから「すべてのアプリ」をクリックして、Python3.xが表示されていれば完了です。

図1-2-5　Pythonがインストールされた!

4 「python3」コマンドを有効にする

Mac OS X版をインストールすると、「python3」というコマンドが使えるようになるのですが、Windows版では、「python」コマンドが使えるようになります。Pythonには、2系と3系の両方があり、できれば区別して使いたいものです。そこで、Python 3のインストールフォルダを開きます。Windows 7では、スタートメニューから、Python 3の「Python 3.x」のアイコンを右クリックすると「ファイルの場所を開く」というメニューがあるので、これをクリックすると、インストールフォルダを開くことができます。Windows 8/8.1/10では、それぞれ上の「3」の手順で確認した「Python3.x」を右クリックして「ファイルの場所を開く」を選んでフォルダを開き、そこでさらに「Python3.x」を右クリックして「ファイルの場所を開く」をクリックしてインストールフォルダを開きます。

すると、そこに「python.exe」がありますので、これをコピー&ペーストして複製してください。そして、ファイル名を変更して「python3.exe」としてください。これで、「python3」コマンドが有効になります。

図1-2-6

図1-2-7　python3コマンドを作成します

Mac OS Xでのインストール方法

1 インストーラーを実行する

実は、OS Xには、最初からPythonがインストールされています。しかし、プリインストールされているのは、Python 2系のものです。本書では、Python 3系を利用しますので、次の手順でインストールしましょう。
P.006のURLからPython 3のインストーラーをダウンロードしたら、ダブルクリックしてインストールを開始しましょう。

図1-2-8 インストーラーをダブルクリック

2 インストールを進める

ウィザードが表示されたら、基本的には、内容を確認して「続ける」ボタンをクリックしていけば、インストールが完了します。

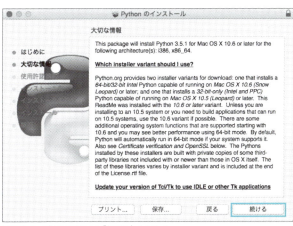

図1-2-9 情報を確認して「続ける」をクリック

ライセンスが表示されたら、同意して続けます。

図1-2-10 ライセンスに同意します

右のダイアログが出たら、インストーラーに権限を与えて、Pythonのインストールを実行します。

図1-2-11　パスワードを入力します

少し待つと、インストールが完了します。

図1-2-12　インストールが完了します

3　インストール終了

Finderのアプリケーションの中に、`Python 3`(または`3.x`)が見つかればインストールが完了しています。

図1-2-13
Pythonがインストールされました

ただし、このアプリケーション・ディレクトリの中には、ランチャーやIDLEなどGUIツールが入っているばかりで、Pytyonの実行ファイルは見当たりません。Pythonの実行ファイルは、以下のパスにインストールされます。

［本体］/Library/Frameworks/Python.framework/Versions/3.5/bin/python3
［リンク］/usr/local/bin/python3

TIPS

OS XのIDLEで日本語が入力できない場合

ちなみに、Mac OS X版のPython 3.5.1を使う場合、インストーラーに付属のTcl/Tkのバージョンにバグがあり日本語入力が全くできません。そこで、以下のページにアクセスし、8.5系の最新版をダウンロードし、インストールしてください（このとき、Python 3.5.1では、8.6系に対応していないため、8.5.18などを選んでダウンロードします）。

● **ActiveTclダウンロード**
  [URL] http://www.activestate.com/activetcl/downloads

TIPS

パッケージ管理システムを使う方法

ちなみに、Linuxをベースとしている、UbuntuやRaspberry Pi(Raspbian)では、パッケージ管理システムを使って、簡単なコマンドを実行するだけで、Pythonをインストールできます。
ターミナルを起動して、以下のコマンドを入力するだけです（「$」はコマンドラインが入力できる状態であることを表しており、「$」自体を入力する必要はありません。また#から始まっている文はコメントなので、やはり入力する必要はありません）。

```
$ sudo apt-get install python3
```

実は、OS Xにも、Homebrewというパッケージ管理システムがあり、これを利用して、Pythonをインストールすることができます。ただし、Homebrew自身もインストールする必要があります。Homebrewをインストールするには以下のコマンドを実行します。

```
# Homebrewのインストール
$ /usr/bin/ruby -e "$(curl -fsSL https://raw.githubusercontent.com/Homebrew/
install/master/install)"
```

Homebrewがインストールさたら、以下のコマンドを実行します。

```
# HomebrewでPython3をインストール
$ brew install python3
```

この節のまとめ

Pythonは、さまざまなプラットフォームで動かすことができます。ここでは、主に、WindowsとMac OS Xのインストール方法を紹介しました。それぞれ、親切なインストーラーが用意されているので、それほど悩まずにインストールできたのではないでしょうか。

Chapter 1-3

Pythonの対話モードについて

この節のポイント

● Pythonには対話実行モード(REPL)があるので使ってみよう

● 対話実行モード(REPL)の使い方を覚えよう

● Pythonを電卓代わりに使ってみよう

対話実行モード(REPL)とは?

「Python」は、プログラミング言語の中でも、プログラムを逐次実行できることで有名です。

そもそも、世の中にはたくさんのプログラミング言語がありますが、大きく分けると「インタプリタ」と「コンパイラ」の2つに分けることができます。「インタプリタ」というのは、プログラムを逐次実行する気軽に使えるプログラミング言語です。これに対して、「コンパイラ」というのは、プログラムの実行前にコンパイルと呼ばれる変換作業が必要なプログラミング言語です。当然、Pythonは前者の「インタプリタ」に属しています。

そして、多くのインタプリタには、「REPL※1」と呼ばれる対話実行モードが用意されており、PythonにもREPLがあります。これを利用すると、1行プログラムを入力するごとに、その結果を見ることができるので、プログラムの学習や、Pythonの動作を確認するのに、とても都合が良いのです。

それでは、ここでは、Pythonのことはじめとして、対話実行モードを使って、Pythonに慣れ親しみましょう!

ちなみに、以後、対話実行モードをREPLと呼びます。

REPLの使い方

REPLを使うには、コマンドラインを起動して、「python3」コマンドを実行するだけです。とはいえ、始めてプログラミングに接する多くの方は、コマンドラインにそれほど慣れていないことでしょう。OSごとにREPLの実行方法を紹介しましょう。

ちなみに、**コマンドライン**(command line)とは、ユーザーがキーボードからコマンドを打ち込むことで、コンピュータに指令を与えることのできる画面です。与える指令のことを「コマンド」と言います。また、コマンドプロンプト

※1 REPLとは、英語のRead-Eval-Print-Loopの頭文字を取ったものです。入力を読んで(Read)、評価して(Eval)、結果を表示(Print)することを繰り返し実行する(Loop)という意味です。

012　**Chapter 1**　Pythonのインストールとプログラムの実行

(command prompt)とか、コンソール(console)とか、ターミナル(terminal)とも言います。表現方法はいろいろありますが、OSなど環境の違いによって表現が異なるだけで、同じ文脈で利用します。

WindowsでREPLを実行する

まずは、コマンドプロンプトを起動します。Windows 7/8/8.1/10では、デスクトップを表示した上で、[Windows]キーを押しながら[R]キーを押します。すると「ファイル名を指定して実行」というダイアログが表示されます。そこに「cmd」と入力して[Enter]キーを押します。

図1-3-1　コマンドプロンプトを起動します　　　　図1-3-2　コマンドプロンプト

コマンドプロンプトの真っ黒な画面が表示されたら、「python3」(あるいは「python※2」)とタイプして[Enter]キーを押します。すると、REPLが始まります。

最後の行に「>>>」と表示されたら、REPLが始まっている証拠です。

図1-3-3　WindowsでREPLを起動したところ

REPLを終了するには「quit()」と入力します。あるいは、コマンドプロンプトの右上の終了ボタン[x]をクリックしても終了させることができます。

ところで、コマンドプロンプトではなく、「PowerShell」を利用して、REPLを実行することもできます。PowerShellは強力なコマンドの実行環境です。それでいて、コマンドプロンプトとほとんど使い勝手が同じです。ですから、本書で「コマンドライン」と表記されているプログラムを実行する際には、PowerShellを使うことをお勧めします。

PowerShellを起動するには、[Windows]＋[R]キーを押して出る「ファイル名を指定して実行」のダイアログを出したら「powershell」とタイプすると起動できます。コマンドプロンプトと同じように、「python3」(あるいは「python」)とタイプして[Enter]キーを押し、REPLを開始します。

※2　WindowsにPython 3をインストールした時点では、「python」コマンドが使えるだけです。本書では「python3」コマンドを使うことを前提にしています。P.008を参考に「python3」コマンドを使えるようにしておきましょう。

OS XでREPLを実行する

Mac OS Xでは、「ターミナル.app」を起動します。

Finderから起動する場合は、Finderのサイドバーから「アプリケーション ＞ ユーティリティ ＞ ターミナル」とたどっていった場所にあります。あるいは、Spotlight（画面右上のメニュー上にある虫眼鏡のアイコン）をクリックして、「ターミナル」あるいは「terminal」と入力すると起動できます。

図1-3-4
ターミナル.appを起動します

「ターミナル.app」が起動したら、「python3」とタイプして[Enter]キーを押します。すると、REPLが起動します。

最後の行に「>>>」と表示されたら、REPLが始まっている証拠です。

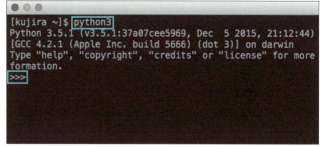

図1-3-5　OS XでREPLを起動したところ

REPLを終了させるには、「quit()」と入力します。あるいは、ターミナル.appの左上にある赤色の終了ボタンを押すことでも終了できます。

REPLを電卓として使ってみよう

それでは、はじめてのPythonプログラムを入力してみましょう！　といっても、REPLなら、Pythonを簡単な電卓として使うことができるのです。

まず、REPLを起動すると、REPLが起動したことを表す3つの大なり記号「>>>」が表示されます。この記号が出ていたら、Pythonに指示を与えることができるという意味です。

では、ここに「3 + 5」と入力してみましょう。そして、最後に [Enter] キーを押してください。すると、Pythonがそれに答えて、8という答えを返してくれます。なお、以下のスクリプトの色がついているところは、Pythonが返す結果です。

`REPL`

```
>>> 3 + 5
8
```

本書では、REPLを使ってPythonの動作を確認することが多いので、もう一度確認しておきましょう。REPLにおいて「>>>」から始まる行が人間が手で入力するプログラム部分で、その下にあるのがPythonの応答です。REPLを使うと即時プログラムが実行されて、実行結果が表示されるのです。

動作を確認するために、もう一度、足し算を計算させてみましょう。

`REPL`

```
>>> 111 + 222
333
```

難しくありませんね。それでは、もう少し複雑な計算もさせてみましょう。ちなみに、かけ算はアスタリスク「*」で、割り算はスラッシュ「/」を使います。

`REPL`

```
>>> 2 * 5
10
>>> 10 / 2
5.0
```

では、もし、足し算とかけ算を同時に計算させるとどうなるでしょうか。

`REPL`

```
>>> 2 + 3 * 4
14
```

Pythonが返した計算結果を見ると「14」です。

ここから、足し算よりもかけ算が優先されたことに気づいたでしょうか。

015

2＋3を優先させたければ、丸カッコ（ `...` ）で括ることで、計算の優先順位を変更することができます。

REPL

```
>>> (2 + 3) * 4
20
>>> (3 + (3 * 4)) / 5
3.0
```

ここで記述した計算式ですが、数字と演算子の間にスペースを入れて、式を見やすく表記しています。スペースを入れても、入れなくても、同じ結果になりますので、好みや状況に応じてスペースを使い分けると良いでしょう。

計算結果「3.0」の謎

ちなみに、割り算の結果を見ると、5.0とか3.0と表示されていることに気づくでしょうか。実は、Pythonでは、**整数と実数を異なる種類のデータ型**として扱います。3は**整数型**（`int`）ですが、3.0は**実数の型**（`float`）であることを示しています。ここでは、データ型という概念についてまだ意識する必要ありませんが、小数点以下が表示されていたら、`float`型なんだなと思ってください。そして、割り算（演算子「`/`」）を使うと、割り算の結果が整数型で表現できる値であっても、実数の型で計算が返されます。

電卓の何倍も便利な REPL

このように、REPLを使うと電卓のように使えます。REPLって本当に便利ですね。筆者は、PC上でちょっとした計算をしたいと思ったときには、電卓アプリを起動することはほとんどなく、REPLを起動して計算しています。REPLを使って計算すれば、ただの四則演算だけでなく、Pythonの持っているさまざまな**関数**を利用した計算を行うことができるんです。

たとえば、小数点以下を切り捨てる`math.floor()`や、平方根を計算する`math.sqrt()`などを利用できます。この機能を利用するには、「`import math`」と入力する必要があります。こんな感じで使えます。

REPL

```
>>> import math
>>> math.floor(10 / 3)
3
>>> math.sqrt(10)
3.1622776601683795
```

`math.floor()`や`import math`については、後で詳しく説明が出てきますので、ここでは「そういうものがあるんだ」という気持ちで見ておいてください。もちろん、`math`以外にも、Pythonの高度な計算機能を利用できます。こうした強力な機能を使えることを思うと「REPLは電卓の何倍も便利」といえますね。

016　**Chapter 1**　Pythonのインストールとプログラムの実行

この節のまとめ

ここでは、Pythonを対話的に実行できるREPLの簡単な使い方について紹介しました。これから、Pythonの文法について紹介していきますが、文法を手軽に試すのに、REPLが役立ちます。また、本文で紹介した通り、計算機の代わりとしても便利です。REPLの使い方を覚えておきましょう。

TIPS

Python Shell (IDLE) からREPLを使う方法

ここでは、敢えて、コマンドラインに慣れてもらうために、コマンドプロンプトやターミナルから、REPLを起動する方法を紹介しました。しかし、Pythonのインストールパッケージを使ってインストールした場合には、Python Shell(IDLE)というツールが付属しています。IDLEは、Windowsのスタートメニューから「Python3.x > IDLE」で起動できます(OS Xでは、Spotlightに「IDLE」と入力して起動できます)。これは、コマンドラインからREPLを起動したときと同じように、Pythonに計算させることができます。

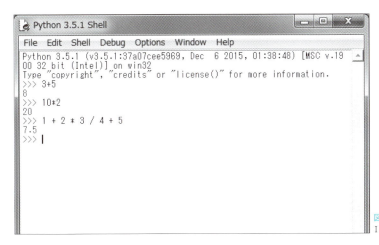

図1-3-6
IDLEを起動したところ

Chapter 1-4

Python開発環境について

この節のポイント

● Pythonの開発環境にはいろいろある

● いろいろあるので好きなものを選ぶことができる

● 最低限テキストエディタがあれば十分かも！？

Pythonの開発環境について結論からいうと……

ここでは、いろいろなPythonの開発環境を紹介します。コードの入力支援機能を備えたもの、プログラムが見やすくなるようカラーリング支援してくれるもの、いろいろな機能があります。どれが良いのかは、使用用途や個人の好みによって異なります。皆さんが、使いやすそうと思ったツールを導入してみてください。とはいえ、結論からいってしまうと、Pythonを開発するのにあたって、最低限必要となるのは、使い慣れたテキストエディタとPython本体のみです。本書では、基本的には、特定の開発環境に依存せず、テキストエディタとPythonだけを用いたプログラムの実行方法を紹介します。もし決まったテキストエディタがなければ、後述のAtomをお使いください。

では、テキストエディタ以上のツールを導入するメリットは何でしょうか。それは開発効率かもしれません。ある程度、大きなプログラムを作る場合には、プロジェクトを管理する機能があると便利です。そして、たくさんのスクリプトを作ったとき、他のプログラムで定義したクラスやメソッドなどをパッと参照できると便利です。本格的なプログラムの統合開発環境を利用すると、そうしたことが簡単にできるようになります。

PyCharm —— 本格的なPythonの統合開発環境

Pythonの本格的な統合開発環境で、よく最初に名前が挙げられるのが「PyCharm」です。大きな開発プロジェクトでも使える、プロジェクト単位の管理機能に加え、強力なコード補完機能や、プロジェクト内の変数やクラス名を一括で書き換えるリファクタリング機能、バージョン管理ツールとの連携など、非常に多機能です。

有料版と機能を削った無償版（コミュニティー版）があります。

[URL] https://www.jetbrains.com/pycharm/
[対応OS] Widows/OS X/Linux
[価格] 199ドル/年（ただし、無償版あり）

018 **Chapter 1** Pythonのインストールとプログラムの実行

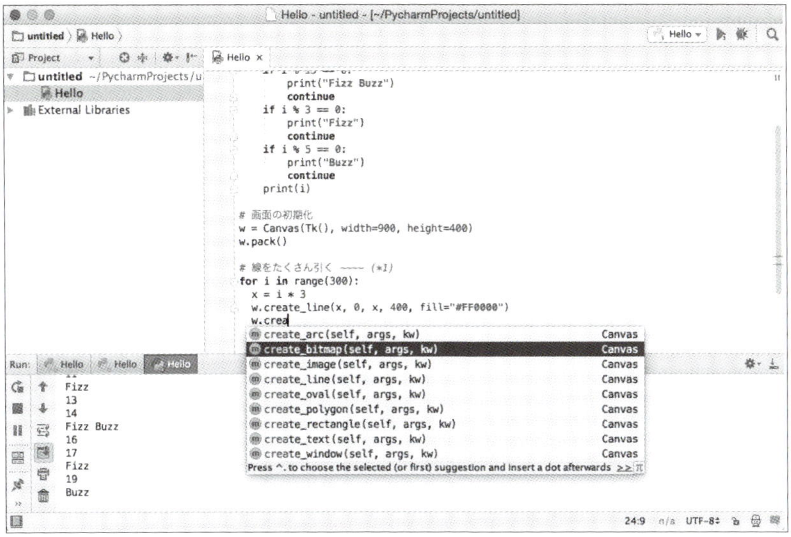

図1-4-1　PyCharm

IDLE —— Pythonに標準付属

「IDLE」はインストーラーを使ってPythonをインストールすると標準で付いてくる簡易的な開発環境です。Pythonの標準GUIツールキットであるtkinterを使って作られており、まさに、PythonによるPythonのための開発環境ということができます。コードのハイライト・自動補完・自動インデントなど必要十分な編集機能を備えています。また、ステップ実行・ブレークポイントの指定・コールスタックの可視化など、デバッグ支援機能も充実しています。とはいえ、それほど使い勝手がよくないのが難点です。

［URL］https://docs.python.org/3/library/idle.html
［対応OS］Windows/OS X/Linux
［価格］フリー

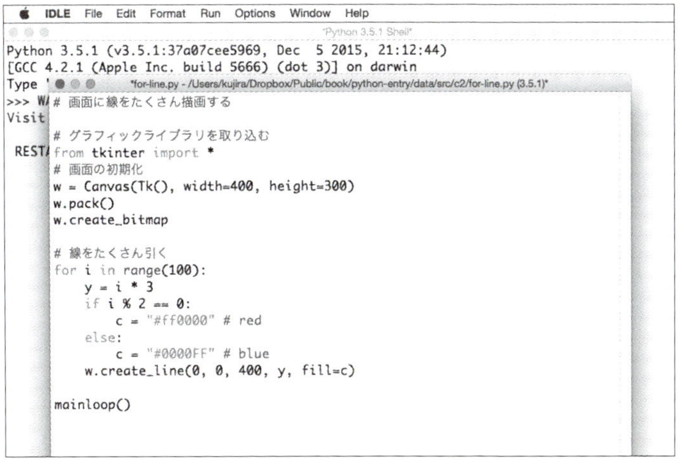

図1-4-2
IDLE（Pythonに標準付属する開発環境）

Atom

Atomはオープンソース開発されている、今、注目のテキストエディタです。非常に拡張性が高く、プラグインをインストールすることで、さまざまな機能を追加することができます。Atomで標準の設定でも、Pythonのコードをハイライトする機能がインストールされており、簡単なコード補完を使うことができます。他にも、いろいろなPythonプラグインが公開されているので、試してみると良いでしょう。

［URL］https://atom.io/
［対応OS］Windows/OS X/Linux
［価格］フリー

図1-4-3
拡張性が高いAtomエディタ

この節のまとめ

以上、ここでは、Pythonの開発エディタについて紹介しました。冒頭の結論で紹介したとおり、スクリプト言語のPythonを楽しむのに「これを使わないといけない」というのはありません。好きなエディタを使うと良いでしょう。とにかく、全自動で楽をしたければ、PyCharmがお勧めかもしれません。しかし、それほど重厚な統合開発環境は要らないというのであれば、Atomやお気に入りのテキストエディタを使うと良いでしょう。

Chapter 1-5

エディタで書いたスクリプトを実行しよう

この節のポイント

● テキストエディタでスクリプトを書こう

● スクリプトをIDLEから実行しよう

● スクリプトをコマンドラインから実行しよう

はじめてのPythonスクリプト

プログラミングの世界では「スクリプト」という言葉をよく耳にします。冒頭で紹介したように、スクリプトというのは、台本という意味です。ですから、Pythonは良い役者で、台本にしたがって忠実に動いてくれるという雰囲気です。

それでは、はじめてのPythonスクリプトを書いてみましょう。テキストエディタに以下の1行を記述して、「hello.py」という名前で保存しましょう。このプログラムは、画面に「こんにちは」と表示するだけの簡単なプログラムです。

テキストエディタ file: src/c1/hello.py

```
01  print("こんにちは")
```

ここで、テキストエディタにプログラムを記述して保存するときには、文字コード(文字エンコーディング)を「UTF-8」に設定してください。Python 3では、デフォルトの文字エンコーディングがUTF-8となっているからです。
なお、Atomでは初期設定でUTF-8になっていますが、変更する場合は「File > Settings」を開き、「File Encoding」で設定します。
もしも、特別な事情でソースコードをUTF-8以外の文字コードで保存する場合には、ソースコードに『# -*- coding: <encoding name> -*-』という一文を挿入する必要があります(その際、<encoding name>の部分には、Shift_JISやEUC-JPと入力します)。

IDLEから実行してみよう

一番、簡単にプログラムを実行する方法は、Pythonをインストールしたときに付属してきたIDLEを使う方法です。Windowsであれば、スタートメニューの「Python 3.x > IDLE」をクリックして、IDLEを起動します。OS Xなら、Spotlightに「IDLE」とタイプして、IDLEを起動しましょう。

021

まず、メインメニューから「File > Open」をクリックします。

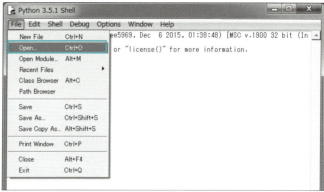

図1-5-1 ファイルを開きます

するとファイルの選択ダイアログが開くので、先ほど保存した「hello.py」を選択します。

図1-5-2 ファイルを選択します

IDLEで「test.py」を開いたら、メインメニューから「Run > Run Module」をクリックします。

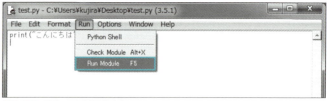

図1-5-3 モジュールを実行します

すると、Python Shellの中に実行結果が表示されます。無事に、「こんにちは」と表示されることを確認してみてください。
もし、文字化けするようなら、テキストエディタの文字コードの設定がUTF-8になっていない可能性があります。

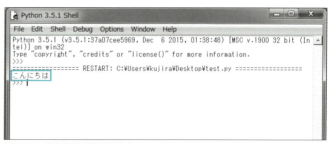

図1-5-4 実行結果が表示されます

ここまでの画面は、Windowsのものでしたが、OS Xでも全く同じ手順で実行できます。

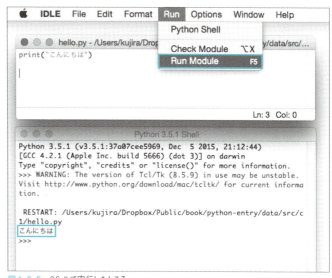

図1-5-5　OS Xで実行したところ

コマンドラインからプログラムを実行しよう

IDLEを使えば、手軽にプログラムを実行できるので便利です。最初はIDLEを使うと良いでしょう。しかしながら、今後、Pythonをいろいろな環境で使うことを考えたとき、コマンドラインからPythonを実行する方法を学んでおくと役立ちます。

コマンドラインを使う方法ですが、Windowsでは、PowerShellを起動します。PowerShellを起動するには、[Windows] + [R] キーを押して、「ファイル名を指定して実行」のダイアログが出たら「powershell」とタイプします。

OS Xでは「ターミナル.app」を起動します。Spotlightに「terminal.app」とタイプするとターミナルが起動します。ただし、P.008～P.010でも指摘した通り、WindowsとOS Xでは、Python 3を実行するコマンド名が異なります。Windowsでは「python」コマンドですが、OS Xでは最初からPython 2がインストールされているために、Python 3を実行するには「python3」コマンドを利用します。特別な設定をしない限り、OS Xで「python」コマンドを実行すると、Python 2系が実行されてしまいますので注意しましょう。

コマンドラインで実行してみよう ── Windows編

コマンドラインでは、さまざまな指示をコンピューターに与えるために、いろいろなコマンドを入力します。よく使うコマンドを右表に紹介します。

コマンド名	説明
cd	カレントディレクトリの変更（※1）
ls	ファイル一覧の表示

(※1)のcdコマンドに関してですが「カレントディレクトリ」とは、作業中のフォルダを表します。カレントディレクトリを指定すると、そのフォルダ内で、ファイルを操作することができます。

それでは、WindowsのPowerShellから、先ほどの「hello.py」を実行してみましょう。その準備として先ほど保存した「hello.py」を「c:¥sample」(Cドライブ直下の「sample」フォルダ)というフォルダを作って、そこにコピーしておいてください。この場合、PowerShellを起動してから、次のようなコマンドを入力します(ちなみに行頭の「>」は、ユーザーの入力が可能であることを表す記号であり、実際に入力する必要はありません。矢印から右以降の文字の入力も不要です)。

```
> cd c:¥sample       ←「sample」フォルダに移動
> ls                 ←「sample」フォルダ内のファイル一覧を表示
> python3 hello.py   ←「hello.py」の実行
```

実際に、このコマンドを実行してみると、右のように表示されます。1行目では、c:¥sampleフォルダにカレントディレクトリを移動します。2行目は、そのディレクトリにファイルがあるかを確認します。3行目は、Pythonでスクリプト「hello.py」を実行するという意味になります。

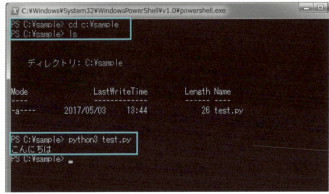

図1-5-6 WindowsのPowerShellからPythonを実行したところ

ちなみに、Windowsのエクスプローラー上から、PowerShell上に、ファイルやフォルダをドラッグ＆ドロップすると、そのファイルのパスがPowerShell上に表示されます。任意のディレクトリ上で作業をしたいと思ったら、PowerShell上で「cd」と入力し、それに続いて、エクスプローラー上のフォルダをドロップすると便利です。

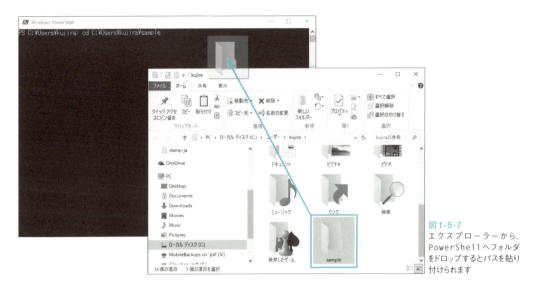

図1-5-7
エクスプローラーから、PowerShellへフォルダをドロップするとパスを貼り付けられます

```
PS C:¥Users¥kujira> cd                          ←ここにフォルダをドラッグ
PS C:¥Users¥kujira> cd C:¥Users¥kujira¥sample   ←パスが自動で入力される
```

なお、空白を含むパスが含まれる場合は、パスをダブルクォートで「"Sample Program"」のように囲むことになっています。

コマンドラインで実行してみよう ── OS X編

OS Xでも、Windowsとほぼ同様の手順で実行できます。スクリプト「hello.py」を「/Users/(ユーザー名)/sample/hello.py」にコピーしておきましょう。ちなみに、「/Users/(ユーザー名)」を入力するのと、その代わりにチルダ「~」を入力するのは同じ意味です。それで、以下のコマンドを実行します(こちらも行頭の「$」は、入力が可能であるという意味であり、実際に入力する必要はありません。矢印から右以降の文字の入力も不要です)。

```
$ cd ~/sample       ← 「sample」フォルダに移動
$ ls                ← 「sample」フォルダ内のファイル一覧を表示
$ python3 hello.py  ← 「hello.py」の実行
```

このコマンドを実行したところが右の画面になります。

図1-5-8 OS XのターミナルからPythonを実行したところ

コマンドラインに慣れよう

本節の冒頭で紹介したように、IDLEを利用しても、Pythonのプログラムを実行することができます。しかし、プログラミングを学ぶ上で、コマンドライン上での操作は外すことのできない要素です。できるだけ、**コマンドラインの操作に慣れておくと良いでしょう。**

また、上記の手順を比べて分かるように、コマンドラインを使うなら、Windowsでも、Mac OS Xでも、ほとんど同じ手順で作業を実行できます。そこで今後、コマンドラインに入力する実行方法については、OSごとに手順を分けずに紹介します。

補足ですが、この後、コマンドラインで、ユーザーが入力可能な記号を「$」で表します。Windowsでは「>」と表示されますが、本書では、OS XやLinuxに合わせて「$」で表します。これは、前述の通り、入力が可能であることを示す記号なので、この記号を入力する必要はありません。加えて、Windowsでは、ディレクトリのことをフォルダと呼びますが、本書では、ディレクトリに統一して使っています。

また、Windowsでパスの区切り記号や、プログラム中の特殊記号は「¥」ですが、OS XやLinuxでは「\」と表示されます。本書では、「¥」を「\」と表示します。

025

コマンドラインの補完機能や履歴機能を活用しよう

さらに、コマンドラインを使うヒントですが、コマンドライン上では、コマンドやパス名の入力補完機能が備わっています。コマンドを全部手で入力しなくても良いのです。先頭の数文字を入力したら［TAB］キーを押してください。すると、続くコマンドやパス名が自動で表示されるので便利です。

また、コマンドラインには、履歴機能が備わっています。過去に実行したコマンドを再び表示したい場合に、カーソルの［↑］キーを押します。数回前のコマンドを選べるので、実行したいコマンドを表示したら［Enter］キーを押して、コマンドを実行できます。

この節のまとめ

ここでは、Pythonのスクリプトを実行する方法を解説しました。IDLEは最初からPythonのパッケージに含まれるツールですが、これを使うと、プログラムを書いたり実行するのが簡単です。また、ここでは、コマンドラインからPythonを実行する方法も紹介しました。Pythonに慣れないうちは、IDLEを使って実行し、少し慣れてきたら、コマンドラインを使う方法に移行すると良いでしょう。

TIPS

Python 2とPython 3は何が違うの？

インストールの部分でも少し言及しましたが、現在広く普及しているPythonのバージョンには、Python 2とPython 3があります。もちろん、Python 3は、Python 2の次のメジャーバージョンです。しかしながら、Python 3が登場してから、もうずいぶん時間が経っており、すでに2020年には、Python 2のサポートが打ち切られると発表されています。これほど移行が進まなかったのは、Python 3になって、構造や構文が一部変更されたのが原因です。それで、一部のライブラリやフレームワークが、Python 3に未対応であったため、なかなか、Python 3への移行が進みませんでした。

しかし、これから、Pythonを学ぼうという方は、最新のPython 3を覚えるべきです。そのため、本書でも、Python 3について書いています。

ちなみに、Python 2のプログラムから大きく変わったところと言えば、まず、「print」です。Python 2ではprintは構文でしたが、Python 3では、関数に置き換わりました。そのため、Python 2のサンプルプログラムでは、printの後ろに丸括弧がないのですぐに分かります。

また、Python 2では、日本語を記述したときに、文字エンコーディングを明示しないとエラーが表示されましたが、Python 3では、UTF-8で書く分には文字コードの指定は不要になりました。

他にも、細かいところで変更があるのですが、全く新しい言語に生まれ変わったという訳ではないので、少し書き方の違いを理解すれば、Python 2とPython 3のコードを書き分けるのも、それほど難しいことではありません。Chapter 2から実際にPythonのプログラムを書いていきますが、安心して「Python 3」を学んでいきましょう。

Chapter 2

はじめの一歩 ——
基本的な文法を学ぼう

いよいよChapter 2から詳しくPythonの文法を学んでいきましょう。最初に、計算や変数、制御構文の使い方をマスターしましょう。プログラミングは、難しいものという印象がありますか？ 大丈夫です。本書は、プログラミングを少しずつ解説していきます。

Chapter 2-1	電卓より便利なPytyon	028
Chapter 2-2	変数について	034
Chapter 2-3	文字列について	042
Chapter 2-4	ユーザーから入力を得る方法	050
Chapter 2-5	制御構文（1）条件分岐について	056
Chapter 2-6	制御構文（2）繰り返しについて	070

Chapter 2-1

電卓より便利なPytyon

この節のポイント

- もっとPythonで計算しよう
- print()関数を使ってみよう
- コメントを使いこなそう

Pythonは電卓より便利

さて、Chapter1では、Pythonを電卓代わりに使うということで、対話実行モード(REPL)の使い方について紹介しました。では、最初に、使い方の復習をしてみましょう。次の計算の答えをPythonで求めてみてください。

❶ 10 ＋ 20 × 30 ÷ 50
❷ (1 ＋ 2 ＋ 3) × 22
❸ 3333 × 4444 × 5555

どうでしょうか、答えを出すことができましたか？
まず、Pythonの対話実行モード(REPL)を始めるには、コマンドラインから「python3」と打ち込むのでした(P.013、P.014)。

コマンドライン

```
$ python3
```

図2-1-1　OS Xで対話実行モードのREPLを起動したところ

末尾に「>>>」と表示されたなら、Pythonのプログラムを入力できます。それでは、1つずつ問題を解いてみましょう。まずは、1つ目です。

REPL
```
>>> 10 + 20 * 30 / 50
22.0
```

足し算は「+」、かけ算は「*」、割り算は「/」の記号を使うのでした。また、足し算よりもかけ算・割り算が優先されて計算されます。

では、次の2つ目を見てみましょう。丸カッコを使った計算では、丸括弧の中が優先されて計算されました。

REPL
```
>>> (1 + 2 + 3) * 22
132
```

続いて、3つ目を計算してみましょう。

REPL
```
>>> 3333 * 4444 * 5555
82279837860
```

どうでしょうか、これを見ると、かなり大きな数でも計算が可能であることが分かります。もう、四則演算の計算は、バッチリでしょうか。

もっといろいろな計算

もちろん、Pythonは、四則演算以上の計算ができます。他にどんな計算を行うことができるのか紹介します。次の表に、Pythonで使える演算子をまとめてみました。

演算子	解説	利用例	例の結果
x + y	x と y の和	3 + 5	8
x - y	x と y の差	5 - 2	3
x * y	x と y の積	2 * 3	6
x / y	x を y で割った商	10 / 5	2.0
x // y	x を y で割った商の小数点以下を切り捨てたもの	10 // 3	3
x % y	x を y で割った商の余り	10 % 3	1
- x	x の符号反転	-5	-5
x ** y	x の y 乗	2 ** 3	8
abs(x)	x の絶対値	abs(-8)	8
int(x)	x を整数に変換(※1)	int(3.14)	3
float(x)	x を浮動小数点数に変換(※2)	float(3)	3.0
round(x[,n])	x を n 桁に丸める [nを省略すると0]	round(3.6)	4

※1、2
表を少し補足します。Pythonでは数値を表現する際、整数を表すint型、実数を表すfloat型(浮動小数点数)があります。表の例である3.14はfloat型であり、int(3.14)と書くと、小数点以下を切り捨ててint型に変換します。同様に、3はint型でありflaot(3)と書くと、小数点以下も表現できるfloat型に変換します。

このように、いろいろな演算を行うことができます。対話実行モード（REPL）を使って、いくつか試してみましょう。

まず、割り算の小数点以下を切り捨てたのものを求める演算子「//」について見てみましょう。少数点以下を切り捨てない演算子「/」との違いにも注目してみてください。

```REPL
>>> 10 // 3
3
>>> 10 / 3
3.3333333333333335
```

ちなみに、2つ目の「10 / 3」の計算結果が正確ではありません。10を3で割ると、3.333333...となるはずです。このように小数点以下のある桁から同じ数が無限に続く少数を循環小数といいます。しかし、コンピューターで小数を表す場合、どうしても、小数点以下は有限にならざるをえません。特に、循環小数は、どこかの桁で止めて近似値にしなくてはならないのです。Pythonでは、小数を表すのに「浮動小数点」という方法を用いて近似値にしています。

次に、意外とよく使う、割り算の余りを求める演算子「%」を見てみましょう。10を3で割ると3余り1となります。どんなときに、この演算子を使うのかというと、偶数奇数を求めるときや、3回に1回なにか処理を行うときなどに使います。

```REPL
>>> 10 % 3
1
>>> 8 % 2
0
>>> 9 % 2
1
```

続いて、べき乗の計算も見てみましょう。

以下は、2の30乗を求めるものです。このようにかなり大きな数でも大丈夫ですね。

```REPL
>>> 2 ** 30
1073741824
```

では、2の500乗はどうでしょうか。かなり大きな数になることが予想されますが、試しても壊れたりしないので挑戦してみましょう。

```REPL
>>> 2 ** 500
32733906078961418700131896968275991522166420460430647894832913680961337964046745548832700923
2590415715088668412756007100921725654588539305332852758 9376
```

お見事！ Pythonでは、整数の計算に関して、かなり大きな値でも問題なくこなすことができるように工夫されています。これは、Pythonの素晴らしい点です。

030　Chapter 2　はじめの一歩 —— 基本的な文法を学ぼう

スクリプトから計算を行う方法

次に、REPLではなく、スクリプトから(つまり、一度ファイルに計算式を保存してから)計算を行ってみましょう。
以下のようにスクリプトを書いて、実行してみましょう。まず、以下のプログラムをテキストエディタに書き写し、
「calc-ng.py」という名前で保存しましょう。

テキストエディタ file: src/c2/calc-ng.py

```
01  30 + 5
```

そして、コマンドラインでこのスクリプトと同じディレクトリに移動して(P.024)、以下のコマンドを実行します(あるいは、IDLEからファイル「calc-ng.py」を開いて、「Run Module」を実行実行します)。

コマンドライン

```
$ python3 calc-ng.py
```

ところが、プログラムを実行してみても何も表示されません。
そうなんです、スクリプトファイルをコマンドラインから実行した場合、計算をするよう指定するだけでは何も表示されないのです。そのため、print()関数を使って、画面に表示することを指示する必要があるのです。というのも、スクリプトから実行する場合、計算した結果を画面に表示したくないという場合もあるからです。
それでは、print()関数を使って、実行結果を表示させてみましょう。難しいことはありません。計算式を『print(計算式)』と書くだけなんです。以下のプログラムを、テキストエディタに書き写し、「calc-ok.py」という名前で保存しましょう。

テキストエディタ file: src/c2/calc-ok.py

```
01  print( 30 + 5 )
```

今度は、プログラムをコマンドラインから実行すると計算結果が出力されます。以下のコマンドを、コマンドラインに打ち込んで、プログラムを実行してみましょう。

コマンドライン

```
$ python3 calc-ok.py
35
```

print()関数は、プログラムの中で、いくつでも記述できます。以下のプログラムでは、3つのprint()を実行するように記述したものです。

テキストエディタ file: src/c2/calc2.py

```
01  print( 20 * 3 )
02  print( 2 * 5 // 3 )
03  print( (1 + 2) * 3 )
```

実行してみましょう。3つの値が出力されるのが分かります。

コマンドライン

```
$ python3 calc2.py
60
3
9
```

コメントについて

舞台の台本でも、実際に役者さんの台詞や動きとは関係ない補足的なコメントが記されることがあります。Pythonのスクリプトの中にも、実際には実行されない、補足的なコメントをプログラムの中に記述することができます。Pythonでは、シャープ「#」を書くと行末までがコメントとなり、プログラムとして実行されない部分となります。

たとえば、以下のプログラムでは、print()文を5つ書いていますが、最初の3文は実行されません。次のプログラムを、テキストエディタに書き写し、「comment.py」という名前で保存しましょう。

テキストエディタ file: src/c2/comment.py

```
01 # print(1)
02 # print(2)
03 # print(3)
04 print(4)
05 print(5)
```

保存した後、以下のコマンドを打ち込んで、コマンドラインから実行してみましょう。確かに、「#」から始まる文は実行されていないことが確認できます。

コマンドライン

```
$ python3 comment.py
4
5
```

ちなみに、コメントには何を書いたら良いのでしょうか。基本的に、コメントには何を書いても良いのです。とはいえ、プログラム業界の鉄則に「とにかくプログラムは分かりやすく書くこと」というものがあります。分かりやすいプログラムは「善」であり、分かりにくいプログラムは「悪」なのです。

ですから、コメントも「プログラムを分かりやすくする」という目的で書くと良いでしょう。何十行もあるプログラムを全部読まなくても、その動作がパッと分かるような簡潔なコメントがあると喜ばれます。ですから、コメントには、プログラムの動作を分かりやすく要約した一文を書くと良いでしょう。

032 **Chapter 2** はじめの一歩 —— 基本的な文法を学ぼう

複雑な計算をスクリプトで解いてみよう

さて、ここで問題です。Pythonのスクリプトを作って答えを求めてみましょう。

花屋さんに行くと、色とりどりの花があり、その花の値段もさまざまです。そこで、以下のような買い物をしました。しかし、このうち、ひまわり2本と、チューリップを5本返品しました。たくさん買ったので、交渉して10%割引にしてもらいました。支払金額を求めてください。

- 500円のバラを18本
- 400円のひまわりを8本
- 700円のチューリップを21本

以下が、上記の問題を解くスクリプトです。簡単な四則演算ですが、注意して数を書かないと間違えそうになります。

テキストエディタ file: src/c2/hanaya.py

```
01  # 花屋の支払い金額を求める
02  print( ((500*18)+(400*(8-2))+(700*(21-5)))*0.9 )
```

それでは、コマンドラインからスクリプトを実行してみましょう。

無事に問題を解くことができました。

コマンドライン

```
$ python3 hanaya.py
20340.0
```

この節のまとめ

ここでは、Pythonの数値計算で使える演算子をまとめてみました。スクリプトから画面出力するprint()関数について紹介しました。また、コメントについても言及しました。プログラムをファイルに保存しておけば、何度でも計算を実行できるので便利です。

Chapter 2-2

変数について

この節のポイント

- 変数について覚えよう
- 変数を使ってみよう
- 計算を変数で分かりやすくしよう

変数とは？

「変数」とはメモリの中にデータを一時的に記憶しておくための領域です。任意の名前をつけて管理することができます。数値やさまざまなデータを一時的に記録しておくことができます。変数につけた名前を「変数名」と呼びます。Pythonの変数には、いろいろなデータを記憶させることができます。

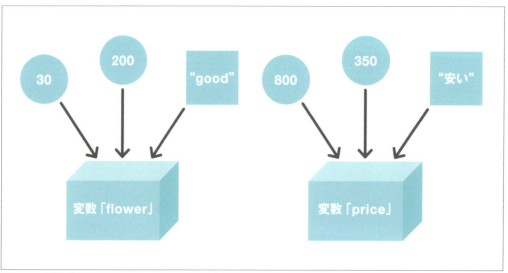

図2-2-1　変数とは？

Pythonで変数を使うには?

Pythonで変数に値を記憶するには「変数名 = 値」と記述します。そして、変数に記憶されている値を使うときには、変数名を指定します。

REPLを起動して、変数の動きを試してみましょう。

REPL

```
>>> price = 1200   # ← 変数「price」に1200を代入
>>> print(price)   # ← 変数「price」の値を参照
1200
```

このようにして、変数にいろいろな値を代入することができます。

文字種類	実際の文字	利用例
アルファベット	a～z、A～Z	price、point
数字 (2文字目以降)	0～9	plan3、test2
アンダースコア	_	orange_price、a_pt
漢字・ひらがな・カタカナ	漢字、あ～ん、ア～ン	値段、ポイント
ギリシャ文字	$\alpha \beta \delta$	α、β

上の表のように、変数名には、アルファベット(aからz、AからZ)と数字(0から9)、アンダースコア(_)に加えて、漢字やひらがな・カタカナ、ギリシャ文字が使えます。ただし、数字から始まる変数名は使えません。

REPLを使って、試してみましょう。

REPL

```
>>> FlowerPrice = 300 # ← 大文字と小文字を混ぜられます
>>> flowerPrice = 300
>>> flower_price = 300 # ← アンダーバーも使えます
>>> 花の値段 = 300 # ← 日本語も使えます
>>> β = 30 # ← ギリシャ文字も使えます
>>>
>>> print(flower_price) # ← 変数を参照したところ
300
>>>
>>> 30sai = 300 # ← 数字から始まる変数名は使えない?
  File "<stdin>", line 1
    30sai = 300
        ^
SyntaxError: invalid syntax # ← 確かに使えません！ 文法エラーが出ました
```

このように、いろいろな変数を定義して利用することができます。ただし、**数字から始まる変数名は使えない**という点だけ覚えておきましょう。また、変数名は、アルファベットの大文字と小文字を別のものとして扱います。

035

使うことのできない名前

他にも、いくつか使うことのできない名前があります。ちょっとまとめてみましょう。

❶ **数字から始まる名前**
❷ **アンダースコア(＿)から始まる名前**
❸ **特別な意味を持つ予約語**

前記の❷に関してですが、文法的には、変数名をアンダースコア(＿)で始めることができるのですが、アンダースコアから始まる名前は、特別な用途で利用されることが決まっています。そのため、なるべく使わないように注意しましょう。

また、前記の❸ですが、forやifなどの語句は予約語と呼ばれています。これらは、Pythonのプログラムで、特別な意味を持っていますので、変数名としては使えません。以下のような語句があります。

```
False      class      finally    is        return    None     continue
for        lambda     try        True      def       from     nonlocal
while      and        del        global    not       with     as
elif       if         or         yield     assert    else     importpass
break      except     in         raise
```

変数を使うと分かりやすくなる！

ところで、なぜ、変数を使うのでしょうか。変数を使うとプログラムを分かりやすくなります。数字だらけだったプログラムに意味を与えることができます。

たとえば、自動車で東京から大坂まで走ったら、何時間かかるでしょうか。自動車の速度は時速80km、東京から大坂まで507.5kmだとして計算しましょう。

テキストエディタ file: src/c2/tokyo-osaka.py

```
01  # 東京大坂まで何時間？
02  kyori = 507.5
03  jisoku = 80
04  jikan = kyori / jisoku
05  print(jikan)
```

コマンドラインからスクリプトを実行してみましょう。

コマンドライン

```
$ python3 tokyo-osaka.py
6.34375
```

036　**Chapter 2**　はじめの一歩 —— 基本的な文法を学ぼう

変数を利用することで、プログラムが分かりやすくなりました。距離や時速を変更した場合も、簡単にプログラムを修正できます。もし、時速100kmで走ったら何時間になるかを調べたい場合は、「jisoku = 80」を「jisoku = 100」に変えれば良いのです。

テキストエディタ file: src/c2/tokyo-osaka2.py

```
01  # 東京大坂まで何時間？
02  kyori = 507.5
03  jisoku = 100
04  jikan = kyori / jisoku
05  print(jikan)
```

コマンドラインから実行してみましょう。安全運転を心がけたいものの、時速100kmで走ると、1時間以上早く到着することが分かります。

コマンドライン

```
$ python3 tokyo-osaka2.py
5.075
```

単位変換のスクリプト

次に単位変換のプログラムも作ってみましょう。1インチは、2.54センチメートルです。

では、8インチは何センチでしょうか。

Pythonでプログラムを作ると以下のようになります。

テキストエディタ file: src/c2/inch-to-cm.py

```
01  # インチをセンチメートルに変換
02  per_inch = 2.54
03  inch = 8
04  cm = inch * per_inch
05  print(cm)
```

コマンドラインから実行してみましょう。

よく「8インチのタブレット」などと言いますが、20.32センチメートルの長さを指していることが分かります。

コマンドライン

```
$ python3 inch-to-cm.py
20.32
```

print( )関数で数値に説明を加える

ちなみに、print( )を使うと画面出力が行えますが、出力できるのは数値だけではありません。任意の**テキスト**(文字列)を出力するには、それを**ダブルクォート**(あるいは**シングルクォート**)で括って、"abc"のように記述します。これを、文字列といいます。

文字列の画面出力の例として、格言を表示するプログラムを作ってみましょう。

テキストエディタ file: src/c2/kakugen.py

```
01  # 格言を表示する
02  print("たたきつづけなさい。")
03  print("そうすれば開かれます。")
```

コマンドラインから実行すると、次のように表示されます。
数値以外のテキストを表示したい場合には、クォートで括るという点が分かれば、いろいろ表現できます。

コマンドライン

```
$ python3 kakugen.py
たたきつづけなさい。
そうすれば開かれます。
```

ところで、print( )関数を使うと画面に文字を出力できますが、カンマで値を区切ると、複数の値を記述できます。以下のような書式で使うことができます。

書式 print( )の使い方

```
print( 値1, 値2, 値3, ... )
```

このとき、値の部分には、**数値**でも**変数**でも**文字列**でも指定することができます。ですから、数値に説明を加えたいときなど、次のように記述できます。

テキストエディタ file: src/c2/nenrei.py

```
01  # 数値に説明を加えて出力
02  nenrei = 18
03  print("年齢は", nenrei, "才です")
```

このプログラムを実行すると以下のように表示されます。

コマンドライン

```
$ python3 nenrei.py
年齢は 18 才です
```

また、print()を実行すると、必ず改行してしまいますが、以下のように「print(..., end="")」と書くと改行しないで続けて表示します。

テキストエディタ file: src/c2/print-end.py

```
01  # print()で改行しない方法
02  print("剣で突き刺すかのように", end="")
03  print("話す者がいる。", end="")
04  print("しかし賢い者たちの舌は", end="")
05  print("人をいやす。")
```

コマンドラインから実行してみましょう。print()文を4つ書きましたが改行は1回だけになります。

コマンドライン

```
$ python3 print-end.py
剣で突き刺すかのように話す者がいる。しかし賢い者たちの舌は人をいやす。
```

上記のプログラムのように、長い文章を改行なく出力したいときに、「print(..., end="")」が活躍します。「end=""」を書かないと、その場で改行してしまいます。つまり、endは、文の末尾に何を出力するかを指定するという意味になります。ですから、普段endを省略した場合は、endには改行が設定されるということなのです。

ちなみに、ここでは、print()関数は画面に文字列を出力するものと紹介しました。ここでいう画面（コンソール画面といいます）への出力のことを「標準出力」と呼びますので、その点も覚えておきましょう。

台形の面積を求める

続けて、簡単に台形の面積を求めて、その値を説明付きで表示するプログラムを作ってみましょう。

台形の面積は次の公式で求めることができます。

台形の面積を求める公式

台形の面積 ＝ （上辺 ＋ 下辺） × 高さ ÷ 2

たとえば、上辺が2cm、下辺が3cm、高さが4cmの台形の面積を計算してみましょう。

テキストエディタ file: src/c2/daikei.py

```
01  # 台形の面積を求める
02  a = 2
03  b = 3
04  h = 4
05  daikei = (a + b) * h / 2
06  print("台形の面積は", daikei, "cm2")
```

コマンドラインから実行すると、説明付きで答えが表示されます。やはり、説明が付くと親切な感じがしますね。

コマンドライン

```
$ python3 daikei.py
台形の面積は 10.0 cm2
```

複雑な計算を変数で分かりやすく

次に、Chapter 2-1 で解いた花屋の問題に再挑戦してみましょう。変数を使うことで、とても分かりやすく書くことができます。以下のようになります。

テキストエディタ file: src/c2/hanaya-var.py

```
01  # 花屋の支払い金額を求める
02  # 値段
03  rose_v = 500
04  sun_v = 400
05  tulip_v = 700
06  # 個数
07  rose_c = 18
08  sun_c = 8 - 2
09  tulip_c = 21 - 5
10  # 割引率
11  rate = 0.9
12  # 計算
13  sum_v = (rose_v * rose_c) + (sun_v * sun_c) + (tulip_v * tulip_c)
14  payment = sum_v * rate
15  # 結果を表示
16  print("買い物の合計は ", sum_v, "円")
17  print("割引してもらうと", payment, "円")
```

これを、コマンドラインから実行してみましょう。

コマンドライン

```
$ python3 hanaya-var.py
買い物の合計は 22600 円
割引してもらうと 20340.0 円
```

Chapter 2-1 で作ったプログラムと見比べてみてください。そのプログラムは、数値ばかりで、何が何を表しているのか分かりにくいものでした。しかし、変数を導入してみると、**プログラムに出てくる数字に名前がついて**、とても分かりやすくなっていることが分かります。もし、ひまわりの値段や個数が間違っていた場合や、割引率が変更になったときなど、すぐに修正できそうです。

040　Chapter 2　はじめの一歩 —— 基本的な文法を学ぼう

この節のまとめ

本節では、変数について紹介しました。変数を利用することで、**数値に意味を与える**ことができて、プログラムを見やすくすることができました。また、文字列を使って出力に説明を加えることができます。変数を使うと、電卓なんか目じゃないくらい便利だということが分かります。

chapter 2-2

はてな?

日本語の変数名は使わないの?

ところで、変数の紹介の部分で、Python 3 では、**日本語で変数名を付けることもできる**と紹介しました。合計を表す変数「sum_v」と書くよりも「合計値」と日本語で変数名を付けた方がプログラムが読みやすくなります。

とはいえ、変数名に日本語を利用するのはそれほど一般的ではありません。多くのプログラミング言語では、変数名に日本語が使えないので、そうしたプログラミング言語の影響かもしれません。また、最近では、海外の人と一緒に仕事をする機会も多くなっていますので、日本人しか読めないプログラムを書くことに抵抗があるのかもしれません。いずれにせよ、変数名を日本語で書くプログラムは、あまり見かけません。

個人的には、プログラムが読みやすくなるので、日本語の変数名を使うことに賛成なのですが、本書では、Python 文化に則って**変数名に漢字やひらがなを使わない**という方針で行きます。

Chapter 2-3

文字列について

この節のポイント

● 文字列の表現方法について覚えよう

● エスケープシーンスについて

● 変数を文字列に埋め込んでみよう

文字列とは?

文字列とは、その名の通り、複数の文字が連なって「文字が列になったもの」です。すでに、Pythonでは文字列を表現するのにダブルクォート(" ... ")を使って表現できることも紹介しましたが、ここでは、もう少し、文字列について詳しい情報を紹介します。

文字列の表現方法

Python 3では、文字列の表現方法がいくつかあります。

ダブルクォートで括って「"abc"」と書く方法、あるいは、シングルクォートで括って「'abc'」と書くこともできます。両者は記号が違うだけで同じように使うことができます。

`テキストエディタ` file: src/c2/hello-str.py

```
01  # ダブルクォートで文字列を表現
02  print("Hello, Python")
03
04  # シングルクォートで文字列を表現
05  print('Hello, Python')
```

なぜ、2種類の記述方法があるのかというと、文字列の中で、クォート自身を表現したい場合があるからです。

シングルクォートを文字列で使いたい場合、ダブルクォートを使って文字列を記述し、逆に、ダブルクォートの中でシングルクォートを使いたい場合、シングルクォートで文字列を記述すれば良いのです。

以下のような感じで使えます。

042　Chapter 2　はじめの一歩 —— 基本的な文法を学ぼう

テキストエディタ file: src/c2/quote-str.py

```
01  # シングルクォートを文字列で使いたい場合
02  print("I can't speak English.")
03
04  # ダブルクォートを文字列で使いたい場合
05  print('He said, "I play the piano".')
```

特殊な記号を使うときの「エスケープシーケンス」について

しかし、文字列の中で、ダブルクォートやシングルクォートの両方を使いたい場合は、どうしたら良いでしょうか。たとえば、HTMLやJavaScriptなどを書いていると、このクォートを両方書く場面が頻繁に出てきます。

それもあって、バックスラッシュ「\」を使って、文字をエスケープして記述することができます（バックスラッシュは、Windowsでは円マーク「¥」で表示されます）。バックスラッシュをクォートの前に記述して、"abc\"def" のように書くのです。

とはいえ、文字で説明するより、実践した方が分かりやすいと思います。REPLで試してみましょう。

REPL

```
>>> # シングルクォートの中でシングルクォートを表現
>>> print('I can\'t play the guitar.')
I can't play the guitar.
>>>
>>> # ダブルクォートの中でダブルクォートを表現
>>> print("I like \"Orange\". ")
I like "Orange".
```

ちなみに、このバックスラッシュは、「エスケープシーンス」と呼ばれ、文字列の中で特別な意味を持っています。そして、クォートをエスケープする以外にも、いろいろな特殊文字を表現するのに使われます。

以下に、文字列中で特別な意味を持つエスケープシーンスをまとめました。

記号	意味
\ (改行)	改行を無視する
\\	バックスラッシュ(\)
\'	シングルクォート(')
\"	ダブルクォート(")
\r\n	改行(CR+LF)（文字コード:0x0A0D）(※1)
\n	改行(LF)（文字コード:0x0A）(※1)
\t	タブ文字（文字コード:0x09）
\xhh	16進数で hh の文字(※2)
\uxxxx	16bit Unicodeで16進数 xxxx の文字(※3)
\Uxxxxxxxx	32bit Unicodeで xxxxxxxx の文字(※3)

※1 改行を表すのに「\r\n」と「\n」の2種類が使われます。「\r\n」はWindowsで、「\n」はUnix/OS Xで、よく使われています。

※2 文字をコード番号で指定する際に利用します。

※3 Unicodeの文字列をコード番号や名前で埋め込みたい場合に利用します。たとえば、「"\u611B"」と書くと「"愛"」と書いたのと同じ意味になります。

このように、文字列中でバックスラッシュ(\)は文字列中で特別な意味を持つということを覚えておきましょう。

043

三重引用符の利用

そのほかに、複数行に渡って文字列を記述したい場合に、**三重引用符**を使うことができます。三重引用符とは、ダブルクォート（あるいは、シングルクォート）を3つ連続で記述したものです。

書式 三重引用符

```
""" abc """
''' abc '''
```

実際のプログラムで、三重引用符の使い方を確認してみましょう。

テキストエディタ file: src/c2/hello-tri.py

```
01  str = """
02  今日は良い天気です。
03  明日も良い天気です。
04  でも明後日は雨です。
05  """
06  print(str)
```

コマンドラインからプログラムを実行すると、以下のように表示されます。

コマンドライン

```
$ python3 hello-tri.py
(空行)
今日は良い天気です。
明日も良い天気です。
でも明後日は雨です。
(空行)
```

複数行の上下に三重引用符を入れるのは、プログラムが見やすくて良いのですが、これだと、1行目と文字列の末尾に改行が入ってしまします。それで、文字列の前後に空行が表示されてしまいます（ちなみに、この（空行）というのは、実際には、何も表示されません。本書で何もない空白であることを示すために便宜的に入れているものです）。

それで、これを防ぐために、Pythonでは、三重引用符の直後にバックスラッシュ（\）を置くことがよく行われます。先ほどのエスケープシーンスの表の中にも、「\（改行）」は、改行を無視するものであると書かれていましたね。

044　**Chapter 2**　はじめの一歩 ── 基本的な文法を学ぼう

それでは、空行を作らないようにしてみましょう。以下のプログラムは、三重引用符の前後の改行前にバックスラッシュ(\)を挟んだものです。

テキストエディタ file: src/c2/hello-tri2.py

```
01  # 三重引用符で複数行に渡る文字列を表現
02  str = """\
03  今日は良い天気です。
04  明日も良い天気です。
05  でも明後日は雨です。\
06  """
07  print(str)
```

コマンドラインから実行してみましょう。すると、三重引用符による前後の改行が無視されて、空行を省くことができました。

コマンドライン

```
$ python3 hello-tri2.py
今日は良い天気です。
明日も良い天気です。
でも明後日は雨です。
```

文字列同士の連結

ちなみに、文字列と文字列は「+」演算子を用いて結合することができます。例えば、「Hello,」と「World!」を別々の変数で宣言しておいて、「+」演算子で結合するプログラムを作ってみましょう。

テキストエディタ file: src/c2/hello-world.py

```
01  # 文字列同士を結合する
02  s = "Hello," + "World!"
03  print(s)
04
05  # 変数に入れた文字列同士を結合する
06  s1 = "Hello,"
07  s2 = "World!"
08  s3 = s1 + s2
09  print(s3)
```

コマンドラインから実行すると、以下のように表示されます。

このように、文字列同士を結合することができます。

コマンドライン

```
$ python3 hello-world.py
Hello,World!
Hello,World!
```

045

文字列に変数の値を埋め込む

では、今度は、数値を文字列と結合してみましょう。次のプログラムは、数値と文字列を結合して画面に表示しようとしているものです。

テキストエディタ file: src/c2/str-num.py

```
01  # 数値と文字列を結合しようとする(正しく動かない例)
02  kion = 30
03  print( "今日の気温は" + kion + "度です")
```

コマンドラインから実行すると、なんと、以下のようなエラーが表示されてしまいました。

コマンドライン

```
$ python3 str-num.py
Traceback (most recent call last):
  File "str-num.py", line 2, in <module>
    print( "今日の気温は" + kion + "度です")
TypeError: Can't convert 'int' object to str implicitly
```

書籍のサンプルプログラムでエラーが出るなんて! 誤植でしょうか? ……いいえ、これからPythonのプログラムを作っていくと、数々のエラーに遭遇することになります。つまり、エラーメッセージに慣れることも大切なんです。ここでは、わざとエラーが出るプログラムを作ったんです。

エラーメッセージの2行目には、Traceback(遡る)と書かれています。つまり、どこでエラーが出たのかを遡って教えてくれるということです。次の行を見てみると、ファイル「str-num.py」の2行目でエラーが発生したことが分かります。英語で書かれているので、最初はびっくりするものの、よくよく見ると、大した英語ではないんです。そして、次の行には、実際のソースコード、最終行にはエラーの原因が書かれています。そこには、TypeError(型のエラー)とあり、「int」をstrに変換できないと書かれています。

これで、エラーの原因が分かりました。文字列同士は連結できるものの、**整数型(int)**と**文字列型(str)**は連結できないのです。そのため、**整数型を文字列型に変換する必要がある**のが、ここから分かります。

数値を文字列に変換するには、関数str()を使います。

書式 数値を文字列に変換する

```
str( 数値 )
```

では、上記のプログラムを修正してみましょう。
修正方法は簡単です。変数kionには整数値が入っているのでこれをstr()関数で括って文字列に変換すれば良いのです。以下のように修正できます。

テキストエディタ file: src/c2/str-num-ok.py

```
01  # 数値と文字列を結合しようとする（正しく動く例）
02  kion_i = 30
03  kion = str(kion_i)
04  print( "今日の気温は" + kion + "度です")
```

コマンドラインから実行してみます。無事プログラムが実行されました。

コマンドライン

```
$ python3 str-num-ok.py
今日の気温は30度です
```

もう1つ、他の使用例も見てみましょう。以下は、変数に設定した文字列や数値を組み合わせて表示する例です。

テキストエディタ file: src/c2/renketu.py

```
01  # 名前と年齢を代入
02  name = "Jiro"
03  age = 19
04  # 文字列を連結して表示
05  desc = name + "は今年で" + str(age) + "才です"
06  print(desc)
```

プログラムを実行してみましょう。もう、要領は掴めたでしょうか。

コマンドライン

```
$ python3 renketu.py
Jiroは今年で19才です
```

念のため、もう1つ見てみましょう。今度は、もう少し実用的な例で、インチからセンチメートルに変換するプログラムに説明を加えたものです。

テキストエディタ file: src/c2/inch-to-cm2.py

```
01  # インチをセンチメートルに変換
02  per_inch = 2.54
03  inch = 24
04  cm = inch * per_inch
05  # 文字列で説明を加える
06  desc = str(inch) + "インチ = " + str(cm) + "センチ"
07  print(desc)
```

コマンドラインから実行してみます。24インチが60.96センチメートルである旨が表示されます。

コマンドライン

```
$ python3 inch-to-cm2.py
24インチ = 60.96センチ
```

このように、数値を文字列と連結する際には、数値（あるいは数値を保持している変数）を、str()関数を使って文字列に変換してから、「+」演算子で連結します。

format()で値を埋め込む方法

ちなみに、文字列に値を埋め込むには、format()メソッドを使う方法もあります。どちらかというと、format()メソッドを使った方が簡潔にプログラムを記述できます。

書式 format()メソッド

```
"書式文字列".format(値0, 値1, 値2, ...)
```

使い方ですが、文字列中で値を埋め込みたいところに、"... {0} ..."と記述します。もし、2つの値を埋め込みたいときは、"... {0} ... {1} ..."のように記述します。そして、文字列に続けて「.format(値0, 値1)」のように指定します。

具体的に、先ほどのインチからセンチメートルへ変換するスクリプトを、format()メソッドを使って書き換えてみますと、次のようになります。

テキストエディタ file: src/c2/inch-to-cm3.py

```
01  # インチをセンチメートルに変換
02  per_inch = 2.54
03  inch = 24
04  cm = inch * per_inch
05  # 文字列で説明を加える
06  desc = "{0}インチ = {1}センチ".format(inch, cm)
07  print(desc)
```

コマンドラインから実行してみましょう。

コマンドライン

```
$ python3 inch-to-cm3.py
24インチ = 60.96センチ
```

format()で名前付き引数を使う

このほかに、format()では、名前付き引数を指定して、値を文字列中に埋め込むことができます。名前付き引数については「関数」のところで詳しく扱いますが、ここでは、次のような書式で使えるということだけ覚えておきましょう。書式文字列に「{キー}」と書いた部分に、値が代入されます。

書式 format()メソッドで名前付き引数を使う

```
"{キー1} {キー2}".format(キー1=値1, キー2=値2)
```

048　Chapter 2　はじめの一歩 —— 基本的な文法を学ぼう

実際のプログラムで見ると動作が分かりやすいでしょう。

テキストエディタ file: src/c2/format-key.py

```
01  # (1)
02  print("私は{name}です。".format(name="ミドリ"))
03
04  # (2)
05  fmt = "年齢は、{age}才で、{job}をやってます。"
06  s = fmt.format(age=22, job="プログラマー")
07  print(s)
```

コマンドラインから実行してみましょう。

コマンドライン

```
$ python3 format-key.py
私はミドリです。
年齢は、22才で、プログラマーをやってます。
```

この節のまとめ

以上、本節では、文字列について、基本的な部分に絞って解説しました。
文字列を表現するのに以下の4つの方法があることを学びました。

```
# 文字列を表現する4つの方法
s = " abc "
s = ' abc '
s = """ abc """
s = ''' abc '''
```

また、文字列に値を埋め込んで表示する方法も学びました。文字列を自由に扱えるようになると、作ることのできる
プログラムの幅もぐっと増えます。文字列に関する基本的な部分をしっかり押さえておきましょう。

Chapter 2-4

ユーザーから入力を得る方法

この節のポイント

● ユーザーからのデータ入力を受け付けよう

● 数値と文字列の違いを意識しよう

● 変数の型について

ユーザーに値を入力してもらおう

さて、ここまでのプログラムは、一方通行のプログラムでした。スクリプトを実行したとしても、プログラムの計算結果が表示されるだけです。しかし、これでは、面白くありません。ユーザーからの入力を得て、答えを表示するようなスクリプトも作ってみたいものです。

では、ユーザーからの入力を得るスクリプトを作ってみましょう。Pythonには、`input()`という関数が用意されており、この関数を使うと、コマンドラインでユーザーからの入力を得ることができます。

たとえば、名前を入力すると、名前に対して挨拶をするというプログラムを作ってみましょう。

テキストエディタ file: src/c2/hello-input.py

```
01  # 名前を入力
02  name = input("お名前は？")
03  # 挨拶を表示
04  print(name+"さん、こんにちは！")
```

コマンドラインからプログラムを実行します。すると、名前を尋ねられます。

コマンドライン

```
$ python3 hello-input.py
お名前は？
```

続けて、コマンドラインで名前を入力して［Enter］キーを押します。ここでは「kujira」と入力してみました。すると、入力した名前に対して、挨拶が表示されます。

050　**Chapter 2**　はじめの一歩 —— 基本的な文法を学ぼう

```
コマンドライン
```

```
お名前は？ kujira([Enter] キーを押す)        <--------   キーボードで入力する
kujiraさん、こんにちは！
```

このように、ユーザーの入力を得るためには、input()関数を使います。

それでは、この勢いで先ほどの単位変換プログラムも、ユーザーがインチを入力できるように作り換えてみましょう。

数値を入力する方法を学ぼう

input()関数を使ってユーザーからインチ数の入力を得て、それをセンチメートルに変換して結果を表示するプログラムです。

以下が、そのプログラムです。ただし、これは、不完全なプログラムです。どこに問題があるのでしょうか。

```
テキストエディタ  file: src/c2/inch-to-cm-input-ng.py
```

```python
01  # 入力を得てインチをセンチメートルに変換 (未完成版)
02  # 変換の元になる値
03  per_inch = 2.54
04  # ユーザーから入力を得る
05  inch = input("inch? ")
06  # 計算
07  cm = inch * per_inch
08  # 結果を表示
09  desc = "{0}inch = {1}cm".format(inch, cm)
10  print(desc)
```

コマンドラインから、以下のようにしてプログラムを実行してみてください。

そして、30など適当な値を入力します。

```
コマンドライン
```

```
$ python3 inch-to-cm-input-ng.py
inch? 30    ← (ここで30を入力)
Traceback (most recent call last):
  File "inch-to-cm-input-ng.py", line 7, in <module>
    cm = inch * per_inch
TypeError: can't multiply sequence by non-int of type 'float'
```

すると、エラーが表示されてしまいました。何度もエラーメッセージを見ていると、だんだんエラーメッセーに対する抵抗も下がってくるでしょう。前節で見たエラーと同じ「TypeError (型エラー)」です。これは、数値でないものに対して、数値であるかのような計算を行ったときに表示されるエラーです。

どういうことかというと、ユーザーから入力されたデータは、文字列型であって、数値の型に対してかけ算を行うことはできないのです。それで、ユーザーが入力した文字列を計算可能な浮動小数点型 (float型) に変換する必要があるのです。浮動小数点型に変換するためには、float()関数を使うことができます。

先ほど、数値を文字列に変換するためにstr()関数を使いましたが、今度はその逆で、文字列を浮動小数点型に変換するために、float()関数を使うのです。

051

テキストエディタ file: src/c2/inch-to-cm-input.py

```
01  # 入力を得てインチをセンチメートルに変換
02  # 変換の元になる値
03  per_inch = 2.54
04  # ユーザーから入力を得る
05  user = input("何インチですか？ ")
06  # 浮動小数点型に変換する
07  inch = float(user)
08  # 計算
09  cm = inch * per_inch
10  # 結果を表示
11  desc = "{0}インチ = {1}センチ".format(inch, cm)
12  print(desc)
```

コマンドラインから実行してみましょう。以下は、プログラム実行後、30を入力した際の実行結果です。今度は無事にプログラムが実行されました。

コマンドライン

```
$ python3 inch-to-cm-input.py
何インチですか？ 30          <------------ 30を入力した
30.0インチ = 76.2センチ
```

演算を行うときは型を合わせることが必要

ここから、Pythonでは、計算を行うときは、2つの値は、**数値と数値**でなくてはならないということが分かります。また、**文字列同士を連結**するときも、2つの値が**文字列と文字列**でなくてはなりません。それで、もしも、**数値と文字列**とデータの型が異なるときには、変換する作業が必要であることも分かります。

ここで、型の変換を行う関数を表にまとめてみます。

数値と文字列を変換する関数

関数名	関数の説明
str(v)	vを文字列型に変換
float(s)	sを浮動小数点型に変換
int(s)	sを整数型に変換

変数の型を調べる方法

とはいえ、変数の名前を見ただけでは、なかなか変数がどの型であるのか判別することはできません。そのため、変数の型を調べるために、`type()`関数が用意されています。

書式 変数の型を調べる

```
type( 変数や値 )
```

052　**Chapter 2**　はじめの一歩 —— 基本的な文法を学ぼう

REPLを使って、type()関数を試してみましょう。

数値や文字列など、どのように表示されるのか試してみましょう。

REPL

```
>>> type( 30 )
<class 'int'>
```

数値30の値を調べてみると<class 'int'>と表示されました。整数を表す型は、int型という意味です。ここで、classというのは、「オブジェクト」であることを表しています。オブジェクトについては、後ほど紹介します。

次に、REPLで、3.1415という実数を試してみましょう。

REPL

```
>>> type( 3.1415 )
<class 'float'>
```

こちらは、<class 'float'>です。実数を表す型は、float型です。また、float型も、classと書かれておりオブジェクトであることが分かります。

次に、適当な文字列 "aaa" を調べてみましょう。

文字列は、<class 'str'>です。それで、文字列を表す型は、str型であることが分かります。

REPL

```
>>> type( "aaa" )
<class 'str'>
```

次に変数に代入した値についても調べてみましょう。

変数vに123456789を代入し、type()を使って型を調べます。

REPL

```
>>> v = 123456789
>>> type(v)
<class 'int'>
```

正しく、整数型(int)である旨が表示されました。このように、type()を使うと、いろいろな値の型を調べることができます。

ユーザー入力のプログラムを作ってみよう

ユーザー入力を活用する方法が分かってきたところで、もう少し、ユーザーが入力したデータを活用する方法を見てみましょう。

宝石の重さカラットをグラムに変換しよう

先ほどは、単位変換で、インチをセンチに変換する方法を見ました。今度は、重さの単位のカラットをグラムに変換するプログラムを作ってみましょう。カラットというのは、宝石の重さを表す単位です。1カラットは、200ミリグラム（0.2グラム）です。

テキストエディタ file: src/c2/ct-to-g.py

```
01  # カラットからグラムに変換する
02  # 変換の元になる値
03  per_ct = 0.2
04  # ユーザーから入力を得る
05  user = input("何カラットですか？")
06  # 浮動小数点数に変換する
07  ct = float(user)
08  # 計算する
09  g = ct * per_ct
10  # 結果を表示
11  desc = "{0}カラット = {1}グラム".format(ct, g)
12  print(desc)
```

コマンドラインから実行してみましょう。プログラムを実行したら、カラットを入力してみましょう。ここでは、26億円で取引されたという100カラットのダイヤの重さをグラムに変換してみましょう。

コマンドライン

```
$ python3 ct-to-g.py
何カラットですか？100        <------      100を入力
100.0カラット = 20.0グラム
```

これは、先ほどの単位変換プログラムを応用することで作ることができます。インチ・センチ変換のプログラムとほとんど同じですね。

054   Chapter 2   はじめの一歩 —— 基本的な文法を学ぼう

時給計算プログラムを作ってみよう

アルバイトをするとき、給料は働いた時間に応じて給料を計算する「時給」でもらうのが一般的です。ここでは、時給と労働時間の2つの入力から給料を計算する時給計算プログラムを作ってみましょう。

テキストエディタ file: src/c2/jikyu.py

```
01  # 時給計算プログラム
02
03  # 時給の入力 --- (❶)
04  user = input("時給はいくらですか?")
05  jikyu = int(user)
06
07  # 時間の入力
08  user = input("何時間働きましたか?")
09  jikan = int(user)
10
11  # 計算 --- (❷)
12  kyuryou = jikyu * jikan
13
14  # 結果を表示 --- (❸)
15  fmt = """
16  時給{0}円で、{1}時間働いたので...
17  給料は、{2}円です。
18  """
19  desc = fmt.format(jikyu, jikan, kyuryou)
20  print(desc)
```

コマンドラインから実行してみましょう。プログラムを実行したら、質問に応じて、時給800円と35時間と入力します。

コマンドライン

```
$ python3 jikyu.py
時給はいくらですか?800        <---- 800 を入力
何時間働きましたか?35         <---- 35 を入力

時給800円で、35時間働いたので...
給料は、28000円です。
```

入力が2つあるとはいえ、プログラムの内容はほとんど同じですね。プログラム❶の部分でユーザーからの入力を受け付け、int()関数で文字列型を整数型に変換します。続いて、❷の部分で、計算を行い❸の部分で、結果を表示します。

この節のまとめ

以上、本節では、ユーザーから入力を得る方法を紹介しました。入力した値を数値として使いたいときは、int()やfloat()関数を使って、値を変換しなくてはならないこと、値には型があるということも学びました。

Chapter 2-5

制御構文（1）条件分岐について

この節のポイント

- 条件分岐をマスターしよう
- 比較演算子をマスターしよう
- 論理演算子をマスターしよう

制御構文とは？

制御構文とは、何かしらの条件によってプログラムの流れを変えることのできる機能のことです。ここまで見たプログラムは、どれも上から下に順々に進むだけの単純なものでした。しかし、制御構文をマスターすることで、状況に応じてプログラムの動きを変えることができるので、グッとプログラミングらしくなります。

条件分岐について

制御構文の中でも「条件分岐」は最も基本的な構文です。これは、日本語で言うなら「もし＊＊ならば、＊＊する、そうでなければ、＊＊する」と言うことができます。

もし、プログラムを道路に例えるなら、分かれ道やT字路ということができるでしょう。自動車は、行き先が書かれた案内板を見て、どちらに進むのか決めます。

これと同じように、Pythonもそこに書かれた条件を見て、何を実行するのかを決めるのです。

図2-5-1　自動車が案内板を見てどちらに進むか決める

条件分岐 if構文の使い方

さて、Pythonで条件分岐を行うときは「if」構文を使います。これを使うと、ある条件を元にして、その条件が正しいとき(真のとき)と、正しくないとき(偽のとき)で、プログラムの動作を変更することができます。次の書式で記述します。

このとき、else:以下の部分は省略して記述することができます。そして、if構文の比較式の部分には、条件を比較するための式を書きます。

書式 if構文

```
if ( 比較式 ):
    # 比較式が真 (True)の場合の処理
else:
    # 比較式が偽 (False)の場合の処理
```

比較式に使える比較演算子は、右表の通りです。

演算子	説明
a == b	aとbが等しい
a != b	aとbが等しくない
a > b	aがbより大きい
a >= b	aがbと等しいかそれ以上
a < b	aがbより小さい
a <= b	aがbと等しいかそれ以下

REPLを使って、簡単に比較演算を試してみましょう。比較演算子を使うと、以下のように数値の大小を比較することができます。

REPL

```
>>> 3 == 3
True
>>> 3 != 3
False
>>> 100 > 3
True
>>> 5 >= 5
True
```

また、2つの文字列を比較することもできます。

REPL

```
>>> # 変数sに文字列を代入
>>> s = "pool"
>>> # 文字列と比較
>>> s == "bool"
False
>>> s == "pool"
True
```

057

値を比較することによって、TrueかFalseを返すという比較演算ですが、なんとなく分かってきたでしょうか。
また、変数に値を代入するのが「=」で、値が等しいか調べるのが「==」です。どちらも、同じイコール記号を使いますが、全く意味が異なります。使い分ける必要があるので、注意しましょう。

もしも、あるカフェで……

それでは、もう少し話を抽象的にして、あるカフェのサービスについて考えてみましょう。そのカフェでは、その日の気温に応じて、熱いお茶を出すのか、冷たい氷水を出すのかを決めています。もし、気温が25度以上であれば、氷水を、そうでなければ、熱いお茶を出しています。
この場合、if構文の比較式に書くのは、気温が25度以上かどうかという部分、条件が真のときには、氷水を出すという処理、条件が偽のときには、熱いお茶を出すという処理になるでしょう。

では、実際にPythonのプログラムを書いてみましょう。

テキストエディタ file: src/c2/if-cafe.py

```
01  kion = 26
02  if kion >= 25:
03      print("氷水を出す")
04  else:
05      print("熱いお茶を出す")
```

擬似的なプログラムですが、一応動かすことができます。
コマンドラインから実行してみましょう。ここでは、仮に気温を26度としています。そのため、氷水を出すと正しい判断ができました。

コマンドライン

```
$ python3 if-cafe.py
氷水を出す
```

ここで、if .. else ... と記述している、...の部分に注目してください。
真のときの処理と偽のときの処理の左側にスペースを入れています。これを、**インデント**（あるいは、字下げ）と呼びますが、Pythonのプログラムでは、このインデントが非常に重要な意味を持っています。というのは、同じインデント幅の部分を、同じブロックである（つまり、1つの処理のまとまり）と見なしているのです。
そのため、同じブロックに処理を記述するときには、前行と同じインデント幅に揃える必要があります。

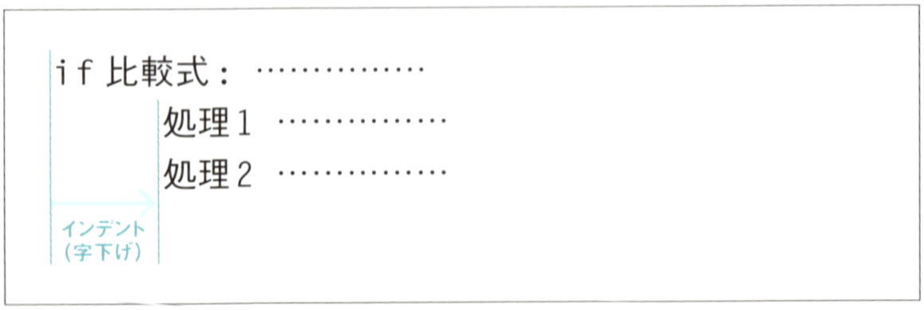

```
if 比較式：…………
        処理1 …………
        処理2 …………
  インデント
  （字下げ）
```

図2-5-2 Pythonではインデントが大きな意味を持ちます

インデントを行う際には、スペース記号とタブ記号を使うことができます。しかし、インデントは、スペース4文字を使うことが勧められています[※1]。この部分は重要なので、まとめてみましょう。

- Pytyonでは、インデント（字下げ）が大きな意味を持つ
- 同じスペース数でインデントされている部分が同一ブロックと見なされる
- スペースの数自体は関係ないが、同じブロックでは同じスペース数で字下げする必要がある

偶数と奇数を判定するプログラムを作ろう

if構文の簡単な使い方として、偶数と奇数を判定するプログラムを作ってみましょう。偶数とは2で割って余りが0になる数字、奇数とは2で割って余りが1になる数字です。
これさえ分かれば、簡単に作ることができるでしょうか。
以下がプログラムです。

テキストエディタ file: src/c2/even-odd.py

```
01  num = int(input("数字は ? "))
02  if num % 2 == 0:
03      print("偶数です")
04  else:
05      print("奇数です")
```

これを、コマンドラインから実行してみましょう。
数字を入力すると、その数が偶数か奇数かを判定して表示します。

コマンドライン

```
$ python3 even-odd.py
数字は ? 7 ← 7を入力
奇数です

$ python3 even-odd.py
数字は ? 6 ← 6を入力
偶数です
```

※1 複数人のチームでプログラムをで書く場合に、コードを読みやすくするために、インデントの数などを規約としてまとめることがありますが、Pythonには標準のコーディング規約「PEP 8」があります。日本語訳されたものが次のURLで公開されています（http://pep8-ja.readthedocs.io/）。この中で、インデントはスペース4文字が勧められていますので、本書でもこれに倣っています。

if構文でelse以下を省略する

書式のところでも紹介しましたが、if構文では、else:以下の部分を省略することも可能です。

以下は、生徒に学習アドバイスを与えるプログラムを簡略化したものです。習熟度が低い学生の場合には、補足的なアドバイスを表示しないようにし、本筋だけを理解してもらいたいのです。それで、生徒の学習レベルが5以上のとき、8以上のときだけ補足的なメッセージを表示させようとしています。

テキストエディタ file: src/c2/if-noelse.py

```
01  level = 10
02  if level > 5:
03      print("レベル5以上の人への補足アドバイス")
04  if level > 8:
05      print("レベル8以上の人へのアドバイス")
```

コマンドラインから実行してみましょう。

コマンドライン

```
$ python3 if-noelse.py
レベル5以上の人への補足アドバイス
レベル8以上の人への補足アドバイス
```

このプログラムでは、冒頭で変数levelに10を代入しているので、レベル5以上、レベル8以上の2つの補足アドバイスを表示します。

チケット売り場のレジシステムを作ろう

さて、if構文が使えるようになると、実用的で本格的なシステムを作ることができるようになります。ここでは、ある遊園地のチケット売り場のレジシステムを作ってみましょう。

その遊園地では、年齢によって入場料が異なります。年齢と値段は表の通りです。また、団体割引もあり、10人以上だと2割引になります。

区分	値段
子供料金 　（13才未満）	500円
通常料金 　（13才〜64才）	1000円
年配者料金 （65才以上）	700円

それでは、各区分ごとのお客さんの人数を入力すると、チケットの値段を計算して表示するというプログラムを作ってみましょう。

060　**Chapter 2**　はじめの一歩 —— 基本的な文法を学ぼう

テキストエディタ file: src/c2/calc-fee.py

```
01  # ある遊園地の入場料を計算するプログラム
02  # 人数の入力
03  children = int(input("子供料金(13才未満)は何人 ? "))
04  normal = int(input("通常料金(13-64才)は何人 ? "))
05  elder = int(input("年配者料金(65才以上)は何人 ? "))
06  # 集計
07  total_num = children + normal + elder
08  children_price = children * 500
09  normal_price = normal * 1000
10  elder_price = elder * 700
11  total_price = children_price + normal_price + elder_price
12  # 割引対象か確認 ----------- (❶)
13  if total_num >= 10:
14      print("団体割引があります")
15      total_price = total_price * 0.8
16  else:
17      print("割引はありません")
18  # 結果を表示
19  print("子供料金  :{0}人 x 500= {1}円".format(children, children_price))
20  print("通常料金  :{0}人 x1000= {1}円".format(normal, normal_price))
21  print("年配者料金:{0}人 x 700= {1}円".format(elder, elder_price))
22  print("合計: {0}人 {1}円".format(total_num, total_price))
```

コマンドラインから実行してみましょう。

ここでは、子供3人、大人5人、年配者2人が来園したとして計算してみました。

コマンドライン

```
$ python3 calc-fee.py
子供料金(13才未満)は何人 ? 3          ← 3を入力
通常料金(13-64才)は何人 ? 5          ← 5を入力
年配者料金(65才以上)は何人 ? 2        ← 2を入力
団体割引があります
子供料金  :3人 x 500= 1500 円
通常料金  :5人 x1000= 5000 円
年配者料金:2人 x 700= 1400 円
合計: 10人 6320.0円
```

合計で10人になったので、団体割引が適用され、料金が無事割引されました。

プログラムの❶の部分に注目してみましょう。ただ入場料の合計を計算するだけでなく、トータル人数が10人以上かどうかという条件に応じて割引を行うかどうかの処理を分岐しているのです。

BMIで肥満度テストしよう

もう少し、if構文の使い方を見ていきましょう。体重と身長の関係から人の肥満度を調べるBMIという肥満度テストがあります。これは、次のような式で求めることができます。

BMIを求める式

```
BMI = 体重(kg) ÷ { 身長(m) × 身長(m) }
```

そして、このBMIの値によって、肥満度を測るというものです。BMIの値によって、表のように肥満度を判定します。

指標	判定
18.5未満	痩せ型
18.5〜25未満	普通体重
25〜30未満	肥満(軽)
30以上	肥満(重)

それでは、BMIの計算式とこの表を元にして、BMI判定プログラムを作って見ましょう。

テキストエディタ file: src/c2/bmi.py

```python
01  # BMI判定プログラム
02  weight = float(input("体重(kg)は ? "))
03  height = float(input("身長(cm)は ? "))
04  # BMIの計算
05  height = height / 100 # m に直す
06  bmi = weight / (height * height)
07  # BMIの値に応じて結果を分岐 --- (❶)
08  result = ""    # resultを空にしておく(初期化)
09  if bmi < 18.5:
10      result = "痩せ型"
11  if (18.5 <= bmi) and (bmi < 25):
12      result = "標準体重"
13  if (25 <= bmi) and (bmi < 30):
14      result = "肥満(軽)"
15  if bmi >= 30:
16      result = "肥満(重)"
17  # 結果を表示
18  print("BMI :", bmi)
19  print("判定:", result)
```

コマンドラインから実行してみましょう。ここでは体重に68を、身長に160を入力してみました。判定は「肥満(軽)」です。いろいろな値を入力して試してみましょう。

コマンドライン

```
$ python3 bmi.py
体重(kg)は ? 68  ← 68を入力
身長(cm)は ? 160  ← 160を入力
BMI : 26.562499999999996
判定: 肥満(軽)
```

062　**Chapter 2**　はじめの一歩 —— 基本的な文法を学ぼう

一通り、BMIで遊んだら、肝心のプログラムに目を向けてみましょう。ここで注目したいポイントは、プログラムの❶の部分です。ここでは、計算したBMI値に応じて「痩せ型」とか「肥満（軽）」など診断結果を判定する処理です。判定した結果は、変数「result」に代入されます。

それで、この判定において、18.5以上25未満、あるいは、25以上30未満などの条件判定を行っています。このような、A以上B未満を判定する場合においては、2つの条件式を組み合わせる必要があります。つまり、値がA以上であることと、B未満であることという2つの条件式を組み合わせ、論理演算の「and」を使います。

少し、部分的にプログラムを抜き出してみましょう。and演算子を使うと、2つの条件式が共に成立したときだけ、真のブロックを実行するようになります。

```
01  bmi = 20
02  if (18.5 <= bmi) and (bmi < 25):
03      print("18.5以上25未満")
04  else:
05      print("それ以外")
```

このプログラムの条件式は、2つの比較式をand演算で組み合わせています。このように書くと、18.5以上25未満という式を表すことになります。これは、(18.5 <= bmi)という条件と、(bmi < 25)という2つの条件が共に真になっていなければ成立しないという意味になります。

ちなみに、Python 3では、2つの比較式をandでつなげなくても、1つの比較式として、以下のように(18.5 <= bmi < 25)のような書き方もできます。下の2つのif文は同じ意味になります。

```
01  if (18.5 <= bmi) and (bmi < 25):
02  if 18.5 <= bmi < 25:
```

この方法を使って、BMIのプログラムを書き直すと、以下のようになります。このようにすると、ちょっとプログラムがすっきりします。

テキストエディタ file: src/c2/bmi2.py

```
01  # BMI 判定プログラム
02  weight = float(input("体重(kg)は ? "))
03  height = float(input("身長(cm)は ? "))
04  # BMIの計算
05  height = height / 100 # m に直す
06  bmi = weight / (height * height)
07  result = ""
08  if bmi < 18.5:
09      result = "痩せ型"
10  if (18.5 <= bmi < 25):
11      result = "標準体重"
12  if (25 <= bmi < 30):
13      result = "肥満(軽)"
14  if bmi >= 30:
15      result = "肥満(重)"
16  # 結果を表示
17  print("BMI :", bmi)
18  print("判定:", result)
```

063

TrueかFalseを表す、真偽型（bool型）について

Pythonには、「真（True）」と「偽（False）」の2つだけの値を持つ**真偽型（bool型）**があります。真偽型（bool型）は、文字列や整数、実数と同じように、**データ型**の一種です。

そして、if構文の条件式の部分にはこの真偽型の値あるいは比較式を指定することになっています。言い換えるなら、比較式の返す値というのは真偽型になっているということです。

ここで、REPLを使って比較式の返す値を確認してみましょう。

REPL

```
>>> # 比較式の返却値を確認する
>>> (11 == 22)
False
>>> (22 == 22)
True
>>> # 変数aに50を代入する
>>> a = 50
>>> (a > 20) # a が20より大きいか？
True
```

確かに、**比較式の返す値**というのは、**True**か**False**のどちらかであり、真偽型であるということが分かります。

真偽型同士の演算に使う、論理演算について

そして、複数の真偽型の組み合わせに関する演算を、「**論理演算（ブール演算）**」といいます。これは、日本語で言うところの「AかつB」や「AまたはB」に当たる機能を持つものです。真偽型が2つあるとき、それが真と偽のどちらであるかを求める演算のことです。

まずは、どんな論理演算があるか見てみましょう。以下は、Pythonで使える論理演算です。

論理演算

論理演算	意味
a or b	a あるいは b のどちらかが真ならば真、それ以外は偽
a and b	aとbの両方が真ならば真、それ以外は偽
not a	aが真ならば偽、偽ならば真となる

たとえば、コンビニなどで「アイス or チョコをプレゼント」と書いてあった場合、アイスかチョコのどちらかがプレゼントされるという意味です。これが「アイス and チョコをプレゼント」と書いてあった場合、その両方がもらえるという意味になります。論理演算もこれと同じようなもので、2つの値の関係を表すことができます。

REPLを使って、論理演算をテストしてみましょう。以下は、「and」演算の利用例です。andを使うと、2つの値が共にTrueであるときのみTrueを返し、それ以外のときにFalseを返します。

064　**Chapter 2**　はじめの一歩 —— 基本的な文法を学ぼう

```
>>> # and 演算の例
>>> True and True
True
>>> True and False
False
>>> False and False
False
>>> # 比較式を用いる場合
>>> a = 40
>>> (30 <= a) and (a < 50) # 30以上50未満か？
True
```

次に「or」演算の利用例を見てみましょう。orを使うと、2つの値のどちらかがTrueであれば、Trueを返します。

```
>>> # or 演算の例
>>> True or False
True
>>> False or False
False
>>> True or False
True
>>> False or False
False
>>> # 比較式を用いる場合
>>> age = 25
>>> (age < 14) or (age > 70) #14未満か70超か？
False
>>> a = 30
>>> (a % 10 == 0) or (b % 4 == 0) #10の倍数か4の倍数？
True
```

それから、「not」演算についても見てみましょう。これは、TrueであればFalseを、FalseであればTrueを返します。常に真偽の逆の結果を返します。

```
>>> not True
False
>>> not False
True
>>> not (30 > 5)
False
```

065

if構文を入れ子にする

さて、ここまで、比較的単純な条件のプログラムをつくってみましたが、実践でプログラムを作るときには、もう少し、条件が複雑になることもあります。そんなとき、どのようにプログラムを作ることができるでしょうか。うるう年の判定プログラムを作りながら考えましょう。

うるう年かどうかを判定してみよう

念のため説明すると、2月29日というのは、4年に1度しか来ないのですが、この2月29日のある年を、うるう年といいます。

しかし、このうるう年、基本的には、西暦年が4で割り切れればうるう年なのですが、ややこしい例外があるのです。正確な、うるう年の判定条件は、下記のようになっています。

(1) 基本的に、年が4で割り切れれば「うるう年」
(2) ただし、100で割り切れる年は「うるう年ではない」
(3) ただし、400で割り切れれば「うるう年」

ちょっと複雑ですか？　とりあえず、条件の通りに作ってみましょう。これをプログラムにするには、if構文を入れ子状態にする必要があります。入れ子状態とは、if構文の中でif構文を利用するのです。ちょっと複雑になりますので、条件を間違えないように書いていきます。

テキストエディタ　file: src/c2/leapyear.py

```python
01  year = int(input("西暦何年 ？ "))
02
03  # うるう年かどうか判定
04  is_leap = False
05  # (1) 4で割れたらうるう年 --- ❶
06  if year % 4 == 0:
07      # (2) 100で割れたらうるう年ではない --- ❷
08      if year % 100 == 0:
09          # (3) 400で割れたらうるう年 --- ❸
10          if year % 400 == 0:
11              is_leap = True
12          else: # ---------------- ❸と対応
13              is_leap = False
14      else: # ---------------------- ❷と対応
15          is_leap = True
16  else: # ---------------- ❶と対応
17      is_leap = False
18
19  # 結果を表示
20  if is_leap: # ---- ❹
21      print("うるう年です")
22  else:
23      print("平年です")
```

条件 (1)
条件 (2)
条件 (3)

066　**Chapter 2**　はじめの一歩 —— 基本的な文法を学ぼう

コマンドラインから実行してみましょう。皆さんは「2000年問題」を知っていますか？　西暦1999年から2000年になることで、コンピューターが誤動作を起こすのではないかと多くの人が心配した問題です。実は、第2の2000年問題として話題となったのが、このうるう年の判定でした。西暦2000年は、上の条件(3)の400年に1度のうるう年の例外規則に一致していたのですが、多くのプログラムがこの400年に1度の規則を考慮していないため、多少トラブルが起きたそうです。

では、余談が長くなりましたが、Pythonで作ったこのプログラムは大丈夫でしょうか？

コマンドライン

```
$ python3 leapyear.py
西暦何年 ? 2000 ← 2000を入力
うるう年です
```

バッチリです。2000年を正しくうるう年と判定しました。

プログラムを確認してみましょう。Pythonではインデントの深さによって、ブロックを区別していることを紹介しました。このプログラムでは、3つのif文を入れ子状態にして使っており、インデントレベルの合っているifとelseが、それぞれに対応しています。

プログラム中の❶は西暦年が4で割り切れるかをチェック、❷では100で割り切れるかをチェック、❸では400で割り切れるかをチェックしています。

それから、プログラムの❹では、if構文で変数「is_leap」がTrueかFalseかを判定しています。

本来なら、if構文に「if is_leap == True:」と書くべきなのですが、「if is_leap:」と省略して書いても、同じ意味になります。

順に条件を判定していく「elif」について

しかし、このプログラム、三重にもif構文を入れ子にしており、分かりやすいとはいえません。入れ子構造を直列に書き換えることで、もう少しプログラムを単純にできるでしょう。

以下、うるう年判定のプログラムを少し書き換えました。

テキストエディタ file: src/c2/leapyear2.py

```
01 year = int(input("西暦何年 ? "))
02
03 # うるう年かどうか判定 --- (❶)
04 is_leap = False
05 if year % 400 == 0:
06     is_leap = True
07 elif year % 100 == 0:
08     is_leap = False
09 elif year % 4 == 0:
10     is_leap = True
11 else:
12     is_leap = False
13
14 # 結果を表示
```

067

```
15  if is_leap:
16      print("うるう年です")
17  else:
18      print("平年です")
```

これは、例外規則から判定していくことで、入れ子を使うことなく、条件分岐を直列に記述できるよう直したものです。先のプログラムよりも見やすくなりました。そして、ここで出てきたのが「elif」というキーワードです。

これは、「else if」を短く省略したもので、直列にif構文を並べるときに使うものです。複数の条件を順に判定したいときにはよく使うものですので、覚えておきましょう。

プログラムの❶では、各条件を1つずつ判定していきます。冒頭で、変数「is_leap」にFalseを代入することで、Trueになる条件のみを順に判定していって変数is_leapの値を変更します。

ちなみに、**論理演算**を使ってもう少しシンプルにできるでしょうか。

テキストエディタ file: src/c2/leapyear3.py

```
01  year = int(input("西暦何年 ? "))
02
03  # うるう年かどうか判定
04  is_leap = (year % 400 == 0)or((year % 100 != 0)and(year % 4 == 0))
05
06  # 結果を表示
07  if is_leap:
08      print("うるう年です")
09  else:
10      print("平年です")
```

できました。論理演算を使うことでシンプルに記述できました。うるう年の判定処理自体は1行になりました。判定方法ですが、400で割れれば、とにかくうるう年であり、あるいは、100で割れない、かつ、4で割れればうるう年であるという比較式を書いています。

このように、少し頭をひねって工夫することで、プログラムは劇的に簡単になるのです。プログラミングの面白いところです！

068　**Chapter 2**　　はじめの一歩 ── 基本的な文法を学ぼう

何もしない「pass」文

ところで、ここで学んだように、Pythonではインデントにより文の意味が変わります。if構文では、比較式が真だったときの処理と偽だったときの処理を書きますが、真だったときの処理を空にして、偽だったときの処理だけを書こうと思っても、構文エラーになってしまいます。

そこで、何もしないことを表すのに「pass」を使うことができます。

以下のように記述できます。

テキストエディタ file: src/c2/pass.py

```
01  n = 5
02  if n == 3:
03      pass
04  else:
05      print(n)
```

上記のプログラムでは、elseブロックが実行されるため、5と表示されますが、変数nの値を3に変更して実行してみてください。passは何の処理をしないため、何も表示されずにプログラムが終了するのを確認できます。

単文のif構文について

ちなみに、else以降がなく、条件が真のときの処理が単文のとき、if構文では、インデントを使わず、「:」につなげて処理を記述する、省略系のif構文が利用できます。以下の2つの文は、同じ意味となります。ちょっとしたif構文を書きたいときに重宝します。

```
v = 30
# (1) 通常のif構文
if v % 2 == 0:
    print("偶数")
# (2) 省略系のif構文
if v % 2 == 0: print("偶数")
```

この節のまとめ

ここでは、if構文について学びました。ifを使えば条件に応じてプログラムの動きを分岐させることができます。これによって、より複雑なプログラムを作ることができます。比較演算や論理演算についても、しっかりとマスターしましょう。

069

Chapter 2-6

制御構文（2）繰り返しについて

この節のポイント

● 条件付き繰り返し while構文を覚えよう

● 範囲付き繰り返し for構文を覚えよう

● 繰り返しからの脱出 break と continue を覚えよう

プログラムの繰り返しについて

プログラムを作っていると、同じ処理を何度も繰り返したいという場面が多く出てきます。
人間に繰り返し何度も同じことをさせると、とても退屈に感じるものですが、Pythonなら文句ひとつ言わずに繰り返し実行してくれます。ここでは、プログラムで繰り返し同じ処理を実行するための繰り返し構文whileとforについて紹介します。

図2-6-1 Pythonなら何度でも繰り返し実行します

条件付き繰り返しwhile構文について

Pythonにはいくつか繰り返し構文がありますが、whileはその中でも単純な繰り返し構文です。ある条件式を与えると、その条件が真の間処理を繰り返します。

書式 while構文

```
while ( 条件式 ):
    # 繰り返し処理
else:
    # 繰り返し処理後の処理
```

if構文でもelse:以降を省略できたように、while構文でもelse:以降は省略することができます。それでは、実際のプログラムで内容を確かめてみましょう。

以下のプログラムは、擬似的に車を走らせるプログラムを想定しています。エネルギー(変数:energy)がある間、繰り返し車を走らせるものです。

テキストエディタ file: src/c2/while-simple.py

```
01  energy = 3
02  while energy > 0:
03      print("+ 走る")
04      print("| energy=", energy)
05      energy -= 1; # エネルギーを1消費
```

上記のスクリプトをコマンドラインから実行してみます。

コマンドライン

```
$ python3 while-simple.py
+ 走る
| energy= 3
+ 走る
| energy= 2
+ 走る
| energy= 1
```

繰り返し処理の5行目で、energyを1ずつ減らします。それで、条件(energy > 0)の間、この「走る」の処理が実行される様子を確認することができます。それほど、難しくありませんね。

ここで、「energy -= 1」のような表現が出てきました。これは、変数energyの値を1減らして、energyに代入するという意味で、つまり「energy = energy - 1」という文の省略形です。繰り返し構文の中では、ある変数の値を1だけ増やす(減らす)という処理がよく出てくるので、このように省略して書くことができるようになっています。

```
変数 += 1    #変数の値を1つ増やす
変数 -= 1    #変数の値を1つ減らす
```

071

ずっと、ずっと繰り返したいとき

このwhile構文に与えた値が、条件式において常に真であれば、ずっとプログラムは繰り返されます。そのため、以前作った単位変換プログラムなども、何度も繰り返し実行したい場合には、このwhile構文を使うことで、繰り返し単位変換を実行できます。

たとえば、日本では家や部屋の広さを表すのに15坪など「坪」という単位を利用します。これを平方メートルに変換するプログラムを作ってみましょう。

テキストエディタ file: src/c2/tubo.py

```
01  # 繰り返し坪数を調べるプログラム
02  while True:
03      tubo = int(input("坪数は？ "))
04      m2 = tubo * 3.31
05      s = "{0}坪は {1}平方メートルです".format(tubo, m2)
06      print(s)
```

これを、コマンドラインから実行してみましょう。繰り返し、坪数を尋ねられますので、数値を入力すると平方メートルに変換した結果を表示します。

コマンドライン

```
$ python3 tubo.py
坪数は？ 2     ←2を入力
2坪は 6.62平方メートルです
坪数は？ 15    ←15を入力
15坪は 49.65平方メートルです
坪数は？
```

ここでは、while構文の条件式にTrueを指定しているので、プログラムを強制終了させるまで、ずっと繰り返し坪から平方メートルへの変換を実行します。

Pythonを強制終了させる方法

そういえば、プログラムを強制終了する方法を紹介していませんでした。Windows/OS X/Linuxのいずれの環境でもプログラムを強制終了させるには、以下のキーを押します。

● **プログラムを強制終了させる ...［Ctrl］＋［C］キー**

わざとwhile構文にTrueを指定したときに加えて、プログラムの記述ミスで、プログラムがずっと動き続けて終了しないということがあります。そうした状態を「無限ループ」と呼びます。無限ループに突入してしまったとしても慌てる必要はありません。［Ctrl］＋［C］キーで強制終了させることができるからです。

もし、意図せずプログラムが終了しない場合は、プログラムに記述ミスがあります。特に、while構文などの繰り返しの中で、終了条件が正しいかを確認すると良いでしょう。

072　**Chapter 2**　はじめの一歩 —— 基本的な文法を学ぼう

無限ループに注意しよう！

とはいえ、一般的に、強制終了させる必要があるプログラムは、行儀の良いプログラムとはいえません。先ほどのプログラム「tubo.py」は、強制終了の方法を示すために、わざと紹介したものです。できることなら、ユーザーに強制終了させることのないようなプログラムを作りましょう。

それでは、先ほどのプログラムで、入力を空にしたり、敢えて「q」を入力したらプログラムを終了するように改良してみましょう。後で紹介しますが、breakと書くと、そこでwhile構文の繰り返しを止めてループから脱出します。なお、以下の4行目は、P.069で紹介した、単文のif構文の書き方を採用しています。

テキストエディタ file: src/c2/tubo2.py

```
01  # 繰り返し坪数を調べるプログラム
02  while True:
03      user = input("坪数は？ ")              #
04      if user == "" or user == "q": break    # 修正点
05      tubo = int(user)                       #
06      m2 = tubo * 3.31
07      s = "{0}坪は {1}平方メートルです".format(tubo, m2)
08      print(s)
```

このように、プログラムを強制終了しなくても良いように改良するのは、ほんの数行書き換えるだけですみます。ですから、ユーザーに強制終了を求めるプログラムを作ることのないようにしましょう。
そのために、while構文を書くときには、while構文の条件式が必ず、Falseで終了するかどうかを確認するようにしましょう。
あるいは、条件式に、Trueを指定して敢えて無限ループを作る場合には、必ず、break文でループから脱出する手立てを用意しましょう。

範囲付き繰り返しのfor構文について

次に、繰り返し範囲を指定するfor構文について紹介します。for構文は、以下の書式で利用します。こちらもelse:以降は省略できます。forの右側の部分が少し難しく見えますが、「ループ変数」というところには変数を指定し、「範囲」で、その変数が繰り返す範囲を指定します。

書式 for構文

```
for ループ変数 in 範囲:
    # 繰り返す処理
else:
    # 繰り返し後の処理
```

このfor構文で、「範囲」の部分には、いろいろな値が指定できるのですが、ここでは、数値で範囲を指定するrange()関数を指定できるということを覚えておきましょう。

以下は、最も簡単なfor構文の使い方です。range(5)と指定すると、5回繰り返し処理を行います。range()というのは範囲を返す関数で、後で詳しく紹介します。

テキストエディタ file: src/c2/for-simple.py

```
01  for i in range(5):
02      print(i)
```

以下、コマンドラインから実行してみたところです。range()で特に何も指定しないとき、変数は0からスタートし、1つずつ増えます。ですので、0からはじめて4まで、つまり、5回繰り返し処理が行われました。そして、現在、何回目を実行しているかは、for構文のループ変数として指定した変数の値に1を足すと分かります。

コマンドライン

```
$ python3 for-simple.py
0
1
2
3
4
```

1から10まで足すといくつ?

次に、for構文を利用して1から10まで順に足していくといくつになるのかを調べましょう。先ほど紹介したrange()関数ですが、開始値と終了値を指定することができるようになっています。

書式 range()関数の使い方

```
(1)  range( 回数 )
(2)  range( 開始値 , 終了値 )
(3)  range( 開始値 , 終了値 , ステップ値 )
```

上の書式の(1)の指定方法だと、「0」から「回数-1」までの範囲を返します。そして、(2)(3)のように、2つ以上の値を指定する場合には、実際には終了値+1の値を指定する必要があるので注意が必要です。たとえば、1から10までなら、range(1, 11)と指定します。もし、5から50までなら、range(5, 51)と指定します。そして、(3)でステップ値を指定すると、2ずつ値を増やしたり、-1などマイナス値を指定することで値を減らしていくこともできます。

百聞は一見にしかず、プログラムで使い方を確認しましょう。以下は、1から10までを順に足して結果を表示するプログラムです。

テキストエディタ file: src/c2/sum1to10.py

```
01  v = 0
02  for i in range(1, 11):
03      v = v + i
04      print(i, "を足すと", v)
05  print("1から10を足すと...", v)
```

074　**Chapter 2**　はじめの一歩 —— 基本的な文法を学ぼう

コマンドラインから実行してみましょう。結果は55です。

コマンドライン
```
$ python3 sum1to10.py
1 を足すと 1
2 を足すと 3
3 を足すと 6
4 を足すと 10
5 を足すと 15
6 を足すと 21
7 を足すと 28
8 を足すと 36
9 を足すと 45
10 を足すと 55
1 から 10 を足すと... 55
```

画面に線を繰り返し描画しよう

この節の冒頭で、人間に繰り返し同じ処理をお願いすると嫌がられるという話をしました。たとえば、「グラフィックソフトを使って、画面にまっすぐに300本の縦線を引いてください」と依頼されたらどうでしょうか。ただただ線を300本引く作業です。しかも、1ピクセルもずれることなく引いて欲しいのです。よっぽどの変わり者でない限り、そんな作業はお断りでしょう。ですが、Pythonを使えば、簡単にこの依頼を引き受けることができます。

以下のプログラムが、縦線を3ピクセルごとに300本描画するプログラムです。

テキストエディタ file: src/c2/tatesen.py
```
01  # 画面に300本の縦線を引く
02
03  # グラフィックライブラリを取り込む
04  from tkinter import *
05  # 画面の初期化
06  w = Canvas(Tk(), width=900, height=400)
07  w.pack()
08
09  # 線をたくさん引く ---- (❶)
10  for i in range(300):
11      x = i * 3
12      w.create_line(x, 0, x, 400, fill="#FF0000")
13
14  mainloop()
```

コマンドラインから実行してみましょう。

コマンドライン
```
$ python3 tatesen.py
```

すると、新規ウィンドウが起動して、グラフィック画面が表示されます。プログラムを終了するには画面上にあるウィンドウ終了ボタンをクリックします。

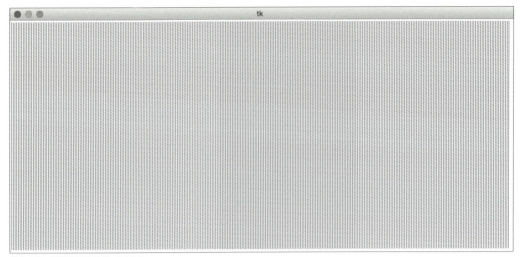

図2-6-2 縦線を300本引いたところ

見事に、300本の線が描画されました。人間が線を引くのは大変ですが、スクリプトに任せれば、ほんの数行のプログラムでこうした作業が自動化できるんです。

今回作ったスクリプトを見ると、グラフィック画面を出すために、若干、見慣れない命令が登場していますが、注目したいのは、プログラム中（❶）以降にある for 構文の部分です。そこで、300本の線を描画しています。短いこの3行だけで300本の線が描画されているのです。

ちなみに、ここでは、tkinter というモジュールを利用しています。これは、Python から GUI を構築・操作するための標準ライブラリです。詳しく説明すると、長くなってしまうので、tkinter の Canvas() や Tk() を使うと、グラフィカルな画面を表示することができて、create_line() メソッドを使うと、線が描画ができるという点を覚えておきましょう。

書式 グラフィカルな描画を行う

```
from tkinter import *            # ライブラリを取り込む(Chapter 4で説明します)
w = Canvas(Tk(), width=900, height=400) # (900x400)の描画画面を準備
w.pack()                         # 描画画面を配置する
# 描画処理
mainloop()                       # 画面を表示して待機
```

また、座標(x1,y1)から(x2,y2)まで線を引くには、以下のように create_line() メソッドを使います。
色の指定には、HTMLと同じで「#RRGGBB」形式で色を指定します。これは、RRが赤、GGが緑、BBが青の成分を表しており、それぞれ16進数2桁で指定します。

書式 描画画面に線を引く

```
canvas.create_line(x1, y1, x2, y2, fill="色")
```

赤と青の線を交互に100本引く

また、上記のプログラムは、全部赤色で線を引きましたが、今度は「赤と青の線を交互に100本引いてください」と頼まれたらどうでしょうか。やはり、人間では色選択ツールを何度も切り替えて線を引くのは大変な作業です。しかし、プログラミングなら、それほど難しくありません。前節で学んだ、if構文を使えば、色の切り替えも実現できます。

テキストエディタ file: src/c2/tatesen2.py

```python
# 赤と青の線を交互に100本引く

# グラフィックライブラリを取り込む
from tkinter import *
# 画面の初期化
w = Canvas(Tk(), width=900, height=400)
w.pack()

# 線の色を交互にたくさん引く ----(1)
for i in range(100):
    x = i * 9
    if i % 2 == 0:
        c = "#ff0000"
    else:
        c = "#0000FF"
    w.create_line(x, 0, x, 400, fill=c)

mainloop()
```

コマンドラインから実行してみましょう。すると、グラフィック画面が起動して赤と青の線が交互に描画されます。

コマンドライン

```
$ python3 tatesen2.py
```

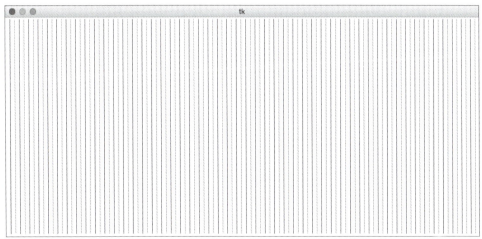

図2-6-3 赤と青の線を交互に100本引いたところ。この紙面では色が分からないと思うので、ぜひプログラムを実行して確認してみましょう。

前のプログラムと比較してみると、プログラム中(1)のfor構文の中で、ifを使って線の色を変更しているという点が分かるのではないでしょうか。

繰り返し中止のbreakと継続のcontinue

ちなみに、繰り返し処理を実行している途中で、何かしらの理由で処理を中断したいことがあります。これは、歯医者の予約を入れたのに、用事ができて予約をキャンセルする感覚に近いでしょうか。最初は10回繰り返したいと思っていたのに、プログラムの途中で、やっぱり3回目で繰り返しを止めたいという場面があるのです。このために使うのがP.073でも登場した「break」です。breakと書くとその時点で、繰り返しの実行を中止します。

以下は、10回繰り返し処理を行おうと、for構文に指定したものの、iが2のとき（3回目）の繰り返しで処理を中断します。

テキストエディタ file: src/c2/break-simple.py

```
01  for i in range(10):
02      print(i)
03      if i == 2 : break
```

コマンドラインから実行してみましょう。

コマンドライン

```
$ python3 break-simple.py
0
1
2
```

breakの動きを図で書くと以下のような動きとなります。中断することにして、breakを実行すると、繰り返し処理を途中で抜けます。

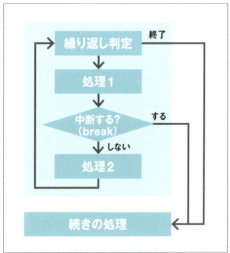

図2-6-4　breakを実行したときの動き

078　Chapter 2　はじめの一歩 —— 基本的な文法を学ぼう

continueについて

それから、繰り返し処理の途中で、ある部分だけを繰り返し実行したいという場合があります。それを行うのが「continue」です。図2-6-5で動きを確かめてみましょう。

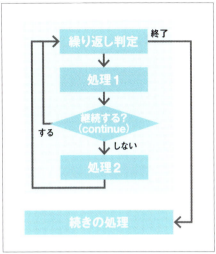

図2-6-5　continueを実行したときの動き

この図では、繰り返し構文の中で、処理1と処理2を実行するのですが、continueを使うと、処理1を終えた時点で、処理2（つまり繰り返し処理のそれ以降の部分）を実行せず、スキップして次の回の繰り返し処理を始めることができるのです。

プログラムで動作を確認してみましょう。以下は、5回繰り返し処理を行います。繰り返し処理では、iの値および「hello!」と挨拶を表示するのですが、iが3以上のときにcontinueして、挨拶を表示しないようにします。

テキストエディタ file: src/c2/continue-simple.py

```
01  for i in range(5):
02      print("i=",i)
03      if i >= 3 : continue
04      print("- hello!")
```

コマンドラインから実行してみましょう。

コマンドライン

```
$ python3 continue-simple.py
i= 0
- hello!
i= 1
- hello!
i= 2
- hello!
i= 3
i= 4
```

FizzBuzzゲームを書いてみよう

continueの利用例として、FizzBuzzゲームのプログラムを書いてみます。このFizzBuzzというのは、英語圏でドライブや飲み会のときに何人かで集まって遊ぶゲームです。そのルールは簡単です。何人かが順々に1,2,3,4,...と数字をカウントしていくのですが、数字が3で割り切れる場合は「Fizz」、5で割り切れる「Buzz」、3でも5でも割り切れる場合は「Fizz Buzz」と発言するゲームです。

以下、FizzBuzzゲームの答えを表示するプログラムです。

テキストエディタ file: src/c2/fizzbuzz.py

```
01  #FizzBuzz
02  for i in range(1, 21):
03      if i % 15 == 0:
04          print("Fizz Buzz")
05          continue
06      if i % 3 == 0:
07          print("Fizz")
08          continue
09      if i % 5 == 0:
10          print("Buzz")
11          continue
12      print(i)
```

コマンドラインから実行してみましょう。1から20までの数字のFizzBuzzを数えます。

コマンドライン

```
$ python3 fizzbuzz.py
1
2
Fizz
4
Buzz
Fizz
7
8
Fizz
Buzz
11
Fizz
13
14
Fizz Buzz
16
17
Fizz
19
Buzz
```

改めてプログラムを見てみましょう。3でも5でも割り切れるというのは、15で割り切れるということなので、まずは、15で割り切れる場合「Fizz Buzz」を、3で割り切れる場合は「Fizz」を、5で割り切れる場合は「Buzz」を表示

したら、continue して次の回の繰り返し処理を開始します。それ以外の場合は、変数 i の値を表示します。どうでしょうか、continue の使い所が分かってきたのではないでしょうか。

繰り返しで「else」ブロックを使う場合

ところで、while や for 構文で、else ブロックを記述するのは、どんなときでしょうか。そもそも、else ブロックが処理されるのは、以下のような場合です。
繰り返し条件式が偽になったとき、具体的には……

(1) 繰り返しを1度も実行しなかったとき
(2) break で繰り返しを抜けなかったとき

たとえば、以下のプログラムは、上記の条件(1)に相当するプログラムで、1度も繰り返しを実行しなかったときのプログラムです。

テキストエディタ file: src/c2/while-else.py

```
01  i = 8
02  while i < 5:
03      print("while(in)=", i)
04      i = i + 1
05  else:
06      print("while(else)=", i)
```

コマンドラインから実行してみましょう。

コマンドライン

```
$ python3 while-else.py
while(else)= 8
```

次に、条件(2)に相当するプログラムを見てみましょう。次のようなものです。

テキストエディタ file: src/c2/while-else2.py

```
01  i = 3
02  while i < 5:
03      print("while(in)=", i)
04      if i == 2: break
05      i = i + 1
06  else:
07      print("while(else)=", i)
```

081

コマンドラインから実行してみましょう。

コマンドライン

```
$ python3 while-else2.py
while(in)= 3
while(in)= 4
while(else)= 5
```

このelseブロックが何の役に立つのでしょうか。もう少し、具体的な例で考えてみましょう。ここでは、リストを使っています。リストについては、Chapter 3で詳しく説明しますので、後で見直して見てください。リストというのは、複数の値を持つデータの型のことです。

それでは、elseの利用例を考えてみましょう。毎日、お弁当を注文している人が、アレルギーがあるために、お弁当として出される材料の一覧をデータで取り寄せています。それで、もし、その一覧の中に、食べられない食材のマンゴーがあれば、その旨をメッセージで知らせるプログラムを作ってみましょう。

テキストエディタ file: src/c3/find-flag.py

```
01  # for 構文をフラグで分岐する場合
02  # お弁当の食材データからリストを作成
03  foodstuff = ["Banana", "Mango", "Fish", "Carrot", "cabbage"]
04
05  # マンゴーがないか確認する
06  flag_found = False        # マンゴーがないかを確認する変数。初期値としてFalseを設定
07  for food in foodstuff:    # foodという変数に、foodstuffの値が1つずつ入る。繰り返しのたびに新
    しい値が入る
08      if food == "Mango":
09          flag_found = True
10          break
11
12  if flag_found:
13      print("マンゴーが入ってます")
14  else:
15      print("ありません。")
```

以下は、同じ動きをするプログラムですが、繰り返し構文のelseブロックを使用して記述しているものです。これにより、プログラムを見やすくすることができました。

テキストエディタ file: src/c3/find-else.py

```
01  # for 構文で else を記述する場合
02  # 食材の一覧
03  foodstuff = ["Banana", "Mango", "Fish", "Carrot", "cabbage"]
04
05  # マンゴーがないか確認する
06  for food in foodstuff:
07      if food == "Mango":
08          print("マンゴーが入っています")
09          break
10  else:
11      print("ありません")
```

082   **Chapter 2**   はじめの一歩 —— 基本的な文法を学ぼう

このように、elseブロックを使わなくてもプログラムを作ることはできますが、elseブロックを使うことでプログラムを簡潔に記述することができます。

この節のまとめ

ここでは、制御構文の中でも、繰り返しに関する構文whileとforについて取り上げました。

whileもforも同じ繰り返しを行う構文ですが、使い方が異なります。while構文は条件を与えて、条件が真の間、処理を繰り返します。for構文は、range()関数などを使って、その範囲を指定して繰り返します。また、繰り返し構文の中で、breakを使うと繰り返し処理を抜けることができます。そして、continueを使うと次の繰り返しに制御を移すことができました。

whileもforもよく使う構文なので、しっかりマスターしておきましょう。

Column

値はすべてオブジェクトである

Pythonでは、すべての値は「オブジェクト(object)」です。オブジェクトというのは、物や対象を意味する単語です。オブジェクトは、データの値や、付加情報、データを操作するためのメソッドなど、データに関する一式の機能を備えた一塊のことです。

ここまで、30や5.2や"abc"など、いろいろなデータ型を使ってきましたが、これらもオブジェクトの一種だったのです。type()関数を使って、データ型を調べたときも、値がオブジェクトであると紹介しましたね。改めて、REPLで、type()を使ってみましょう。

REPL

```
>>> type(30)
<class 'int'>
>>> type(5.2)
<class 'float'>
>>> type("abc")
<class 'str'>
```

このclassというのが何なのかについては、Chapter 6で詳しく紹介しますが、値がすべてオブジェクトであるという点を覚えておきましょう。
ちなみに、先ほど、オブジェクトには「データを操作するためのメソッド」があると紹介しました。たとえば、整数型(int)の値にもメソッドが用意されています。REPLを使って確かめてみましょう。

REPL

```
>>> #変数vに30を代入
>>> v = 30
>>> #int型のメソッド__add__()を使って5を加算してみる
>>> v.__add__(5)
35
>>> #int型のメソッドbit_length()を使って、2進数でvを表示するのに必要なビット数を表示してみる
>>> v.bit_length()
5
```

ただの整数型(int)と思っていましたが、値を加算する__add__()メソッドや値を表現するために必要となるビット長を計算するbit_length()メソッドを実行することができました。

ちなみに、dir()関数を使うと、そのオブジェクトにどんなメソッドや付加情報があるのかを見ることが見るとことができます。

REPL

```
>>> dir(30)
['__abs__', '__add__', '__and__', '__bool__', '__ceil__', '__
delattr__', '__dir__', '__divmod__', '__doc__', '__eq__', '__float__', '__
floor__', '__floordiv__', '__format__', '__ge__', '__getattribute__', '__
getnewargs__', '__gt__', '__hash__', '__index__', '__init__', '__int__',
'__invert__', '__le__', '__lshift__', '__lt__', '__mod__', '__mul__', '__ne__',
'__neg__', '__new__', '__or__', '__pos__', '__pow__', '__radd__', '__rand__',
'__rdivmod__', '__reduce__', '__reduce_ex__', '__repr__', '__rfloordiv__', '__
rlshift__', '__rmod__', '__rmul__', '__ror__', '__round__', '__rpow__', '__
```

084　**Chapter 2**　はじめの一歩 —— 基本的な文法を学ぼう

```
rrshift__', '__rshift__', '__rsub__', '__rtruediv__', '__rxor__', '__
setattr__', '__sizeof__', '__str__', '__sub__', '__subclasshook__', '__
truediv__', '__trunc__', '__xor__', 'bit_length', 'conjugate', 'denominator',
'from_bytes', 'imag', 'numerator', 'real', 'to_bytes']
```

Column

Raspberry Piで快適なカフェを！

ところで、if構文を説明する擬似的なプログラムでカフェの話を書きました。実際、カフェに入ってゆっくりするなら、気温や湿度に応じて、ウェルカムドリンクを変えてくれる優しい気遣いのできるカフェに入りたいものです。

ちなみに、最近では、USBに対応した温度・湿度センサーが安く売っています。そこで、このセンサーを利用して、お客さんが入ってきたら、気温や湿度に合わせて異なるお茶やお菓子を提案するというシステムを作るのはどうでしょうか。

それを実現するのにぴったりのパソコンがあります。手のひらサイズのパソコン「Raspberry Pi」です。原稿執筆時点(2016年5月)で最もシンプルなタイプは、日本で2,800円以下で手に入るのです。

しかも、Raspberry Piなら、常時起動しておいても、それほど電力はかかりませんし、バッテリーで駆動させることもできます。もちろん、Raspberry Piの上でPythonを動かすことができます。実に、良い時代になりました。ちょっとしたお小遣いとアイデアがあれば、それを気軽に実現できるシステムを気軽に構築できるようになったのです。本書でPythonをマスターしたら、こうしたシステム制作にも挑戦してみてください。

● **Raspberry Pi**
[URL] https://www.raspberrypi.org/

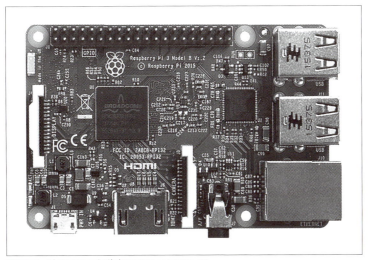

図2-6-6　手のひらサイズで格安PCのRaspberry Pi

Column

エラーとバグについて

本書の冒頭でプログラムが台本であると紹介しましたが、Pythonのプログラムに書き間違いがあると、エラーを出して、プログラムは実行されません。これは、**文法エラー**(Syntax Error)と呼ばれるものです。台本を書くときには、役者が読んで分かるように一定の書式にしたがって書かなければ、意味がないのと同じです。

とはいえ、プログラマーの側からすると、「ちょっとの書き間違いくらい分かってくれよ」と思うものですが、これは安全にプログラムを動かす上で欠かせない機構です。もし、書き間違いを無視してPythonのプログラムが動くとしたら、そのコンピュータにとって脅威となります。というのも、書き間違いのせいで大切なデータを消してしまうかもしれません。ですから、エラーが出てプログラムが動かないというのは、安全のためなのです。

ただし、Pythonが検出できるのは、単純な文法の書き間違いだけです。文法が正しければ、プログラムは動き出します。そして、プログラムに間違いがあったとしても、エラーを出さないこともあります。思った通り、意図した通りにプログラムが動かないことをバグと呼びます。

バグがあるプログラムは、大抵、困った問題を引き起こします。プログラムが正しく動かないので、アプリの利用者に迷惑をかけることになります。ですから、私たちプログラマーは、バグのないプログラムを目指してプログラムを書きます。

さらに、プログラムが正しくても、エラーが出ることがあります。ネットワークに問題があったり、コンピュータのストレージがいっぱいで書き込みができない場合などです。こうした問題は、「実行時エラー」と呼ばれるものです。プログラマーは、こうした稀に発生するエラーを想定してプログラムを作る必要があります。この種のエラーについては、後で詳しく紹介します。

Chapter 3

リストや関数について
── 便利な仕組みを知っておこう

Chapter 2では、変数や制御構文など、プログラミングの基本を解説しました。それらができるだけでも、ずいぶんいろいろなプログラムが作れます。しかし、このChapter 3では、より効率的にプログラムを作る上で欠かせないリストや関数などの機能を紹介します。

Chapter 3-1	リストについて	088
Chapter 3-2	辞書型について	101
Chapter 3-3	文字列の操作	110
Chapter 3-4	関数の定義と利用	116
Chapter 3-5	無名関数について	131
Chapter 3-6	イテレータとジェネレータについて	141
Chapter 3-7	例外処理について	148

Chapter 3-1

リストについて

この節のポイント

- リストをマスターしよう
- for構文などと組み合わせて使おう
- タプルや集合型についても知ろう

リスト (list) について

Pythonには、複数の値を1つの変数で管理するための仕組みが用意されています。複数の値を1つの変数で一元管理できると、とても便利なのです。

たとえば、学校で学生の成績を管理しようと思ったとき、生徒1人に対して1つの変数を利用していると、変数がいくつあっても足りません。しかし、リストを利用すると、1つの変数に、生徒全員分の成績を記録することができるのです。

また、複数の商品を扱っているとき、1つの変数で、複数の商品の数をまとめて管理することなどもできます。

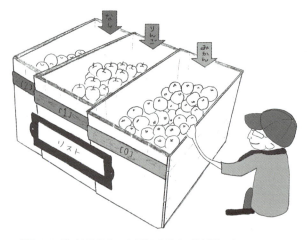

図3-1-1　リストを使えば1つの変数にたくさんの値を代入できる

リストの作り方

複数の値を管理できる便利な「リスト」を作るには、[50, 80, 70]のように、**角括弧の中にコンマで区切って複数のデータを記述**します。なお、リストに含まれるデータのことを、「**要素**」といいます。

REPLを起動して、実際にリストをどのように利用することができるのか、動作を試してみましょう。ちなみに、REPLで変数名だけ(ここでは「a」)を入力すると、変数の内容を確認できます。リストの場合、リストの各要素の値が表示されます。

REPL

```
>>> # リストの生成
>>> a = [10, 22, 30, 45]
>>> a
[10, 22, 30, 45]
```

リストの要素にアクセスする方法

また、リストの要素は、前から順番に、0から始まる番号で管理されていて、この番号をインデックスといいます。生成したリストから、値を1つ取り出したい場合は、『変数名[インデックス]』のように書きます。このとき、インデックスには、0から数えて何番目のデータが欲しいのかを指定します。この0から数えるという部分がポイントです。

REPL

```
>>> a = [10, 22, 30, 45]
>>> a[0]    # aの0番目のデータ
10
>>> a[3]    # aの(0から数えて)3番目のデータ
45
```

また、参照するだけでなく、普通の変数のときと同じように、代入文を書いてリストの値を更新することもできます。

REPL

```
>>> a = [10, 22, 30, 45]
>>> # リストの値を1つ更新
>>> a[1] = 555
>>> a
[10, 555, 30, 45]
```

リストの要素数を調べる方法

リストの要素数を調べるときには、len()関数を使います。リストに対して、値を追加・削除することができますが、要素の数が変わったときなど、リストの要素数を調べるときに使えます。

REPL

```
>>> a = [1, 2, 3, 4, 5, 6, 7]
>>> len(a)
7
>>> b = [0, 2, 4, 6]
>>> len(b)
4
```

リストを一気に処理しよう！ ～forと組み合わせる

このリストですが、一気にデータの計算を行うのがとても便利です。たとえば、あるクラスの国語の点数の平均点を求めたい場合に、for構文を使って、合計点や平均点を手軽に計算することができます。

テキストエディタ file: src/c3/test-sum.py

```
01  # あるクラスの国語テストの点数をリストに代入 --- (❶)
02  points = [88, 76, 67, 43, 79, 80, 91]
03
04  # テストの合計を求める --- (❷)
05  sum_v = 0
06  for i in points:    # 繰り返しの範囲にリストを指定
07      sum_v += i
08      print(i,"点を足して合計は", sum_v)
09
10  # 平均を求める --- (❸)
11  ave_v = sum_v / len(points)    # 平均 = 合計 / 点数の数
12  print("平均点は", ave_v, "点")
```

コマンドラインから実行してみましょう。

コマンドライン

```
$ python3 test-sum.py
88 点を足して合計は 88
76 点を足して合計は 164
67 点を足して合計は 231
43 点を足して合計は 274
79 点を足して合計は 353
80 点を足して合計は 433
91 点を足して合計は 524
平均点は 74.85714285714286 点
```

それでは、プログラムを確認してみましょう。プログラムの❶の部分では、あるクラスの国語の点数のリストを変数pointsに代入します。リストには複数の値を代入できるので、複数の生徒の点数を1つの変数で管理できるのです。ここでは、7人分の点数をリストで表しています。

そして、このプログラム最大の見せ場となるのが、プログラムの❷の部分です。Chapter 2でfor構文を見たときには、繰り返し範囲の指定には、range()を指定していました。しかし、この例のように、リストを指定することもできるのです。

この場合、for構文の繰り返し時に、リストの各要素の値が、変数iにセットされます。そのため、合計値も上記のようなプログラムで求めることができます。また、7行目に「sum_v += i」という表記があります。これは、「sum_v = sum_v + i」と書いたのと同じ意味になります（P.071参照）。

プログラムの❸では、合計した点数に対して、平均点を求めています。リストの要素の個数は自分で数えなくても、len()関数を使うことで調べることができます。

リストの値を一気に合計するsum()関数について

ちなみに、Pythonにはリストの値を一気に合計するsum()関数が用意されており、これを使うと、for構文を使わなくても、リストの各要素を合計することができます。つまり、前記のプログラムは、以下のように書き直すことができます。

テキストエディタ file: src/c3/test-sum2.py

```
01  # あるクラスの国語テストの点数
02  points = [88, 76, 67, 43, 79, 80, 91]
03  sum_v = sum(points)   # sum()関数で合計を求める
04  ave_v = sum_v / len(points)
05  print("合計点は ", sum_v, "点")
06  print("平均点は ", ave_v, "点")
```

コマンドラインから実行してみましょう。先のプログラムと同じ結果が得られます。

コマンドライン

```
$ python3 test-sum2.py
合計点は 524 点
平均点は 74.85714285714286 点
```

リストに入るのは数値だけではない！

また、リストに入れることができるのは数値だけではありません。文字列を代入することもできます。

以下のプログラムでは果物の名前をリストに入れておいて、それをfor構文を使って出力します。

テキストエディタ file: src/c3/fruits-list.py

```
01  fruits = ["Apple", "Banana", "Mango", "Orange"]
02  for i in fruits:
03      print("「" + i + "」が好き!")
```

コマンドラインから実行してみましょう。

コマンドライン

```
$ python3 fruits-list.py
「Apple」が好き!
「Banana」が好き!
「Mango」が好き!
「Orange」が好き!
```

ランダムに格言を表示するプログラムを作ろう

リストの中に文字列を入れられることが分かったので、ランダムにメッセージを表示する格言表示プログラムを作ってみましょう。仕組みとしては、リストの中に、複数のメッセージを入れておいて、その中の1つをランダムに選んで表示するというものです。

テキストエディタ file: src/c3/list-kakugen.py

```
01  import random
02
03  # 格言をリストに代入 --- (❶)
04  kakugen = [
05      "能ある鷹は爪を隠す",
06      "豚に真珠",
07      "二兎を追う者は一兎をも得ず",
08      "叩き続けなさい。そうすれば開かれます。"]
09
10  # ランダムに数値を1つ選ぶ --- (❷)
11  i = random.randint(0, len(kakugen)-1)
12
13  # 選んだ格言を表示する --- (❸)
14  print( kakugen[i] )
```

コマンドラインから実行してみましょう。ランダムに格言が1つだけ表示されます。そこで、何度かプログラムを実行してみましょう。その度に異なる値が表示されます。

コマンドライン

```
$ python3 list-kakugen.py
叩き続けなさい。そうすれば開かれます。
$ python3 list-kakugen.py
能ある鷹は爪を隠す
$ python3 list-kakugen.py
豚に真珠
```

プログラムを見てみましょう。プログラムの❶の部分では、4つの格言のリストを定義し、変数kakugenに代入します。プログラムの❷の部分では、ランダムに数値を得ます。random.randint(n,m)と書くことで、nからmのうちランダムに選ばれた値を得ることができます。ここでは、0から(リストの要素数-1)の値、つまり0から3の値を指定したのと同じ意味になります。この関数については、Chapter 4でさらに詳しく紹介します。そして、プログラムの❸の部分では格言を表示します。

092　**Chapter 3**　リストや関数について —— 便利な仕組みを知っておこう

for構文でインデックス番号付きの繰り返し

ちなみに、for構文とリストを組み合わせる構文では、要素の値だけが取得できますが、enumerate()関数を使うと、要素の値だけでなく、(インデックス番号, 要素の値)のタプル(P.098参照)を得ることができます。REPLで試してみましょう。

REPL

```
>>> # for 構文で enumerate()を使う
>>> fruits = ["Apple","Orange","Banana"]
>>> for i, v in enumerate(fruits):
...     print(i, v)
...
0 Apple
1 Orange
2 Banana
>>>
>>> # enumerate()の動作を確認する
>>> list(enumerate(fruits))
[(0, 'Apple'), (1, 'Orange'), (2, 'Banana')]
```

リストを操作してみよう

ここから、リストに対するさまざまな操作について紹介しましょう。リストの一部を取り出したり、作成したリストに対して値を追加したり、リストを操作する方法を覚えましょう。

リストへ要素の追加

すでにあるリストへ新たな値を追加するには、append()メソッドを使います。append()メソッドを使うと要素の末尾にデータを追加できます。なお、メソッドを使う場合は、そのメソッドで処理したい変数名やリスト名の後に、ピリオドを打ってメソッド名をつなげます。REPLで確認してみましょう。

REPL

```
>>> # リストを生成
>>> nums = [1, 2, 3]
>>> # append()で値を追加
>>> nums.append(4)
>>> nums.append(5)
>>> # 結果を確認
>>> nums
[1, 2, 3, 4, 5]
```

append()メソッドを使うと、あるリストを元にして、別のリストを作ることができます。
たとえば、国語の点数を記録したリストであれば、30点以下の点数だけを取り出した赤点だけのリストを作ることもできるのです。

```
テキストエディタ  file: src/c3/list-akaten.py
01  # 国語の点数の一覧 --- （❶）
02  points = [80, 40, 23, 14, 29, 58]
03
04  # 30点未満のデータだけ選んで赤点リストに追加 --- （❷）
05  akaten = []
06  for p in points:
07      if p < 30:
08          akaten.append(p)
09
10  # 選んだデータを表示 --- （❸）
11  print(akaten)
```

コマンドラインから実行してみましょう。実行すると、30点未満のデータだけが表示されます。

```
コマンドライン
$ python3 list-akaten.py
[23, 14, 29]
```

プログラムを確認してみましょう。

プログラムの❶の部分では、国語の点数のリストを、変数pointsに代入します。❷の部分では、リストの各値を調べ、30未満であれば、赤点を管理する変数akatenに追加します。最後に、❸の部分で、変数akatenの内容を表示します。

2つのリストを結合する

そして、異なるリスト同士を結合するには、+演算子を使うことができます。

```
REPL
>>> # 2つのリストを生成
>>> n1 = [1, 3, 5]
>>> n2 = [2, 4, 6]
>>> # 2つのリストを結合して n3 に代入
>>> n3 = n1 + n2
>>> # 内容を確認する
>>> n3
[1, 3, 5, 2, 4, 6]
```

また、あるリストに異なるリストの要素を追加したいときは、+=演算子か、extend()メソッドを利用できます。こちらもREPLで動作を確認してみましょう。

```
REPL
>>> a = [1, 2, 3]  # リストを生成
>>> a += [4, 5, 6] # 異なるリストを追加
>>> a
[1, 2, 3, 4, 5, 6]
```

さらに、extend()メソッドを使う方法も見てみましょう。

REPL
```
>>> b = [11, 22]      # リストを生成
>>> b.extend([33, 44]) # 異なるリストを追加
>>> b
[11, 22, 33, 44]
```

スライスしてみよう

リストは、その一部分を手軽に取り出すことができるようになっています。

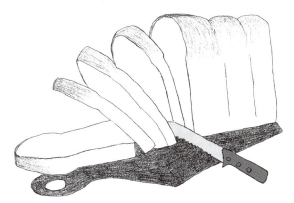

図 3-1-2　スライスを使えばリストの一部を取り出すことができる

次のような書式で取り出すことができます。
一部分を取り出すこの操作を「スライス」と呼びます。

書式 スライス
```
リスト[ 開始 : 終了 ]
リスト[ 開始 : 終了 : ステップ ]
```

それでは、スライスをREPLで試してみましょう。

REPL
```
>>> a = [10, 555, 30, 45]
>>> a[1:3]
[555, 30]
```

ちなみに、実行してみると分かると思いますが、このスライスの書式での「終了」の部分には、リストでの終了インデックス番号に＋1した値を指定する必要があります。上記の例の[1:3]というのは、(0から数えて)1番目から3番目の1つ前までの値を取り出すという意味です。

変数の内容をもう少し分かりやすくして試してみましょう。以下、変数bに0から9までのリストを代入した後、bの値をスライスしてみます。

`REPL`

```
>>> b = [0,1,2,3,4,5,6,7,8,9]
>>> b[1:3]
[1, 2]
>>> b[1:5]
[1, 2, 3, 4]
```

どうでしょうか、「b[1:3]」と指定した場合、[1，2]と表示され、0から数えて1番目から3番目の1つ前までの値（つまり、1番目と2番目まで）を取得するように指示するものとなります。次の文「b[1:5]」を指定した場合には、1番目から5番目の1つ手前まで、[1,2,3,4]の値を取得することになります。
このとき、**先頭(0)と末尾は省略**して記述することができます。[:3]と書くと先頭から3番目の手前まで、[7:]と書く7番目から末尾までを取り出すことができます。

`REPL`

```
>>> b = [0,1,2,3,4,5,6,7,8,9]
>>> # 先頭を省略
>>> b[:3]
[0, 1, 2]
>>> # 末尾を省略
>>> b[7:]
[7, 8, 9]
```

また、インデックスにマイナスの値（負数）を指定することで、末尾からn個目の値を取得できます。

`REPL`

```
>>> b = [0,1,2,3,4,5,6,7,8,9]
>>> b[-1]
9
>>> b[-2]
8
>>> b[-3:] # 後ろから3つ目から最後まで
[7, 8, 9]
```

さらに、前ページの書式の2つ目として登場していますが、[a:b:step]のように3つ目の値を指定することで、step個目にでてきた値を得ることができます。

`REPL`

```
>>> b = [0,1,2,3,4,5,6,7,8,9]
>>> b[2:8:2] # 2から8の間を2個目にでてきた値を得る
[2, 4, 6]
>>> b[::3] # 最初から最後まで3個目にでてきた値を得る
[0, 3, 6, 9]
```

このようにスライスを使うと、非常に手軽に要素を抽出することができます。

要素の削除

また、リストの値を削除したいときには、delを利用します。「del リスト[要素インデックス]」で特定の要素を削除できます。REPLで確認してみましょう。

REPL

```
>>> # 特定の要素を削除
>>> nums = [0, 1, 2, 3, 4]
>>> del nums[2]
>>> nums
[0, 1, 3, 4]
>>> # スライスを指定して特定の範囲を削除
>>> nums = [0, 1, 2, 3, 4]
>>> del nums[2:4]
>>> nums
[0, 1, 4]
```

その他のリスト操作

ほかにも、リストを操作する下のようなメソッドが用意されています。

ここでは、深く掘り下げませんが、リスト操作を行う際には役立つ便利なメソッドです。どんなメソッドがあるのか一通り確認しておきましょう。

メソッド	機能の説明
append(x)	値xをリストの末尾に追加する
extend(L)	異なるリストLを末尾に追加する
insert(i, x)	インデックスiの位置に値xを挿入する
remove(x)	リスト中にある値xを削除する(最初に見つかった要素のみ)
pop()	リストの末尾にある要素を取り出し、リストから削除する
clear()	リストの全要素を削除
index(x)	リストから値xを探してその位置(インデックス)を返す
count(x)	リスト中にxが何回出現するか回数を返す
sort(key, reverse)	リストを昇順に並び替える(reverse=Trueで降順)
copy()	リストの複製(浅いコピー)を返す(※1)

※1

オブジェクトを複製する方法には、浅いコピーと深いコピーがあります。一次元の単純なリストをコピーする場合には、copy()メソッドを使った浅いコピーで問題はありません。しかし、リストの中のリストやその他のオブジェクトを持つオブジェクトまで複製したい場合には、copy.deepcopy()を使って、深いコピーをする必要があります。

リストの親戚「タプル（tuple）」について

次に、リストの親戚とも言うことができる「タプル」について紹介します。タプルは、ほぼリストと同じなのですが、その**要素を変更することができない**という点が異なります。

使い方は、ほぼ同じですが、リストを生成する際には、[1,2,3]としていた部分を、(1,2,3)と丸括弧を利用します。REPLで試してみましょう。

REPL
```
>>> # タプル a を作成
>>> a = (10,20,30)
>>> # その要素を参照する
>>> a[1]
20
>>> # スライスしてみる
>>> a[:2]
(10, 20)
```

このように使う分には、リストと変わりがないように見えます。しかし、一度作成したタプルは、内容を変更できないようになっています。以下のように値を変更しようとするとエラーが出ます。

REPL
```
>>> a[1]=50
...
TypeError: 'tuple' object does not support item assignment
```

とはいえ、タプルとリストは同じように使えますから、もし、タプルとして定義したものを、**リストに変換したい**という場面もあるかもしれません。

それで、以下の関数を使うことで、タプルとリストを相互に変換できるようになっています。

タプルからリストに変換	list(タプル)
リストからタプルに変換	tuple(リスト)

冒頭で紹介した通り、値を変更できない点を除いて、リストと同じように使えます。for構文と組み合わせて使うこともできます。ですから、間違って要素を削除してしまうことのないようにしたいデータなどは、タプルを使うと良いでしょう。

集合型（set）について

また、集合型（set）も、リストと似たものです。集合型にも、複数の値を記録することができます。ただし、リストと異なり、重複する値を持たせることはできません。しかも、順序をつけることができません。その代わり、集合型を使うと、結合・交差・差分・対象差などの数学的な演算を行うことができます。

集合型を生成するには、波括弧 { ... } を使うか、set()関数を使います。

REPLで試してみましょう。

REPL

```
>>> # 集合型を生成
>>> colors = { "red", "green", "blue" }
>>> colors
{'red', 'green', 'blue'}
>>> # 空っぽの集合型を生成
>>> e = set()
>>> e
set()
>>> # set()を使って集合型を生成
>>> fruits = set({"orange", "banana", "mango"})
>>> fruits
{'banana', 'orange', 'mango'}
```

では、集合型の真骨頂である差分を求めてみましょう。

差分を求めるには、あたかも引き算を行うように、2つの集合型に対して演算子「−」を使います。

以下は、box1とbox2という集合型を用意します。そして、box1とbox2の内容の差を求めます。

REPL

```
>>> box1 = {'ハンマー', '釘', 'ペンチ'}
>>> box2 = {'釘', 'ペンチ'}
>>> box1 - box2
{'ハンマー'}
```

確かに、box2にはハンマーは入っていなかったので、集合の差を求めることができました。また、inを用いて、要素が集合に含まれるかを調べることができます。

REPL

```
>>> # box3 にペンチが入っているかを調べる
>>> box3 = {'ハンマー', '釘', 'ペンチ'}
>>> 'ペンチ' in box3
True
```

ちなみに、複数の集合型の値を1つにまとめるには、演算子の「+」ではなく、「|」演算子を使います。また、2つの集合型に共通する値だけを取り出したい場合には「&」演算子を使います。

099

```REPL
>>> team1 = {'遠藤', '佐藤', '中村'}
>>> team2 = {'田中', '遠藤', '中村'}
>>> team3 = team1 | team2
>>> team3
{'遠藤', '中村', '佐藤', '田中'}
>>> team4 = team1 & team2
>>> team4
{'遠藤', '中村'}
```

リスト・タプル・集合型の特徴まとめ

リストに似たものがたくさん出てきたので、一度、ここでまとめてみましょう。いずれも、生成するときの記号が異なります。

こうして、特徴を覚えておけば、状況に応じて、使い分けることができそうです。

種類	特徴	生成方法
リスト(list)	複数の値を持つことができる	[0, 1, 2]
タプル(tuple)	要素を変更できないタプル	(0, 1, 2)
集合型 (set)	要素を重複できないリスト	{0, 1, 2}

この節のまとめ

ここでは、**リスト・タプル・集合型**などの、複数の値を扱うデータ型について見てきました。このように、Pythonでは、扱うデータによって、データ型を使い分けることができます。データ型がたくさんあって、よく分からないと思ったら、REPLを使って、実際にいろいろなデータがどのように処理されるのかを、試してみると良いでしょう。

Chapter 3-2

辞書型について

この節のポイント

- 辞書型(dict)について学ぼう
- 辞書型をfor構文と併せて使おう
- 辞書型の使い所について

辞書型(dict)とは？

前節で、複数の値を1つの変数で管理するリスト型について紹介しました。ここで学ぶ辞書型(dict)も同じく、複数の値を1つの変数で管理することができます。しかし、リストがインデックス番号で値を参照するのに対して、辞書型では任意のキー文字列で値を参照します。

辞書型というくらいですから、辞書を思い浮かべてください。英和辞典を引くとき、辞書に書かれている単語から意味を調べます。たとえば、キーワードとして「moon」という英語を調べれば、月・月面・月光という日本語の意味を調べることができます。Pythonの辞書型も同じです。キーワードを指定すると、キーワードに応じた値を取り出すことができるのです。

もしも、辞書型のデータに、テストの点数などを記録するならば、名前と点数をペアにして記録することができますし、顧客の年齢データならば、名前と年齢をペアにして記録することができます。

図3-2-1　辞書型では、キーで値にアクセスできる

辞書型の使い方

では、実際の使い方を見ていきましょう。

まずは、辞書型のデータを作成する方法を紹介しましょう。複数のキーと値のペアを指定する場合、以下の書式で記述します。

書式 辞書型のデータを作成

```
変数 = { 'キー1': 値1, 'キー2': 値2, 'キー3': 値3, ... }
```

REPLで試してみましょう。以下は、名前と年齢のデータを辞書型として変数ageに代入する例です。REPLで辞書型の変数名を入力すると、その内容を表示することができます。

REPL

```
>>> # 辞書型のデータを作成
>>> ages = { '鈴木': 30, '井上': 20, '伊藤': 22 }
>>> # 作成できたか内容を確認
>>> ages
{'伊藤': 22, '鈴木': 30, '井上': 20}
```

なお、作成した内容を確認すると分かりますが、辞書型のデータでは、作成したときの各要素の順番は保持されません。鈴木さんのデータを最初に作成しましたが、作成した内容を確認すると、伊藤さんが先頭になっているのを確認できるでしょう。

辞書型のデータを参照・設定する方法

そして辞書からキーの値を取り出したり、新たな値を設定するには、以下のようにします。

書式 辞書型のデータの参照と設定

```
print( 辞書型[ キー ] )
辞書型[ キー ] = 値
```

それでは、REPLで試してみましょう。名前と年齢のデータを辞書型として作成し、伊藤さんの年齢を調べてみます。

REPL

```
>>> # 辞書型のデータを作成
>>> ages = { '鈴木': 30, '井上': 20, '伊藤': 22 }
>>> # 伊藤さんの年齢を確認
>>> ages['伊藤']
22
```

続けて、鈴木さんの年齢が間違っていることが分かったので、年齢を更新しましょう。

102　**Chapter 3**　リストや関数について —— 便利な仕組みを知っておこう

```
REPL
>>> # 辞書型のデータを作成
>>> ages = { '鈴木': 30, '井上': 20, '伊藤': 22 }
>>> # 鈴木さんの年齢を更新
>>> ages['鈴木'] = 29
>>> # 更新されたかを確認する
>>> ages
{'伊藤': 22, '鈴木': 29, '井上': 20}
```

辞書型にキーが含まれるかinで確認しよう

また、集合型のときと同じく、辞書型のデータでもinを使って、辞書型にキーが存在するかを調べることができます。

以下は、ある価格表にリンゴとオレンジが含まれているかを確認する例です。
REPLで動作を試してみましょう。
フルーツの名前と値段のデータを辞書型として作成し変数pricesに代入します。その後で、リンゴとオレンジが価格表に出てくるかを調べます。

```
REPL
>>> # 価格表のデータを、変数pricesに代入
>>> prices = {'バナナ':300, 'リンゴ':200, 'マンゴー':400}
>>> # リンゴはある？
>>> 'リンゴ' in prices
True
>>> # いくら？
>>> prices['リンゴ']
200
>>> # オレンジはある？
>>> 'オレンジ' in prices
False
```

辞書の要素を列挙する方法

このように、辞書型は、複数のキーと値の組み合わせであることが分かったと思います。キーを利用して値を取り出すことができますが、このキーの存在はどのようにして知ることができるでしょうか。Pythonには、それらのキーを列挙するための仕組みが用意されています。それが、keys()メソッドです。

書式 辞書型でキーの一覧を得る

```
辞書型.keys()
```

REPLでkeys()の動作を確認してみましょう。

REPL

```
>>> # フルーツの価格表を辞書型で定義
>>> prices = {'Banana':300, 'Apple':200, 'Mango':400}
>>> # キーの一覧を得る
>>> prices.keys()
dict_keys(['Mango', 'Apple', 'Banana'])
```

このように、REPLでキーの一覧を確認できました。しかし、REPLの結果を見ると、一覧といってもリスト型ではないようです。これは、dict_keysという型であることを示しています。もしも、リストに変換したいときは、list(辞書型.keys()) のように記述します。

REPL

```
>>> # 辞書型のデータを作成
>>> prices = {'Banana':300, 'Apple':200, 'Mango':400}
>>> # キーの一覧をリストで得る
>>> list( prices.keys() )
['Mango', 'Apple', 'Banana']
```

ただし、REPLで見ると分かるとおり、キーの一覧は順不同です。そのため、アルファベット順で整列済みの一覧が欲しいときは、sorted()関数を利用します。

REPL

```
>>> #辞書型のデータを作成
>>> fruits = {'Banana':300, 'Apple':200, 'Mango':400}
>>> # キーの一覧をリストで得る
>>> list( fruits.keys() )
['Mango', 'Apple', 'Banana']
>>> # 整列済みの一覧をリストで得る
>>> sorted( fruits.keys() )
['Apple', 'Banana', 'Mango']
```

少し、まとめてみましょう。keys()メソッドを使うと、辞書型のデータのキーを一覧で得ることができます。しかし、辞書型では値の順番が保持されるわけではないので、常に一定の順番が要求される場合には、sorted()関数を使うことになります。

この、sorted()を使えば、要素をアルファベット順に並び替えた値を得ることができます。とはいえ、英数文字以外を並び替える場合は注意が必要です。そもそも、sorted()は、データを文字コード順に並び替えるだけです。文字コード上では、アルファベットはABC...と順番に並んでいるので、うまく働きます。しかし、漢字を並び替える場合は、その文字コード順に並ぶだけなので、必ずしも、読み仮名順にはならないという点を覚えておきましょう。

104　**Chapter 3**　リストや関数について —— 便利な仕組みを知っておこう

辞書型の値を列挙する方法

ちなみに、values()メソッドを使うと、値の一覧を得ることができます。また、items()メソッドを使うと、キーと値の組み合わせをタプルにしたリストを得ることができます。いろいろありますね、ここで表にまとめてみましょう。

辞書型dから一覧を得る方法

方法	説明
list(d.keys())	キーの一覧をリストで得る
sorted(d.keys())	キーの一覧をソート済みのリストで得る
d.values()	値の一覧を得る
list(d.items())	(キー,値)のタプルのリストで一覧を得る

辞書型をfor構文と組み合わせて使おう

辞書型もリスト型と同じく、for構文と組み合わせて使うことが多いものです。ここで、辞書型をfor構文と組み合わせて使う方法を見てみましょう。

まずは、基本的な使い方として、辞書型のデータを定義して、データ一覧を画面に出力するプログラムを作ってみましょう。

テキストエディタ file: src/c3/print-dict.py

```
01  # 辞書型のデータ（果物名と値段）を変数に代入
02  fruits = {
03      "バナナ": 300,
04      "オレンジ": 240,
05      "イチゴ": 350,
06      "マンゴー": 400
07  }
08
09  # 辞書型のデータ一覧を表示
10  for name in fruits.keys():
11      # 値段を得る
12      price = fruits[name]
13      # 画面に出力
14      s = "{0}は、{1}円です。".format(name, price)
15      print(s)
```

コマンドラインからプログラムを実行してみましょう。辞書型のキーをfor構文で1つずつ列挙します。

コマンドライン

```
$ python3 print-dict.py
バナナは、300円です。
オレンジは、240円です。
イチゴは、350円です。
マンゴーは、400円です。
```

105

プログラムの前半では、辞書型のデータを生成し、変数 fruits に代入します。ここでは、果物の名前と値段の辞書型データを作成しています。このように、辞書型のデータは、**複数行に渡って記述する**ことができます。

プログラムの後半では、辞書型のキーの一覧を取得して変数 name に代入し、それを使ってフルーツの名前と値段を一定の書式で画面に出力しています。

ちなみに、ここでは、キーの一覧を取得しましたが、items() メソッドを利用すれば、キーと値の両方を一気に取得することができます。プログラムを少し書き換えてみましょう。

テキストエディタ file: src/c3/print-dict2.py

```
01  # 辞書型のデータ（果物名と値段）を変数に代入
02  fruits = {
03      "バナナ": 300, "オレンジ": 240,
04      "イチゴ": 350, "マンゴー": 400 }
05
06  # 辞書型のデータ一覧を表示
07  for name, price in fruits.items(): # ---- (1)
08      # 画面に出力
09      s = "{0}は、{1}円です。".format(name, price)
10      print(s)
```

プログラムの出力は、全く同じとなります。しかし、items() メソッドを利用することで、for 構文の中で、キー名と値を一度に取り出すことができました。9行目では、format() メソッド（P.048）で値を埋め込んでいます。

for 構文を記述している(1)の部分に注目してみてください。これまで、for 構文の変数には、ここまで、1つの変数を指定していましたが、このように、**2つの変数**を指定することもできます。

書式 for構文でキーと値を同時に得る方法

```
for キー, 値 in 辞書型.items():
    # キーと値を利用する処理
```

ちなみに、Python では、代入文でも同じように、リストやタプルなど複数の値を複数の変数に振り分けることが可能になっています。REPL で試してみましょう。

REPL

```
>>> # 変数a,b,cにリストの値を振り分ける
>>> a,b,c = [2, 300, 4000]
>>> a
2
>>> print(a, b, c)
2 300 4000
```

辞書型で記録したテストの点数を集計しよう

リストのところで、テストの点数を集計しましたが、今度は、辞書型の成績データを元に、平均点を求めてみましょう。そして、辞書型では各個人の名前も入っていますから、平均点との差も表示してみましょう。

テキストエディタ file: src/c3/test-dict.py

```
01  # 成績データを辞書型で定義
02  records = {
03      'Tanaka':72, 'Yamada':65, 'Hirata':100,
04      'Akai':56, 'Fukuda':66, 'Sakai':80 }
05  # 合計を求める --- (1)
06  sum_v = 0
07  for v in records.values():    # recordsの値だけを順に取得
08      sum_v += v
09  # 平均点を計算して結果を表示
10  ave_v = sum_v / len(records)
11  print("合計点:", sum_v)
12  print("平均点:", ave_v)
13
14  # 成績データの一覧と平均点との差を表示 --- (2)
15  fmt = "| {0:<7} | {1:>4} | {2:>5}"    # 7文字左寄せ、4文字右寄せ、5文字右寄せと指定
16  print("| 名前    | 点数 | 差")
17  for name, v in sorted(records.items()):
18      # 平均点との差を求める
19      diff_v = v - ave_v
20      # 小数点以下を丸める --- (3)
21      diff_v = round(diff_v, 1)    # diff_vの値を小数点以下1位になるよう四捨五入
22      # 書式にそって出力 --- (4)
23      print(fmt.format(name, v, diff_v))
```

chapter
3-2

コマンドラインから実行してみましょう。

コマンドライン

```
$ python3 test-dict.py
合計点: 439
平均点: 73.16666666666667
| 名前    | 点数 | 差
| Akai    |   56 | -17.2
| Fukuda  |   66 |  -7.2
| Hirata  |  100 |  26.8
| Sakai   |   80 |   6.8
| Tanaka  |   72 |  -1.2
| Yamada  |   65 |  -8.2
```

では、プログラムを見てみましょう。プログラム中の(1)の部分では、点数を合計しています。この場合、辞書型の値だけがあれば良いので、values()メソッドで値を取り出し、for構文で順に合計を求めます。

続く(2)の部分では、名前と点数の一覧を列挙します。ここでは、キーが整列済みのアイテムの一覧をsorted (records.items())で取り出し、for構文で順に出力します。その際、(3)の部分では、平均点との差を求めた後、round()関数を使って、小数点以下1位に四捨五入しています。(4)の部分では、format()メソッドを使って、点数を書式に沿って出力します。

ちなみに、以前、format()を扱ったときには、"...{0}...{1}...{2}..."のように書いて、何番目の引数を埋め込むかという方法しか紹介しませんでしたが、今回のように、「{番号:書式}」と書くと、出力書式を指定することができます。たとえば、先の例では、書式に「>4」と書いています。これは、4文字右寄せで表示という意味になり、「<7」と書くと7文字左寄せという意味になります。今回は、点数を表示する際、名前や数値を特定の幅で表示するのに利用しています。

107

英単語の出現回数を数えてみよう

さて、ここまでの部分で辞書型の基本的な使い方が分かったことと思います。では、辞書型のデータをいつ利用したら良いでしょうか。ここでは、英単語の出現回数を調べるプログラムを作ってみます。単語を数えるのに、辞書型は非常に都合が良いものとなっています。

以下は、英文を単語に区切り、辞書型を使って単語の出現回数を調べるプログラムです。出現回数を調べた後で、3回以上出現した単語と回数を表示します。

テキストエディタ file: src/c3/count-words.py

```
01  # 単語の出現回数をカウント
02  text = """
03  Keep on asking, and it will be given you;
04  keep on seeking, and you will find;
05  keep on knocking, and it will be opened to you;
06  for everyone asking receives, and everyone seeking finds,
07  and to everyone knocking, it will be opened.
08  """
09
10  # 単語を区切る --- (❶)
11  text = text.replace(";", "")    # ; を削除
12  text = text.replace(",", "")    # , を削除
13  text = text.replace(".", "")    # . を削除
14  words = text.split()    # 空白で区切ってリスト型を作成
15
16  # 単語を数える --- (❷)
17  counter = {}    # counterという空の辞書型を作成
18  for w in words:
19      ws = w.lower()    # 小文字に変換
20      if ws in counter:    # もし辞書型にすでにキーがあれば値を1つ追加
21          counter[ws] += 1
22      else:
23          counter[ws] = 1    # もし辞書型にキーがなければ、値を1としてキーも登録
24
25  # 結果を表示 --- (❸)
26  for k,v in sorted(counter.items()):    # counterのキーをアルファベット順として範囲に指定
27      if v >= 3:
28          print(k, v)
```

プログラムをコマンドラインから実行してみましょう。

コマンドライン

```
$ python3 count-words.py
and 5
be 3
everyone 3
it 3
keep 3
on 3
will 4
you 3
```

108　**Chapter 3**　リストや関数について —— 便利な仕組みを知っておこう

それでは、プログラムを見てみましょう。プログラムの冒頭では、変数textに英文を代入しています。そして、プログラムの❶の部分では、英文を単語に区切ります。単語ごとに区切るのには、split()メソッドを使います。とはいえ、この英文には、セミコロン「;」やカンマ「,」も含まれているので、先に文字列の置換を行うreplace()メソッドを使って、それらの記号を削除しています。replace()メソッドは、以下のように利用します。

書式 文字列の置換

```
文字列.replace("検索語句","置換後の内容")
```

ちなみに、split()メソッドは、特定の区切り文字を指定して文字列を区切ることができますが、区切り文字を省略すると、空白文字を元にして文字列を分割します。このメソッドを使うと、複数の文字列を要素に持つリスト型を得られます。

書式 英文を単語に区切る

```
文字列.split(区切り文字)
```

プログラムの❷の部分では、単語をカウントします。for構文を利用して、単語を1つずつ数えていきます。
lower()メソッドを使うと、文字列を小文字に変換します。
プログラムの❸では、カウントした単語の合計を表示します。ここでは、結果が3回以上のものだけを表示するようにしています。

この節のまとめ

ここでは、辞書型について見てきました。Chapter 3-1で扱ったリストでは、インデックス(数値)を使って要素にアクセスしていましたが、辞書型では、キー(文字列)を使って要素にアクセスすることができます。

109

Chapter 3-3

文字列の操作

この節のポイント

● 文字列の操作方法をマスターしよう

● 文字列とリストの関係を整理しよう

● 文字列を操作するメソッドを確認しよう

文字列を操作しよう

Chapter 2-3でも文字列について簡単に紹介しましたが、実践でWebアプリを作ったり、データベースを扱う際には、より深く文字列について知っている必要があります。ここでは、**文字列のスライスや分割・結合、置換**など、さまざまな操作方法を紹介します。

文字列の生成と演算

まずは、**文字列を生成する方法**をまとめてみます。まずは、ここまで紹介したように、クォートを使って生成する方法があります。そして、数値などから変換して生成する方法があります。

テキストエディタ file: src/c3/print-dict.py

```
01  # クォートで文字列を生成する
02  s1 = "保つのに時があり捨てるのに時がある"
03  s2 = '保つのに時があり捨てるのに時がある'
04
05  # 三重引用符(トリプルクォート)で文字列を生成
06  s3 = """捜すのに時があり
07  あきらめるのに時がある"""
08  s4 = '''捜すのに時があり
09  あきらめるのに時がある'''
10
11  # 数値から変換する
12  num = 12345
13  s5 = str(num)
```

110　**Chapter 3**　リストや関数について —— 便利な仕組みを知っておこう

文字列に対する演算

すでに「+」演算子を使った文字列の連結（P.045）については紹介していますが、復習してみましょう。REPLで実行して、動きを確かめてみましょう。

REPL

```
>>> # 2つの文字列を生成
>>> s1 = "abc"
>>> s2 = "def"
>>> # 「+」演算子で結合する
>>> s = s1 + s2
>>> s
'abcdef'
```

また文字列は、「*」演算子で指定した数を生成することが可能です。

REPL

```
>>> s = "@"
>>> s * 3
'@@@'
>>> "love" * 3
'lovelovelove'
```

文字の抽出

さて、次に文字列の中から任意の箇所にある文字を取り出す方法を見ていきましょう。リストで任意の場所にある要素を取り出すのにlist[3]のように書きましたが、文字列でも同じように書くことができます。REPLで実行して試してみましょう。

REPL

```
>>> s = "abcd"
>>> s[0]
'a'
>>> s[2]
'c'
```

上の例を見ると分かりますが、s[2]と書くと0から数えて2番目にある文字を抽出することができます。

111

文字列のスライス

加えて、リストのときと同じように、[a:b]のように記述することで、文字列の一部をスライスして抽出することもできます。つまり、文字列[a:b]と書いたとき、**0から数えてa番目にある文字からb番目にある文字の1つ手前にある文字まで**を抽出します。

`REPL`

```
>>> # 文字列を生成
>>> s = "abcdefg"
>>> # [1:4]の範囲をスライス
>>> s[1:4]
'bcd'
>>> s[2:3]
'c'
```

少し分かりづらいと思った方は、文字列に「0123..89」を入れて確認してみると分かりやすいでしょう。

`REPL`

```
>>> n = "0123456789"
>>> n[2:5]
'234'
>>> n[4:9]
'45678'
>>> n[5:8]
'567'
>>> # 3文字目から3文字目の手前まで、つまり空文字
>>> n[3:3]
''
```

リストのときと同じように、**先頭と末尾を省略**して書くこともできます。つまり、[:b]と書けば[0:b]と同じ意味、[a:]と書けば[a:(要素数)]と同じ意味になります。

`REPL`

```
>>> n = "0123456789"
>>> n[:3]
'012'
>>> n[7:]
'789'
```

マイナス値を指定すれば、文字列の一番後ろから、指定した数の値を取り出せます。

`REPL`

```
>>> n = "0123456789"
>>> n[-1]
'9'
>>> n[-3:]
'789'
```

112　　Chapter 3　　リストや関数について —— 便利な仕組みを知っておこう

また、[a:b:step]のようにして指定するとstep個目に出てきた値を得ることもできます。

REPL

```
>>> n = "0123456789"
>>> n[0:9:2] # 0から9まで2文字目に出てきた値を得る
'02468'
>>> n[::3]    # 先頭から末尾まで3文字目に出てきた値を得る
'0369'
```

文字列から特定の一部分から抽出する場面というのは多いので、しっかりスライスの使い方を覚えておきましょう。とはいえ、リストのスライスと全く同じ規則で使えるので、これをマスターすれば、リストのスライス操作もばっちりということですね。

文字列の分割と結合

さて、次に文字列の分割と結合の方法を見ていきましょう。

文字列の分割 —— split()を使おう

文字列を特定の区切り文字で分割するには、P.109でも登場したsplit()メソッドを使います。split()メソッドは次の書式で使います。

書式 文字列の分割

```
str.split(区切り文字, maxsplit=-1)
```

区切り文字の部分には、文字列を分割する文字を指定します。もし、区切り文字を指定しない場合は、空白文字で区切ります。maxsplitには何回区切るかを指定します。省略するとすべての区切り文字で区切ります。
REPLで試してみましょう。まずは、区切り文字を省略して区切ってみます。空白があるところすべてで区切られます。

REPL

```
>>> s = "This is a pen."
>>> s.split()
['This', 'is', 'a', 'pen.']
```

次に明示的に区切り文字を指定して区切ってみます。2つ目の例は、maxsplitを1に指定しているので、1度しか区切られません。

REPL

```
>>> s = "2020/02/20"
>>> s.split("/")
['2020', '02', '20']
>>> s.split("/", maxsplit=1)
['2020', '02/20']
```

113

分割した後に結合してみよう

ここまで見たように、文字列を分割すると、文字列は分割され**リスト型**となります。今度は、分割したものを、結合してみましょう。リストを結合して文字列にするには、join()メソッドを使います。

書式 リストの要素を結合して文字列にする

```
"連結文字".join( リストなど )
```

「リストなど」の部分には、文字通りのリスト型やタプル、集合型など複数のデータを保持できるデータ型を指定します。では、REPLで試してみましょう。以下は、リストaの内容をハイフンで結合して表示するものです。

REPL

```
>>> a = ["aaa", "bbb", "ccc"]
>>> "-".join(a)
'aaa-bbb-ccc'
```

次に、文字列を分割して、異なる記号で連結してみましょう。たとえば日付形式の「2020/02/20」を「2020-02-20」と形式を変えてみます。

REPL

```
>>> # 文字列を分割
>>> s = "2020/02/20"
>>> a = s.split("/")
>>> a # 変数aの内容を表示
['2020', '02', '20']
>>> # 分割したリストを結合
>>> s = "-".join(a)
>>> s # 変数sの内容を表示
'2020-02-20'
```

注意したい点ですが、リスト自体にはjoin()メソッドはなく、文字列型(str)にjoin()メソッドがあるので、文字列にピリオドでつなげて、join()メソッドを記述するようにします。

文字列の置換

続いて、文字列を置換する方法を見ていきましょう。そのために使うのが、replace()メソッドです。

書式 文字列の置換

```
str.replace(old, new [,count])
```

※[ ]で、くくっているところは、指定は必須ではありません。

114　**Chapter 3**　リストや関数について —— 便利な仕組みを知っておこう

文字列strの一部である文字列oldをnewに置換します。countは指定してもしなくてもいいのですが、指定したときには、先頭からcount個を置換した文字列を返します。しかしこのとき、文字列str自身の値を変更してしまうわけではありません。簡単にREPLで試してみましょう。

REPL

```
>>> s = "This is a pen."
>>> s.replace("pen", "note")  # replace()の結果を確認
'This is a note.'
>>> s                  # sの値は変更されていないことを確認
'This is a pen.'
```

その他の文字列の操作

他にも、Pythonには文字列を操作するためのさまざまなメソッドが用意されています。たとえば、文字列を検索するfind()メソッド、アルファベットを小文字に変換するlower()メソッドなどです。

そこで、ここでは、その中から、よく使うメソッドをいくつか紹介します。

メソッド	説明
str.find(検索ワード [, 開始位置 [, 終了位置]])	文字列strのどこに検索ワードがあるか調べる。見つからないときは-1を返す
str.lower()	文字列strを小文字に変換する
str.upper()	文字列strを大文字に変換する
str.format(v1, v2, ...)	文字列strに値v1,v2,...を書式化して埋め込む
str.replace(旧, 新 [,回数])	文字列strの部分文字列である旧を新に置換
str.split(区切り文字[,回数])	文字列を区切り文字で分割する
str.join(リストなど)	リストなどをstrで結合して返す
str.strip([文字集合])	先頭と末尾にある文字集合を削除したものを返す。文字集合を省略すると空白文字を削除
str.startswith(文字列 [,開始位置 [,終了位置]])	strが文字列で始まるならTrueを返す
str.isnumeric()	文字列すべてが数を表す文字ならばTrueを返す

※ [ ]で、くくっているところは、指定は必須ではありません。

この節のまとめ

以上、ここでは文字列の操作について紹介しました。文字列操作ができると、作ることのできるプログラムの幅がぐっと広がります。文字列操作にも習熟しておきましょう。

Chapter 3-4

関数の定義と利用

この節のポイント

- 関数を定義しよう
- いろいろな関数の使い方を学ぼう
- 変数のスコープを理解しよう

関数とは？

関数というのは、与えられた値に対して、定められた処理を行って結果を返す機能のことです。ここまでも、画面出力をするprint()関数や、数値を文字列型に変換するstr()関数、逆に文字列を浮動小数点型に変換するfloat()関数などを使ってきました。

関数を使うと、プログラムの無駄を省くことができます。というのも、少し長いプログラムを書いていくと、同じような処理を何度も書く必要が生じます。しかし、関数を使えば、同じような処理を1つにまとめることができるので便利です。

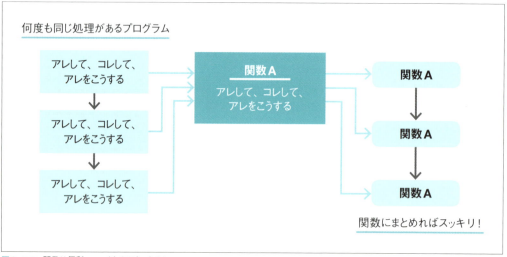

図3-4-1　関数は便利 ── まとめてすっきり！

関数を定義してみよう

Pythonで関数を定義するには、次の書式のように書きます。「引数」というのは、関数が使用する値のことで、1つも指定しないこともあれば、複数を指定することもあります。また、「戻り値」というのは、この関数を使ったときに結果として返ってくる値のことです。関数に戻り値がない場合は、returnを省略することができます。

書式 基本的な関数の定義

```
def 関数名 (引数1, 引数2, 引数3, ...):
    #
    # 関数の処理
    #
    return 戻り値
```

たとえば、引数aと引数bを掛けた値を返す関数は次のようになります。

テキストエディタ file: src/c3/func-mul-simple.py

```
01  # かけ算を行うだけの関数を定義
02  def mul(a, b):
03      return a * b
04
05  # 定義した関数を使う
06  print(mul(2, 3))    # mulの引数として2と3を指定し、戻り値を画面出力
07  print(mul(10, 3))   # 同じようにmulの引数に10と3を指定
```

コマンドラインから実行してみましょう。

コマンドライン

```
$ python3 func-mul-simple.py
6
30
```

このように、関数を使うときには、「関数名(引数1,引数2,...)」のように記述します。関数を使うときに指定した引数は、特に指定がなければ、前から順番に、関数で定義された引数に割り当てられて使われます。なお、関数を利用することを、「関数を呼び出す」といいます。

本の印税を計算する関数を作ってみよう

続いて、本の印税を計算するプログラムを作ってみましょう。

印税というのは、出版社やレコード会社が、著作物を利用する対価として著作者に対して支払うロイヤリティーのことです。要するに、本を書いて、その本が売れたときにもらえるお金のことです。そして、印税というのは、以下のような計算式で計算されます。

式 印税の計算

印税＝定価 × 発行部数 × 印税率

117

これを計算するプログラムを作ってみましょう。

テキストエディタ file: src/c3/inzei.py

```python
01  # 印税を計算する関数 --- (❶)
02  def calc_royalty(price, sales, per):
03      rate = per / 100    # 印税率 (ここでは10) を100で割る
04      ro = int(price * sales * rate)    # 定価と発行部数と印税率を掛けて、それを整数にする
05      return ro
06
07  # ユーザーから情報を入力してもらう --- (❷)
08  i = input("定価は？")
09  price = int(i)
10
11  i = input("発行部数は？")
12  sales = int(i)
13
14  i = input("印税率 (パーセント) は？")
15  per = float(i)
16
17  # 結果を表示する --- (❸)
18  v = calc_royalty(price, sales, per)    # calc_royalty() 関数を呼び出す
19  print("印税は、", v, "円です")
```

コマンドラインから実行してみましょう。ちなみに、又吉直樹さんの小説「火花」の印税を推測してみましょう。同小説は、発行部数が239万部で、定価は1200円でした。小説の印税は10%が相場とのことです。では、計算してみましょう。

コマンドライン

```
$ python3 inzei.py
定価は？ 1200
発行部数は？ 2390000
印税率 (パーセント) は？ 10
印税は、286800000 円です
```

単純計算で、2億8680万円です。すごい金額ですね。

それでは、プログラムを見てみましょう。プログラムの冒頭❶で、def を利用して関数を定義しています。ここでは、3つの引数を定義しています。単純にこの3つの変数を掛け合わせれば印税を得られますが、3つ目の引数はパーセント指定なので100で割ってから計算して、return で結果を返します。

そして、プログラムの❷の部分では、input() を利用してユーザーからの情報を入力してもらいます。最後、❸の部分では、❷でユーザーから得た値を利用して、calc_royalty() 関数を呼び出します。

ここまでの部分で、関数を定義する方法と、関数を呼び出す方法が分かったでしょうか。上記の印税計算のプログラムでは、関数を1つ定義し、1回呼び出すだけですが、関数として処理を括り出すことで、プログラムを読みやすくすることができました。それだけでも関数を定義するメリットがあったというものです。前にも紹介しましたが、**プログラムは読みやすいことが大切**なのです。

docstringについて

関数を定義する際、関数の直下にクォートを3つ重ねた三重引用符の文字列を記述すると、それがdocstringとして認識されます。docstringとは、関数などに説明文をつけるための機能です。

書式 関数にdocstringをつける場合

```
def 関数名 (引数1, 引数2, 引数3, ...):
    ''' 関数の説明 '''
    # 関数の処理
    return 戻り値
```

書式 docstringを確認する関数

```
help(関数名)
```

docstringを付けておくと、REPLやPythonに対応したエディタなどで、関数の説明を参照したり、ドキュメント生成ツールを利用して、自動で関数の使い方マニュアルを生成することができます[1]。

それでは、先ほど作ったかけ算を行う関数のプログラムにdocstringを書き加えてみましょう。そして、docstringを見るには、help()関数を使うことになっています。それで、docstringを認識するかどうかを確かめるために、以下のようにプログラムの1番下に「help(mul)」と書いてみましょう。

テキストエディタ file: src/c3/func-mul.py

```
01  # かけ算を行うだけの関数を定義
02  def mul(a, b):
03      '''かけ算を行う関数'''    # docstringを設定
04      return a * b
05
06  # 定義した関数を使う
07  print(mul(2, 3))
08  print(mul(10, 3))
09
10  help(mul)    # docstringを確認
```

コマンドラインから実行してみましょう。そして、改めて実行してみましょう。すると、次のように、関数名とdocstringの内容が表示されます。なお、表示されたヘルプを終了するには「q」キーをタイプします。

コマンドライン

```
$ python3 func-mul.py
6
30
Help on function mul in module __main__:

mul(a, b)
    かけ算を行う関数
```

※1　Pythonには最初からpydocと呼ばれるツールが付属しており、それを利用してドキュメントを生成することができます。

119

REPLからhelp()を使うと便利

そして、このhelp()関数は、通常、REPLで使うと便利でしょう。ここで、REPLを起動して、以下のように入力してみましょう。print()関数のdocstringを確認することができます。

REPL
```
>>> help(print)
```

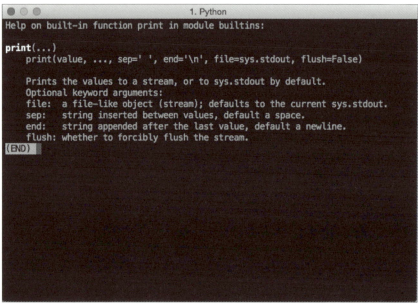

図3-4-2　print()関数の説明を表示したところ

print()関数のほかにも、いろいろな関数のdocstringを確認することができるので試してみてください。

割引計算をする関数を定義してみよう

では、関数を定義する練習をしてみましょう。ここで、割引計算を行うプログラムを作ってみましょう。

あるスーパーでは、タイムセールを行っています。それは、お昼の14時に商品を3つ以上買ったお客さんに対して1割引、15時に商品を5つ以上買ったお客さんに対しては2割引で商品を販売するというものです。その日、AさんとBさんとCさんは次の表の通り買い物をしました。それぞれの支払金額を求めてください。

誰が	何時に	いくつ	何円分
Aさん	15時	3つ	1200円分
Bさん	14時	5つ	2000円分
Cさん	15時	8つ	5400円分

これを計算するプログラムが以下です。

テキストエディタ file: src/c3/func-waribiki.py

```
01  # スーパーの割引計算
02
03  def calcValue(who, hour, count, value):
04      '''あるスーパーの割引を計算する関数'''
05      info = "割引なし"
06      # 14時に商品を3つ以上で1割引
07      if (hour == 14) and (count >= 3):
08          value *= 0.9
09          info = "1割引"
10      # 15時に商品を5つ以上で2割引
11      elif (hour == 15) and (count >= 5):
12          value *= 0.8
13          info = "2割引"
14      # 結果を表示
15      value = int(value)
16      print("{0}さんは{1}={2}円".format(who, info, value))
17
18  # A/B/Cさん、それぞれの支払い金額を求める
19  calcValue("A", 15, 3, 1200)
20  calcValue("B", 14, 5, 2000)
21  calcValue("C", 15, 8, 5400)
```

コマンドラインから実行してみましょう。

コマンドライン

```
$ python3 func-waribiki.py
Aさんは割引なし=1200円
Bさんは1割引=1800円
Cさんは2割引=4320円
```

AさんとBさんとCさん、それぞれに対して、割引計算を行うプログラムを書くと、プログラムが長くなってしまうことでしょう。しかし、上記のプログラムでは割引計算の処理をcalcValue()という関数にまとめてしまっているので、非常にすっきりしたプログラムになりました。

また、この処理では、結果を表示するところまで関数の中に書いているので、戻り値を指定する必要がなく、return文を書いていません。return文を書かない場合、関数の戻り値は、Noneとなります。

試してみましょう。ちなみに、通常Noneは表示されませんが、print()を使うと明示的に表示することができます。

REPL

```
>>> def hoge(): pass
...
>>> print(hoge())
None
```

121

動物に乗って走ったら何時間？

さて、この地球には、かなりの高速で走る動物がいます。もしも、それらの背中に乗って走ることができたら、自動車は不要になるかもしれません。

そこで、東京から各都市まで動物に乗って走ったとしたら、何時間で走行できるのかを調べるプログラムを作ってみましょう。

以下に、動物の最高時速と東京から各都市までの距離の表があるので、その動物ごと、各都市ごとに計算してください。

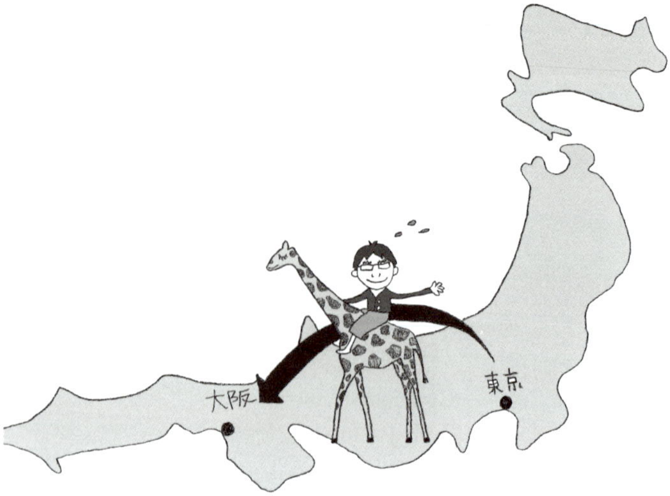

図3-4-3　動物の背中に乗って走る　──　キリンが東京・大坂間を走ったら何時間？

動物の最高時速

動物	最高時速
チーター	110km/h
トナカイ	80km/h
シマウマ	60km/h
ライオン	58km/h
キリン	50km/h
ラクダ	30km/h

東京から各都市までの距離

都市	距離
静岡	183.7km
名古屋	350.6km
大阪	507.5km

このプログラムを作るにあたっては、動物の最高時速や都市を辞書型に入れておいて関数で計算すると良いでしょう。また、いうまでもありませんが、時速や距離が分かっているとき、時間は次の公式で調べることができます。

公式　時速や距離から時間を求める公式

時間　＝　距離　÷　速度

テキストエディタ　file: src/c3/func-animal-speed.py

```
01  # 動物の最高時速を辞書型で定義 --- (❶)
02  animal_speed_dict = {
03      "チーター": 110, "トナカイ": 80,
04      "シマウマ": 60, "ライオン": 58,
05      "キリン": 50, "ラクダ": 30
06  }
07
08  # 東京から各都市までの距離を辞書型で定義 --- (❷)
09  distance_dict = {
10      "静　岡": 183.7,
11      "名古屋": 350.6,
12      "大　坂": 507.5
```

122　　Chapter 3　　リストや関数について ── 便利な仕組みを知っておこう

```
13  }
14
15  # 時間を計算する関数を定義 --- (③)
16  def calc_time(dist, speed):
17      t = dist / speed    # 距離÷速度を計算
18      t = round(t, 1) # 四捨五入
19      return t
20
21  # 動物の各都市までの時間を計測する関数を定義 --- (④)
22  def calc_animal(animal, speed):
23      res = "|" + animal
24      for city in sorted(distance_dict.keys()):    # 各都市の名前をソートして範囲に指定
25          dist = distance_dict[city]    # 都市までの距離を代入
26          t = calc_time(dist, speed)    # calc_time()を、距離とスピードを指定して呼び出す
27          res += "|{0:>6}".format(t)    # calc_time()の戻り値の時間を埋め込んで代入
28      return res + "|"        # 表の各行の最後に | を追加
29
30  # 表のヘッダを表示 --- (⑤)
31  print("+--------+------+------+------+")
32  print("|動物名前", end="")        # end=""は改行しないという指定(P.039)
33  for city in sorted(distance_dict.keys()):        # 各都市の名前をソートして範囲に指定
34      print("|" + city, end="")        # 順番に都市の名前を出力
35  print("|")
36  print("+--------+------+------+------+")
37
38  # 各動物ごとに結果を求めて表示 --- (⑥)
39  for animal, speed in animal_speed_dict.items():    # animal_speed_dictのキーと値を繰り
    返し取得
40      s = calc_animal(animal, speed)    # calc_animal()を、動物名とスピードを指定して呼び出す
41      print(s)
42  print("+--------+------+------+------+")
```

プログラムをコマンドラインから実行してみましょう。

コマンドライン

```
$ python3 func-animal-speed.py
```

すると以下のような表を出力します。

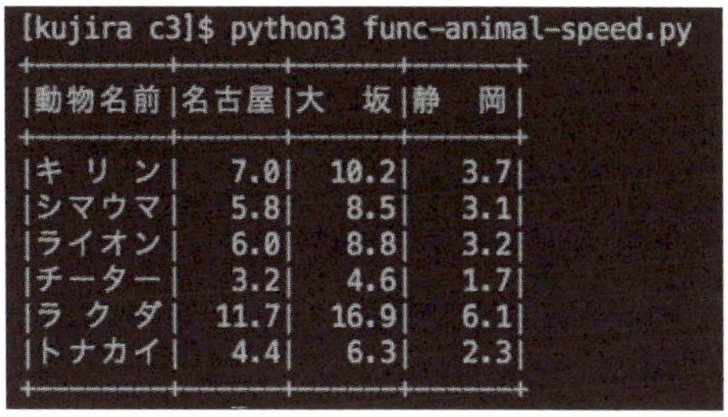

```
[kujira c3]$ python3 func-animal-speed.py
+--------+------+------+------+
|動物名前|名古屋|大  坂|静  岡|
+--------+------+------+------+
|キ リ ン|   7.0|  10.2|   3.7|
|シマウマ|   5.8|   8.5|   3.1|
|ライオン|   6.0|   8.8|   3.2|
|チ ー タ ー|   3.2|   4.6|   1.7|
|ラ ク ダ|  11.7|  16.9|   6.1|
|トナカイ|   4.4|   6.3|   2.3|
+--------+------+------+------+
```

図3-4-4 コマンドラインから実行したところ

どうでしょうか、さすがチーターは速いですね、東京から静岡まで1.7時間で走れます。どの動物なら飼っても良いと思ったでしょうか。

123

それでは、プログラムを見てみましょう。プログラムの❶の部分では、動物の最高時速を辞書型で定義しています。そして、❷の部分では、東京から各都市までの距離を定義しています。出力結果の表が崩れないように都市名や動物名にスペースを入れています。

そして、プログラム❸の部分では、時間を計算するcalc_time()関数を定義しています。距離(dist)と速度(speed)を引数として指定すると、必要となる時間を計算して返します。このとき、結果が見やすくなるよう、round()関数を利用して、小数点以下が1位になるように四捨五入をしています。

次に、プログラムの❹の部分では、動物の各都市までの時間を計測するcalc_animal()関数を定義しています。この関数の引数に動物名(animal)と速度(speed)を指定すると、「動物名| 時間 | 時間 |...」の書式の文字列を返します。format()関数を利用して、数値を6桁右寄せにします。

プログラムの❺の部分では、表のヘッダ部分を出力し、❻の部分では各動物ごとにcalc_animal()関数を呼び出し、実行結果を出力します。

TIPS

似たような処理を何度も書くのはバグの元

関数を使うと、似たような処理をまとめることができます。そして、似たような処理をまとめることができると、それだけで、バグの発生を減らすことができます。というのも、バグのないプログラムを書く最大の方法は、プログラムを書かないことなんです！

似たような処理を何度も書くということは、それだけ、バグの発生する原因を増やすことになります。多少プログラムが長くなっても分かりやすいプログラムの方が良いプログラムではあるのですが、似たような処理を何度も書くのは、プログラムが読みにくくなり混乱を招くので、明らかにバグの元となります。関数を使って、すっきりしたプログラムを書くことを心がけましょう！

関数の中で関数を呼ぶ「再帰」について

ちなみに、関数の中で、その関数自身を呼び出すことを「再帰」と呼びます。関数の中で関数を呼び出すなんていうと、ちょっとややこしいのですが、実際の例で考えてみましょう。

たとえば、10回「ハロー」と表示するプログラムを作りたいとします。普通は、for構文を使って以下のように記述することでしょう。

テキストエディタ file: src/c3/hello10-for.py

```
01  for i in range(10):
02      print("ハロー", i)
```

しかし、再帰を使えば、次のように記述することもできるのです。

テキストエディタ file: src/c3/hello10-rec.py

```
01  # 再帰関数を定義
02  def say_hello(i):
03      if i <= 0:    # iが0になったらreturn
04          return
05      print("ハロー", i)
06      say_hello(i-1)   # say_helloを呼び出す
07  # 実行
08  say_hello(10)
```

本当に、ハローと10回表示されるのか、コマンドラインから実行してみましょう。

コマンドライン

```
$ python3 hello10-rec.py
ハロー 10
ハロー 9
ハロー 8
ハロー 7
ハロー 6
ハロー 5
ハロー 4
ハロー 3
ハロー 2
ハロー 1
```

確かに10回表示されました。この再帰関数say_hello()の処理を見てみましょう。

まず、関数の初めの部分で、引数iの値を見て、iが0以下であれば、何もしないのですが、それ以外のときは、「ハロー」と表示した上で、iの値を1減らして、say_hello()を再帰的に呼び出します。これにより、関数を10回呼び出すことができるというカラクリです。

このような簡単なプログラムでは、こんなことして何が楽なのかと思うかもしれません。そこで、具体的な利用例として、階乗の計算をしてみましょう。階乗というのは、その自然数以下のすべての自然数を掛け合わせた数値を言います。たとえば、3の階乗は、3×2×1で6となります。

これを再帰を使ったプログラムで書くと次のようになります。

テキストエディタ file: src/c3/fact.py

```
01  # 階乗を求める
02  def fact(n):
03      if n == 0:    # 引数が0になったら1を返す
04          return 1
05      else:    # それ以外の場合は再帰的にfact()関数を呼ぶ
06          return n * fact(n - 1)
07
08  print(fact(3))
09  print(fact(5))
```

コマンドラインから実行してみましょう。

125

コマンドライン

```
$ python3 fact.py
6
120
```

かなりシンプルなプログラムになりました。このように、再帰を使うと、いろいろな高度な処理を手軽に記述できるようになるのですが、慣れないうちは、かなり頭をひねることになるかもれません。最初はとりあえずは「関数の中で関数を呼ぶことができるんだ」ということだけ覚えておけば十分でしょう。

引数のデフォルト値を指定する

ちなみに、関数を定義するとき、引数のデフォルト値を指定することができます。デフォルト値とは初期値という意味で、関数を呼び出す際にその引数が指定されなかったら、デフォルト値が使用されます。次のような書式で引数のデフォルト値を記述します。

書式 関数の引数にデフォルト値を指定する

```
def 関数名( 引数1 , 引数2 = デフォルト値 , 引数3 = デフォルト値 ...):
    # ここで処理
    return 戻り値
```

たとえば、簡単な変換関数を作ってみましょう。部屋の広さを表す場合、タタミ6つ分の広さを6畳間などと表します。そこで、何畳を指定して部屋の広さを平方メートルに変換する関数を作ろうと思います。しかしながら、一畳（タタミのサイズ）のサイズですが、実は地域によって異なるのです。そのため、特に基準単位を指定しないときは、「江戸間」をデフォルト値として省略して計算できるものを定義してみましょう。

テキストエディタ file: src/c3/convert-jou.py

```
01  # 畳を平米に変換
02  def convert_jou(jou, unit="江戸間"):
03      if unit == "江戸間":
04          base = 0.88 * 1.76
05      elif unit == "京間":
06          base = 0.955 * 1.91
07      elif unit == "中京間":
08          base == 0.91 * 1.82
09      m2 = jou * base
10      s = "{0}で{1}畳は{2}㎡".format(unit,jou,m2)
11      print(s)
12
13  # 関数を実行
14  convert_jou(6, "江戸間")# --- (❶)
15  convert_jou(6, "京間")  # --- (❷)
16  convert_jou(6)          # --- (❸)
```

プログラムをコマンドラインから実行してみましょう。

コマンドライン

```
$ python3 convert-jou.py
江戸間で6畳は9.2928㎡
京間で6畳は10.9443㎡
江戸間で6畳は9.2928㎡
```

関数を実行している部分に注目してください。❶は江戸間で6畳を計算し、❷は京間で6畳を計算します。❸は、第2引数を省略して6畳を計算します。ここで、convert_jou()関数では、第2引数のデフォルト値に「江戸間」を指定しているので、❸では自動的に江戸間が適用されて計算されたのが分かるでしょう。

このように、関数定期の際に、引数のデフォルト値を指定できると、とても便利であることが分かります。

名前付き引数の指定

chapter
3-4

ちなみに、Pythonでは、引数を指定するときに、引数の名前を指定して関数を呼び出すことができます。これにより、関数を呼び出すときに、その値の意味を明示することができます。これを「名前付き引数」とか「キーワード引数」と呼びます。

たとえば、先ほど、速度と距離から時間を計算するプログラムを作りましたが、速度と距離、どちらを第1引数に指定したのか分からなくなってしまうことがあります。そんなとき、この名前付きで引数を指定すれば、プログラムを書き間違えることが少なくなります。

テキストエディタ file: src/c3/func-name.py

```
01  # 関数の定義
02  def calcTime(dist, speed):
03      t = dist / speed
04      t = round(t, 1)
05      return t
06
07  # 通常の呼び出し --- (❶)
08  print( calcTime(500, 100) )
09  # 名前付き引数の呼び出し --- (❷)
10  print( calcTime(dist=500, speed=100) )
```

コマンドラインから実行してみましょう。

コマンドライン

```
$ python3 func-name.py
5.0
5.0
```

プログラム中の❶と❷で関数の呼び出しで引数の指定方法は異なりますが、結果は同じです。

引数の名前を指定することで、距離と速度のどちらを指定したのか分かりやすくなりました。

127

可変長引数の指定

また、Pythonの引数では、可変長の引数を指定できます。可変長というのは、**引数の数を変えられる**という意味です。引数が3つでも5つでも、**何個でも指定できる**関数です。可変長引数を指定するには、「*args」のように変数名の前に**アスタリスク(*)を書きます**。

たとえば、適当な個数の値を与えると全部合計するような関数を定義できるのです。適当な数の引数を合計する関数 sumArgs() を定義してみましょう。

テキストエディタ file: src/c3/sum-args.py

```
01 def sumArgs(*args):
02     v = 0
03     for n in args:
04         v += n
05     return v
06
07 # 合計を表示
08 print(sumArgs(1, 2, 3))
09 print(sumArgs(1, 2, 3, 4, 5))
10 print(sumArgs(1, 2, 3, 4, 5, 6, 7, 8, 9, 10))
```

コマンドラインから実行してみましょう。うまく動いていますね。

コマンドライン

```
$ python3 sum-args.py
6
15
55
```

どういう仕組みになっているのかというと、関数呼び出し時に「*args」のように指定した引数は、変数argsに**タプル**として代入されるという仕組みです。そのため、for構文などを使って処理することができます。

辞書型の可変長引数について

次に、可変長引数で辞書型にマッピングされるものを見てみましょう。

これは、「**args」のように**アスタリスクを2つ**変数名の前に付けます。辞書型の可変長引数の動きを確かめるために引数を表示するだけの関数を定義してみました。

テキストエディタ file: src/c3/args-dict.py

```
01 def print_args(**args):
02     print(args)
03
04 print_args(a=30, b=50, c=40)
05 print_args(aa="hoge", bb="fuga")
```

128　**Chapter 3**　リストや関数について —— 便利な仕組みを知っておこう

コマンドラインから実行してみましょう。実行結果から、確かに、引数に指定した値が辞書型に変換されて引数argsに代入されているのを見ることができます。

コマンドライン

```
$ python3 args-dict.py
{'a': 30, 'b': 50, 'c': 40}
{'bb': 'fuga', 'aa': 'hoge'}
```

つまり、可変長引数を指定するときに、*argsとアスタリスクを1つ書くとタプルに、**argsとアスタリスクを2つ書くと辞書型にマッピングされて変数に代入されます。

ローカル変数とグローバル変数について

ちなみに、関数の中で利用した変数を、関数の外で使うことはできません。関数の中で使う変数は「ローカル変数」と呼ばれ、その関数の中だけで有効な変数なのです。

たとえば、以下のプログラムを実行してみましょう。

最初に変数valueを100に設定し、定義した関数changeValue()を呼び出します。この関数内では、変数valueの値を20に書き換えます。そして、関数の実行を終えた後で、valueの値を画面に出力します。

テキストエディタ file: src/c3/func-local.py

```
01  # 関数の外側でvalueに100を代入
02  value = 100
03
04  def changeValue():
05      # 関数の内側でvalueを変更
06      value = 20
07
08  changeValue();
09  print("value=",value) # <--- はたしてこの値は？
```

果たして、変数valueの値はいくつでしょうか？　コマンドラインから実行してみましょう。

コマンドライン

```
$ python3 func-local.py
value= 100
```

なんと、コマンドラインから実行してみると、100という値が表示されます。つまり、関数の外側にあるvalueと、関数の内側にあるvalueは、同じ名前でありながら、異なる値を指しているのです。

なぜ、このような仕組みになっているのかというと、関数を利用する際の混乱を防ぐための保護処理なんです。というのも、関数は、プログラムのいろいろな箇所から、複数回呼び出されることが予想されます。その際に、うっかり、関数の中で使っている変数を、別の箇所で書き換えてしまうことがあり得るのです。そうなると、その関数は予想外

の結果を返すことになり、混乱を招くことになります。そのために、関数の中で使う変数は保護され、関数外の変数と全く別物として振る舞うという決まりになっているのです。それで、関数内で利用される変数のことを「ローカル変数」と呼んで、関数の外で利用する変数とは区別するのです。

グローバル変数を使う

ただし、敢えて関数の外側にある変数と関数の内側にある変数を一致させることができます。それが、global宣言です。関数の中の変数を「ローカル変数」と呼ぶことは紹介しましたが、これに対して、関数の外側で、共通で利用できる変数を「グローバル変数」と呼びます。また、変数の有効範囲のことを「スコープ（英：scope）」と呼びます。

書式 関数内でグローバル変数を使う

```
def 関数名(引数):
    global 変数名
```

先ほどのプログラムでglobal宣言を導入してみましょう。

テキストエディタ file: src/c3/func-global.py

```
01  # 関数の外側でvalueに100を代入
02  value = 100
03
04  def changeValue():
05      # valueをグローバル宣言
06      global value
07      # 関数の内側でvalueを変更
08      value = 20
09
10  changeValue();
11  print("value=",value) # <--- はたしてこの値は？
```

コマンドラインから実行してみると、確かに、グローバル変数valueの値が関数内で書き換えられました。

コマンドライン

```
$ python3 func-global.py
value= 20
```

ただし、グローバル変数は、多用すると非常に危険です。利用は計画的に、**必要最小限に留める**と良いでしょう。なぜ、ローカル変数があるのかを、よく考えてみましょう。

この節のまとめ

以上、ここでは、関数について紹介しました。関数を使えば、**似たような処理を1つにまとめる**ことができるので、プログラムをすっきりとさせることができます。そして、関数の**スコープ**についても紹介しました。関数内の変数は保護されており、関数外の変数に影響を及ぼしませんので、安心して利用することができます。

130 **Chapter 3** リストや関数について —— 便利な仕組みを知っておこう

Chapter 3-5

無名関数について

この節のポイント

● 関数オブジェクトについて

● 無名関数 (lambda 式) について

● lambda 式を使ってみよう

chapter
3-5

関数は変数に代入できるのか?

Pythonでは、すべての値がオブジェクトであることは、Chapter 2のコラム(P.084)で紹介しましたね。そして、関数ですらオブジェクトなのです。オブジェクトであれば、変数に代入して利用することができます。関数を変数として扱うことができればとても便利です。というのも、関数に別名をつけて利用したり、関数の引数に関数を指定したり、関数の戻り値に別の関数を指定したりできるようになるからです。

関数を変数に代入してみる

以下のプログラムは、関数を変数に代入するプログラム例です。プログラムの冒頭で関数を定義していますが、その後で、関数を変数に代入して利用します。どういうことか実際のプログラムで確認してみましょう。

テキストエディタ file: src/c3/func-let.py

```
01  # 関数を定義
02  def mul_func(a, b):    # aとbをかけ算する関数
03      return a * b
04
05  def div_func(a, b):    # aをbで割る関数
06      return a / b
07
08  # mul_func関数を変数に代入 --- (❶)
09  func = mul_func
10  # 代入した変数で関数を使う --- (❷)
11  result = func(2, 3)
12  print(result) # 表示結果→ 6
13
14  # div_func関数を変数に代入する場合 --- (❸)
15  func2 = div_func
16  result = func2(10, 5)
17  print(result) # 表示結果→ 2.0
```

131

プログラムをコマンドラインから実行してみましょう。

コマンドライン

```
$ python3 func-let.py
6
2.0
```

プログラムの❶を見ると、変数funcに、mul_func関数を代入しています。そもそも関数というのは『関数名()』のように、関数名の直後に丸括弧をつけてはじめて実行することができます。もしも、この❶のように、丸括弧をつけず、関数名だけを指定すると、関数を実行しないで、関数を表すオブジェクトを変数に代入することができます。もしも、以下のように、関数名の直後に丸括弧を記述すると、関数を実行したその結果が代入されます。

たとえば、REPL内で関数を定義して、その違いを確かめてみましょう。

REPL

```
>>> # 関数 mul_func() を定義
>>> def mul_func(a, b): return a * b
...
>>> # 関数名の直後に丸括弧()と引数を指定したとき
>>> mul_func(2, 3)
6
>>> # 関数名だけを指定したとき
>>> mul_func
<function mul_func at 0x100556f28>
```

結果を見ると分かりますが、関数の直後に丸括弧()と引数を指定したときには、関数が実行され、その結果が返りますが、関数名のみを指定したときは、<function ...>のように、関数を表すオブジェクトに関する情報が表示されます。もう少し、分かりやすくいうなら、これは関数を表す値であり、別の変数に代入することができるということとなのです。関数を表すオブジェクトのことを、「関数オブジェクト」と呼びます。なんだか難しく聞こえますが、関数を表している値のことだと思ってください。

さて、次に、先ほどのプログラム「func-let.py」の❷の部分を見てみましょう。変数に関数オブジェクトを代入して、その変数の直後に丸括弧と引数を書くと、それを元の関数と同じように利用できます。つまり、この時点で、変数funcは、関数mul_funcと同じものとして振る舞わせることができるのです。その証拠に、❷の部分を見てみると、変数resultの結果は、mul_func(2, 3)を実行したのと同じ結果で、6となっています。

その後にある、プログラム❸も同じです。変数func2にdiv_func関数を代入しています。そのため、変数func2は、div_func関数と同じように使うことができます。それで、func2(10, 5)の実行結果が2.0となります。

関数の引数に関数を指定する

変数に関数が代入できることが分かったら、次のステップに進みましょう。それは関数の引数に関数を指定するというものです。そもそも、関数の引数に変数を指定できますよね。ですから、関数の引数に関数オブジェクトが指定できても、なんら不思議はないのです。

次のプログラムで、この点を確認してみましょう。

以下のプログラムは先ほどと同じ、かけ算を行う関数mul_func()に加えて、足し算を行う関数add_func()を、プログラムの冒頭で宣言しています。

そして、その後で、引数に関数を要求する、calc_5_3()関数を定義して利用します。

テキストエディタ file: src/c3/func-let2.py

```
01  # 関数を定義
02  def mul_func(a, b): return a * b
03  def add_func(a, b): return a + b
04
05  # 引数に関数を要求する関数を定義 --- (❶)
06  def calc_5_3(func):
07      return func(5, 3) # --- (❶a)
08
09  # 引数に関数を指定する --- (❷)
10  result = calc_5_3(mul_func)
11  print(result) # 表示結果→ 15
12
13  # 引数に他の関数を指定する --- (❸)
14  result = calc_5_3(add_func)
15  print(result) # 表示結果→ 8
```

まずは、プログラムをコマンドラインから実行してみましょう。

コマンドライン

```
$ python3 func-let2.py
15
8
```

プログラム❶を見てみましょう。このcalc_5_3()という関数は、関数オブジェクトを引数に指定することを想定した関数です。なぜなら、❶aの部分を見ると、引数funcの直後で、丸括弧( )と引数が指定されているからです。つまり、引数に指定した関数を実行するという意味になります。

そして、続くプログラム❷の部分では、関数calc_5_3()を呼び出しています。ここでは、引数として、mul_funcを指定しています。つまり、ここで、calc_5_3()を呼び出したとき、❶aでは、mul_func(5, 3)が実行されたのと同じ意味になります。よって、5 * 3が実行され、表示結果は、15となります。

その後の❸の部分では、calc_5_3()関数の引数に、add_funcを指定しています。つまり、❶aでは、add_func(5, 3)が実行されたのと同じ意味になり、5 + 3が実行され、表示結果として、8が表示されます。

どうでしょうか。この関数を変数に代入するという考え方は、最初は取っつきにくく感じるものかもしれません。しかし、関数を変数のように扱うことができれば、とても柔軟な処理が実現できるようになります。

関数定義しない関数 —— 無名関数とは？

さらに、ここでは「無名関数」について紹介します。無名関数というのは、その名前の通り、名前のない関数のことです。匿名関数ともいいます。名前のない関数をどのように扱うのかというと、変数に代入して使うのです。先ほどは、関数を宣言してから変数に代入しましたが、Pythonでは関数を宣言することなく関数を作る手段が用意されているのです。

無名関数の使い方

無名関数を使うには、lambdaを使います。これは、次の書式で記述します。lambdaに続けて引数とコロン（：）と、実行する式を記述するだけです。

書式 無名関数の定義

```
v = lambda 引数1,引数2,引数3... : 式
```

ちなみに、lambdaはラムダと読み、ギリシャ語アルファベット記号の「λ」のことです。そのため、無名関数のことを、lambda式（らむだしき）と呼ぶこともあります。そして、lambda式の戻り値は、「関数オブジェクト」となります。

ここでは、REPLを使って、無名関数を試してみましょう。まずは、簡単に、引数xを2倍にするだけの関数を定義して使ってみましょう。

REPL

```
>>> # xを2倍する無名関数
>>> x2 = lambda x : x * 2
>>> x2(2)
4
>>> x2(4)
8
```

ここでは注意が必要です。あくまでも、x2というのは変数であり、x * 2という関数オブジェクトが代入されたものです。lambdaを使う場合と使わない場合の定義を並べて書いてみます。

```
def x2(x): return x * 2   # 関数の定義
x2 = lambda x : x * 2    # 無名関数を使う場合
```

lambdaを使った無名関数では、引数をカッコで括る必要もなく、returnを書く必要もないので、非常にシンプルに関数オブジェクトを作成できます。

もう1つ、REPLで無名関数を試してみましょう。以下は、三角形の面積を求めるものです。底辺a×高さb÷2を求める無名関数のオブジェクトを生成し、それを変数triに代入します。

134　**Chapter 3**　リストや関数について —— 便利な仕組みを知っておこう

REPL

```
>>> # 三角形の面積を求める無名関数
>>> tri = lambda a,b : a * b / 2
>>> tri(13,15)
97.5
>>> tri(5, 8)
20.0
```

それでは、先ほど、引数として関数を指定する例のところで作ったプログラム「func-let2.py」をlambda式を使って書き直してみましょう。

テキストエディタ file: src/c3/func-let3.py

```
01  # 引数に関数を要求する関数を定義 --- (❶)
02  def calc_5_3(func):
03      return func(5, 3)
04
05  # 引数にかけ算を行う無名関数を指定する --- (❷)
06  result = calc_5_3(lambda a, b: a * b)
07  print(result) # 表示結果→ 15
08
09  # 引数に足し算を行う無名関数を指定する --- (❸)
10  result = calc_5_3(lambda a, b: a + b)
11  print(result) # 表示結果→ 8
```

コマンドラインから実行してみましょう。確かに書き換え前のプログラムと同じ結果になりました。しかも、関数定義が減ってシンプルになりました。

コマンドライン

```
$ python3 func-let3.py
15
8
```

プログラムの❶の部分では、引数に関数を要求する関数calc_5_3()を定義します。❷では、calc_5_3()に対して、かけ算を行う無名関数を指定し、5と3のかけ算が行われるようにします。❸では、足し算を行う無名関数を指定し、5と3の足し算が行われるようにします。

そもそも、書き換え前と後のプログラムを比べてみると、関数を定義した部分を、lambda式に置き換えていることが分かるでしょう。このように、lambda式を利用すると、関数を定義する手間が省けて楽ができるのです。

リストに対する処理map()とfilter()について

ところで、ここまで見ただけの部分であれば、別にlambdaを使わずとも、普通にdefで関数を定義するのとそれほど手間は変わらないように思えます。しかし、lambdaが役に立つのは、**関数の引数に関数オブジェクトを指定したい場面**です。特に、リストの全要素に対して何かしらの処理を行うとき、lambdaなしではどうにもなりません。ここでは、map()とfilter()を紹介します。

lambdaをmap()と共に使う

リストのすべての値に対して、何かしらの処理を行うときに、map()関数を使うと、リストのすべての要素に対して関数を適用します。map()関数は次のような書式で使います。

書式 リストのすべての値に対して関数を適用

```
map(function, iterable, ...)
```

第1引数のfunctionには**関数オブジェクト**を指定し、第2引数のiterableには**リストやタプルなど複数の値を持てるデータ型**を指します。第1引数の関数を、第2引数のリストの要素すべてに対して適用し、結果を返します。
REPLで試してみましょう。map()を使って、numsの各要素の値を2倍にして表示します。

REPL

```
>>> # リストを生成
>>> nums = [1, 3, 5, 7, 9]
>>> # 値を2倍にする無名関数を定義
>>> x2 = lambda x : x * 2    # 引数xに対し、x*2を実行
>>> # map()を使ってリストnumsにx2を適用
>>> list(map(x2, nums))    # x2に代入された関数オブジェクトを、numsの要素すべてに実行し、リスト化
[2, 6, 10, 14, 18]
```

ちなみに、上の例では、分かりやすく書きましたが、lamda式は一度変数に代入しないといけない訳ではありません。もっと短く次のように記述できます。
以下は、numsの各要素の値を2倍、3倍、4倍にして表示する例です。

REPL

```
>>> nums = [1, 3, 5, 7, 9]
>>> list(map(lambda x: x * 2, nums))
[2, 6, 10, 14, 18]
>>> list(map(lambda x: x * 3, nums))
[3, 9, 15, 21, 27]
>>> list(map(lambda x: x * 4, nums))
[4, 12, 20, 28, 36]
```

136　**Chapter 3**　リストや関数について —— 便利な仕組みを知っておこう

lambdaをfilter()と共に使う

続いて、リストから任意の要素だけを取り出すのに便利な、filter()関数を使ってみましょう。この関数の書式は以下のようになっています。

書式 リストから任意の値を抽出する

```
filter(function, iterable)
```

第1引数のfunctionには関数オブジェクトを指定し、第2引数のiterableにはリストやタプルなど複数の値を持てるデータ型を指します。第1引数の関数を、第2引数のリスト要素すべてに適用し、結果がTrueな要素だけを返します。

こちらも、REPLで動作を確認してみましょう。たとえば、リストの中から偶数の値だけを取り出したい場合など、以下のように記述できます。

REPL

```
>>> # 適当な値の入ったリストを生成
>>> nums = [1,2,3,11,12,13,21,22,23]
>>> # 偶数（2で割った余りが0のもの）を抽出する
>>> list(filter(lambda x : (x % 2) == 0, nums))
[2, 12, 22]
```

ここでも、lambda式が大活躍です。「lambda x : (x % 2) == 0」というのは、xを2で割った余りが0かどうかを判定する関数オブジェクトです。numsの要素が順番にxに代入され、2で割った余りが0の要素だけが抽出されます。このように、この関数がTrueを返す要素だけを抽出するのが、filter()関数なのです。

他にも、いくつか例を見てみましょう。

REPL

```
>>> nums = [1,2,3,11,12,13,21,22,23]
>>> # 奇数のものを抽出
>>> list(filter(lambda x : (x % 2) == 1, nums))
[1, 3, 11, 13, 21, 23]
>>> # 13より大きな値を抽出
>>> list(filter(lambda x : (x > 13), nums))
[21, 22, 23]
>>> # 8未満の値を抽出
>>> list(filter(lambda x : (x < 8), nums))
[1, 2, 3]
```

リストや辞書型の値を並び替えよう

リストなど複数の値を小さい順（昇順）や大きい順（降順）など特定の順番に整列させることを『ソートする（英語：sort）』といいます。すでに、リストを紹介したときに、要素をソートして返す関数sorted()を紹介しましたが（P.104）、この関数とlambdaを使うと、いろいろな値を幅広くソートできるので、ここで詳しく紹介します。sorted()関数は、以下の書式で利用します。

書式　リストを並び替え

```
sorted(iterable[, key][, reverse])
```

第1引数のiterableには、リストやタプルなど複数の値を持てるデータ型を指定します。第2引数（オプション）のkeyには無名関数を指定します。第3引数（オプション）のreverseには、TrueかFlaseを指定します。sorted()はデフォルトで小さい順（昇順）で並べますが、これをTrueにすると大きい順（降順）になります。

タプルのリストをソートする

たとえば、動物の走る速さのリストをタプルで表現して、これをソートしてみます。まさに、このような少し複雑な構造のリストを並び替えるのに、lambdaが活躍するのです。

テキストエディタ　file: src/c3/sort-animal.py

```
01  # (動物,最高時速)のリスト(各要素はタプルで作成)
02  animal_list = [
03      ("ライオン", 58),
04      ("チーター", 110),
05      ("シマウマ", 60),
06      ("トナカイ", 80),
07  ]
08
09  # 足の速い順に並び替える
10  faster_list = sorted(
11      animal_list,
12      key = lambda ani : ani[1],
13      reverse = True)
14
15  # 結果を表示
16  for i in faster_list: print(i)
```

コマンドラインから実行してみましょう。足の速い順に並びました。

コマンドライン

```
$ python3 sort-animal.py
('チーター', 110)
('トナカイ', 80)
('シマウマ', 60)
('ライオン', 58)
```

138　**Chapter 3**　リストや関数について —— 便利な仕組みを知っておこう

プログラムを見てみましょう。ポイントとなるのは、やはり、sorted()関数です。第1引数には、動物の速度リストを指定しました。このリストは、各要素がタプルとなっている複雑なリストです。そのため、第2引数のkeyを指定しています。(動物名,最高時速)のタプルのどちらをキーとして使うのかを、lambda式で指定します。第3引数のreverseをTrueにしているので、大きい順(降順)に並び替えます。

ちなみに、第2引数のkeyですが、この無名関数は、リストの要素から比較対象となるキーを指定するのに利用します。今回のように、リストの中にタプルがある場合に、特に複数要素を持つデータから並び替え対象となるキーを1つ選び出すのに使います。キーには、0から始まるインデックス番号を指定します。今回は「1」を指定しているので最高速度がキーになります。

辞書型（dict）をソートする

続いて、辞書型(dict)をソートしてみます。こちらもsorted()関数を使います。

テキストエディタ file: src/c3/sort-animal-dict.py

```
01  # 辞書型で動物：最高時速を表したもの
02  animal_dict = {
03      "ライオン": 58,
04      "チーター": 110,
05      "シマウマ": 60,
06      "トナカイ": 80
07  }
08
09  # 時速で並び替えて表示
10  li = sorted(
11      animal_dict.items(),
12      key=lambda x: x[1],
13      reverse=True)
14  for name,speed in li:
15      print(name, speed)
```

コマンドラインから実行してみましょう。

コマンドライン

```
$ python3 sort-animal-dict.py
チーター 110
トナカイ 80
シマウマ 60
ライオン 58
```

プログラムを見てみましょう。ソートを行うsorted()に注目してみましょう。

辞書型のデータに対して、items()メソッドを実行すると、辞書型のデータをタプルのリストに変換してくれるのです。この点をREPLで試してみましょう。

REPL

```
>>> a_dict = {"a":30, "b":30, "c":30}
>>> a_dict.items()
dict_items([('b', 30), ('c', 30), ('a', 30)])
```

つまり、辞書型のデータに対しても、`items()`メソッドを使えば、先ほどと全く同じタプルのリストをソートするのと同じ要領で処理を記述できるのです。そして、`sorted()`の引数keyのlambda式の中で、「`lambda x: x[1]`」と記述しているのです。

この節のまとめ

以上、ここでは、無名関数lambdaの使い方について紹介しました。また、リストに対する処理に、lambdaが非常に役立つということも紹介しました。`map()`、`filter()`、`sorted()`は、いずれもリストを扱う際には、外せない関数です。ここでlambdaと併せてマスターしておきましょう。

Chapter 3-6
イテレータとジェネレータについて

この節のポイント

- イテレータとジェネレータについて
- yieldについて
- イテレータを自作してみよう

イテレータとジェネレータについて

Pythonは先進的な機能をたくさん持っています。このイテレータとジェネレータもその1つの機能です。

まずは、イテレータ(iterator)から見ていきましょう。これは、日本語にすれば「反復子」となり、値を1つずつ順に取り出すための仕組みです。とはいえ、それほど難しいものではありません。もう、皆さんは実際に、イテレータの機能を使っているからです。イテレータの代表的な利用例がfor構文なんです。forを使って繰り返し処理を行う方法については、すでに何度も紹介しています。

そして、ジェネレータ(generator)というのは、独自のイテレータを手軽に作成する便利な仕組みです。具体的には、関数の中でyield文を利用すると、関数の実行状態を保ったまま、途中で別の処理を実行することができるというものです。どちらも、理解すると便利なものなので、実際のプログラムで動作を確認していきましょう。

for構文が繰り返し実行される仕組み

ここまで、for構文を利用する際には、range()関数やリストを用いてきました。簡単におさらいしてみましょう。

テキストエディタ file: src/c3/for-test.py

```
01  # (1) range()関数を使う場合
02  for i in range(1, 4):
03      print(i)
04
05  print("---")
06
07  # (2) リストを使う場合
08  nums = [2, 4, 6]
09  for i in nums:
10      print(i)
```

改めて、動作を紹介するまでもありませんが、まずは、コマンドラインから実行してみましょう。

コマンドライン

```
$ python3 for-test.py
1
2
3
---
2
4
6
```

これは、どういう仕組みになっているのでしょうか。実際の所、for構文のinの後には、**反復可能な値**を指定することになっています(for構文は、実際には、elseブロックを指定できますが、ここでは省略しました)。

書式 for 構文の詳しい使い方

```
for 対象 in 反復可能な値:
    # 処理ブロック
```

ここでいう「反復可能な値」とは何のことでしょうか。ここでいう反復可能な値というのは「**イテレータを生成することができるオブジェクト**」という意味です。

実際にfor構文の動作を手順で書き出すと、以下のようになります。

(1) 反復可能な値からイテレータを生成する

(2) イテレータから値を1つ取り出す、値が取り出せたら、手順(3)に移り、取り出せなければ、そこで繰り返しを終了する

(3) 処理ブロックを実行する

(4) 手順(2)に戻る

では、イテレータとはいったい何モノなのでしょうか。さらに見ていきましょう。

142　**Chapter 3**　リストや関数について —— 便利な仕組みを知っておこう

イテレータについて

イテレータとは、値を1つずつ順に取り出すことのできる仕組みを持つオブジェクトです。そもそも、for構文と一緒に使う、range()関数というのは、任意の個数の整数を取り出すことができるイテレータを生成する関数であり、リストは任意の値を取り出すことができるイテレータを生成可能なデータ型です。

リストのイテレータ

ちなみに、リストからイテレータを取り出すには、iter()関数を使います。REPLで試してみましょう。

REPL
```
>>> nums = [1, 2, 3]
>>> iter(nums)
<list_iterator object at 0x101818400>
```

イテレータはオブジェクトです。ですから、REPLでイテレータの内容を見ても、その説明が出力されるだけです。しかし、next()関数を使うと、イテレータから値を1つ取得することができます。

REPL
```
>>> nums = [1, 2, 3]
>>> i = iter(nums)
>>> next(i)
1
>>> next(i)
2
>>> next(i)
3
```

そして、イテレータですべての値を取り出した後は、StopIterationというエラーが発生するようになっています。

REPL
```
>>> next(i)
Traceback (most recent call last):
  File "<stdin>", line 1, in <module>
StopIteration
```

つまり、for構文では、イテレータから順に値を取り出して行って、このStopIterationエラーが出るまで繰り返し処理を行うという仕組みになっているのです。

143

範囲を返すrange()関数のイテレータ

次に、任意の範囲を返すrange()関数とイテレータについて考察してみましょう。range()を使うと、任意の範囲の整数を次々と得られるのでした。これは、どういう仕組みになっているのか、REPLで確認してみましょう。

REPL

```
>>> # range()関数のイテレータを得る
>>> i = iter(range(1, 4))
>>> i
<range_iterator object at 0x1007b4570>
>>> # 1つずつ値を取り出してみる
>>> next(i)
1
>>> next(i)
2
>>> next(i)
3
>>> next(i)
Traceback (most recent call last):
  File "<stdin>", line 1, in <module>
StopIteration
```

確かに、range()関数を使った場合も、イテレータが生成されており、next()関数で1つずつ値が取得できるということを確認することができました。

ここまでの説明で、イテレータについて、また、for構文が動く仕組みを理解することができたしょうか。

ジェネレータ ── 自作のイテレータを作ろう

ちなみに、ここからは、ジェネレータについて紹介します。ジェネレータを使うと自作のイテレータを手軽に作ることができます。

ジェネレータを使ってイテレータを作るには、関数を1つ定義するだけです。しかし、普通の関数と違うのは、値を返すのに、yield文を使うという点です。普通の関数で値を返すのには、return文を使いますが、ジェネレータでは、yield文を使います。

yield文を使うと、**関数内の状態をすべて保存**します。そして、再度、その関数が呼ばれると、先ほどyieldで値を返した直後から処理を継続実行するのです。

どういうことなのか、ちょっと分かりづらいと思いますので、具体的なコードで確認してみましょう。

テキストエディタ　file: src/c3/yield-test.py

```
01  # yield で値を返す関数を定義
02  def gen1to3():
03      yield 1;
04      yield 2;
05      yield 3;
06
```

144　**Chapter 3**　リストや関数について ── 便利な仕組みを知っておこう

```
07  # イテレータオブジェクトを得る
08  it = gen1to3();
09  # for 構文で繰り返し表示
10  for i in it:
11      print(i)
```

コマンドラインから実行してみましょう。

コマンドライン

```
$ python3 yield-test.py
1
2
3
```

最初に、8行目でgen1to3()関数が呼ばれると、yield文を見つけて処理が一度停止します。この時点で変数itに代入されるのは、**イテレータのオブジェクト**です。変数itに入っているのは、yieldの直後に指定した値「1」ではなく、イテレータなのです。そして10行目で、for構文を使って反復処理が行われます。反復処理では、再びgen1to3()関数が呼ばれますが、関数の先頭から実行されるのではなく、**先ほど中断した**yield**文の続きから実行**されます。これが繰り返されることで、1から3の値を得ることができるというものです。

先ほどと同じように、for構文を使わず、next()で試して、何が起きているのかを確認してみましょう。REPLで試してみてください。

REPL

```
>>> # 関数 gen1to3() を定義
>>> def gen1to3(): yield 1; yield 2; yield 3
...
>>> # イテレータを得る
>>> i = gen1to3()
>>> i
<generator object gen1to3 at 0x10180e9e8>
>>> # 1つずつ値を得ていく
>>> next(i)
1
>>> next(i)
2
>>> next(i)
3
>>> next(i)
Traceback (most recent call last):
  File "<stdin>", line 1, in <module>
StopIteration
```

なんとなく、ジェネレータの仕組みが掴めてきたでしょうか。

奇数を返すイテレータを作ろう

それでは、30以下の奇数を返すイテレータを作ってみましょう。それは、以下のようなプログラムになります。

テキストエディタ file: src/c3/gen-odd.py

```
01  # 30以下の奇数を返すイテレータ
02  def genOdd():
03      i = 1
04      while i <= 30:
05          yield i
06          i += 2
07
08  # イテレータを得る
09  it = genOdd()
10  for v in it:
11      print(v, end=",")
```

コマンドラインから実行してみましょう。1から29までの値がずらっと表示されます。

コマンドライン

```
$ python3 gen-odd.py
1,3,5,7,9,11,13,15,17,19,21,23,25,27,29,
```

うまくいきました。それでは、上記のプログラムを改造して、偶数だけを返すイテレータを作ってみてください。
……できましたか？　答えは、3行目の「i = 1」を「i = 2」と変更するだけで大丈夫です。

素数を返すイテレータを作ろう

続いて、素数を返すイテレータを作ってみましょう。素数というのは、1と自分自身以外の整数では割り切れないような整数のことです。

これだけのヒントを元に自分で素数を返すイテレータを作成できるでしょうか。以下は50までの素数を返すプログラムです。

テキストエディタ file: src/c3/gen-prime.py

```
01  # 素数を返すイテレータ
02  def genPrime(maxnum):
03      num = 2
04      while (num <= maxnum):
05          is_prime = True    # 素数かどうかを管理する変数を定義
06          for i in range(2, num):   # numが2の時は範囲に含まれる値がなく実行されない
07              if (num % i) == 0: # 素数ではない
08                  is_prime = False
09                  break
10          if (is_prime): yield num
11          num += 1
12
13  # イテレータを得る
14  it = genPrime(50)
```

146　**Chapter 3**　リストや関数について —— 便利な仕組みを知っておこう

```
15    # 画面に出力
16    for i in it:
17        print(i, end=",")
```

コマンドラインから実行してみましょう。ずらずらっと素数が表示されることでしょう。

コマンドライン

```
$ python3 gen-prime.py
2,3,5,7,11,13,17,19,23,29,31,37,41,43,47,
```

このプログラムでは、while構文を使って、numを1つずつ増やしていきますが、numが素数のときに、yield文を実行しています。これにより、素数だけを返すイテレータを作ることがでます。

この節のまとめ

イテレータの仕組み、および、yieldを使ったジェネレータの機能について紹介しました。Pythonに用意されているイテレータだけでなく、自分でイテレータを作ることもできるようになりました。イテレータの仕組みを利用すると、効率よく繰り返し処理を実行できます。繰り返し処理は、使用頻度も高いの仕組みを理解しておきましょう。

Chapter 3-7

例外処理について

この節のポイント

● エラーについて

● 例外処理構文について

● 複数の例外を補足しよう

例外処理とは?

Pythonのプログラムを正しく書いたからといって、全くエラーが起きないという保証はありません。もし、ファイルにアクセスしようとして、アクセス権がなかったなら、アクセス権のエラーが発生します。また、ネットワークにアクセスしようとして、回線の調子が悪かったなら、ネットワークのエラーが発生します。このように、Pythonはスクリプトを実行する際に問題が発生するといろいろなエラーを発生させているのです。こうしたエラーを扱うのが「例外処理」構文です。

エラーが起きたらプログラムが終了してしまう問題

しかし、Pythonでは、何かしらエラーが起きたら、そこでプログラムは、エラーを出して終了してしまいます。それは、ちょっとした問題でも終了してしまうんです。

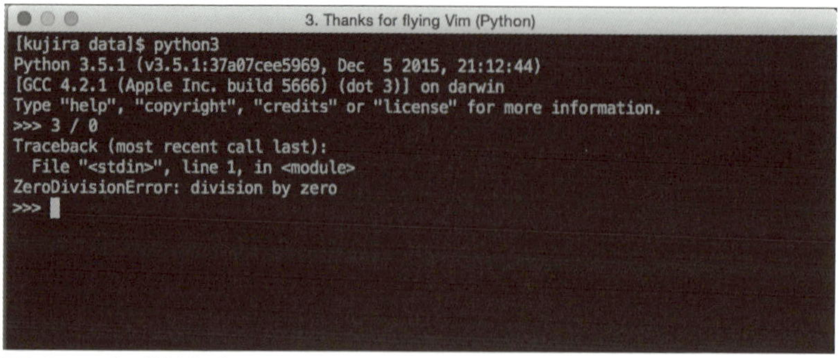

```
[kujira data]$ python3
Python 3.5.1 (v3.5.1:37a07cee5969, Dec  5 2015, 21:12:44)
[GCC 4.2.1 (Apple Inc. build 5666) (dot 3)] on darwin
Type "help", "copyright", "credits" or "license" for more information.
>>> 3 / 0
Traceback (most recent call last):
  File "<stdin>", line 1, in <module>
ZeroDivisionError: division by zero
>>>
```

図3-7-1　エラーが出たところ

たとえば、Pythonはゼロで値を割ることを許していません。上の画面のように、REPLで次の計算を実行してみてください。

148　**Chapter 3**　リストや関数について —— 便利な仕組みを知っておこう

REPL

```
>>> 3 / 0
```

すると、このように、『3 / 0』を実行すると、ZeroDivisionErrorというエラーが出ます。計算を実行しただけでプログラムが終了してしまう、というのは困る場合があります。他にも、リストで存在しないデータをremove()メソッドで削除しようとしたとか、辞書型で存在しないキーを参照したなどなど、本当にちょっとしたことで、エラーが発生してしまいます。

エラーを補足する —— try .. except .. 構文

でも「安心してください」、Pythonにはエラーに対処するための構文が用意されているのです。それが、例外処理を行う、try .. except .. 構文です。この構文は、以下の書式で使います。

書式 エラーを補足する

```
try:
    # ここで何かしらの処理
except:
    # ここでエラーが起きた時の処理
```

たとえば、Chapter 2で、体重や身長から肥満度を求めるBMI判定のプログラムを作りました。

ユーザーに体重と身長を入力してもらって、そこからBMIの計算を行うのですが、ユーザーが間違って0を入力すると、ZeroDivisionErrorが発生しますし、そもそも何も入力せずエンターを押してしまうと、ValueErrorが発生して、プログラムが途中で終了してしまうのです。そこで、ユーザーが入力ミスをしたときには、改めて入力を促すように改良してみましょう。

テキストエディタ file: src/c3/try-bmi.py

```
01  # BMI 判定 (例外処理あり版)
02  # ユーザーから正しい値を得てBMIを計算
03  while True:
04      try:    # break するまで繰り返す
05          # 入力
06          weight = float(input("体重(kg)は ? "))
07          height = float(input("身長(cm)は ? "))
08          # BMIの計算
09          height = height / 100 # m に直す
10          bmi = weight / (height * height)
11          break;
12      except:
13          print("入力ミスがあります。再度入力してください。")
14
15  # bmi の値から結果を判定
16  result = ""
17  if bmi < 18.5: result = "痩せ型"
18  elif bmi < 25: result = "標準体重"
```

149

```
19 elif bmi < 30: result = "肥満(軽)"
20 else: result = "肥満(重)"
21
22 # 結果を表示
23 print("BMI :", bmi)
24 print("判定:", result)
```

コマンドラインから実行したら、適当に値を0を入力してみて、エラーで終了しないか確かめてみましょう。

コマンドライン

```
$ python3 try-bmi.py
体重(kg)は ?              ←  何も入力せず[Enter]を押す
入力ミスがあります。再度入力してください。
体重(kg)は ? 100          ←  100を入力
身長(cm)は ? 0            ←  わざと間違えて0を入力
入力ミスがあります。再度入力してください。
体重(kg)は ? 100
身長(cm)は ? 180
BMI : 30.864197530864196
判定: 肥満(重)
```

うまくいきました。わざと何も入力しなかったり、0を入力しても、何もエラーが起きず、再度メッセージの入力を促すようになりました。

特定のエラーだけを補足する

ちなみに、Pythonを使っていると、いろいろな種類のエラーが発生します。そのため、発生したエラーの種類に応じて、実行する処理を変えたいという場合があります。そんな場合は、次のような書式で、複数のexcept句を記述します。

書式 例外処理でエラーによって処理を分けたい場合

```
try:
    # ここで何かしらの処理
except エラー種類1:
    # ここでエラー種類1に応じた処理
except エラー種類2:
    # ここでエラー種類2に応じた処理
except (エラー種類3, エラー種類4, ...):
    # ここで複数のエラー種類に応じた処理
except エラー処理5 as e:
    # ここでエラー種類5に応じた処理
    # eにエラーの詳細情報が得られる
except:
    # 上記以外のエラーに応じた処理
```

このように、「except (エラー種類): ...」のようにして、except句を複数記述することで、複数のエラーの種類に応じたエラー処理が可能です。

また、発生したエラーの詳細を知るためのエラーメッセージを知りたい場合には、上記の書式のエラー処理5の部分

のように「except（エラー種類）as e: ...」のように記述します。すると、変数eを通して、エラーの詳細情報を得ることができます。

それでは、具体的な利用方法をプログラムで確認してみましょう。ここでは、ユーザーに数値（たとえば体重）を入力してもらって、100を、入力した数値で割るというプログラムを作ってみます。

この場合、ユーザーの入力により、いくつかのエラーが生じる可能性があります。まず、何も入力されなかったり、数値以外の文字が入力されたりする際に起きる数値変換のエラー（ValueError）が発生します。それから、ユーザーが0を入力した場合には、先ほど指摘したように、0による除算エラー（ZeroDivisionError）が発生します。

それでは、これらのエラーに応じて処理を分けるプログラムを作ってみましょう。

テキストエディタ file: src/c3/error-types.py

```
01  s = input("体重を入力: ")
02  try:
03      v = 100 / float(s)
04      print(v)
05  except ValueError as e:
06      print(e)
07  except ZeroDivisionError as e:
08      print(e)
09  except:
10      print("その他のエラー")
```

このプログラムをコマンドラインから実行してみましょう。

コマンドライン

```
$ python3 error-types.py
体重を入力: 0        ←  0 を入力した場合
float division by zero

$ python3 error-types.py
体重を入力:          ←  何も入力しなかった場合
could not convert string to float:
```

確かに、ユーザーの入力内容に応じて発生したエラーを、うまく補足し、エラーメッセージを表示することができました。このように、複数のexcept句を記述することでエラーの種類に応じて、処理を分岐することができました。また、上記のようにexcept句を「except エラーの種類 as e:」のように指定した場合には、変数eにエラーの詳細情報が設定されるので、エラーの詳細を知ることができます。ちなみに「as e」の部分のeは変数名であり、自分で指定できます。つまり、「as err」と書けば、変数errにエラー情報が設定されます。

エラーの発生の有無に関わらず必ず最後に実行したい

それから、エラーが起きたかどうかに関わらず、**必ず最後に実行したい**という処理があります。たとえば、ファイルなどのリソースを扱う際には、必ず最後にリソースを閉じる終了処理を行わなければなりません。その際には、`finally:`を記述します。

書式 エラー処理の有無に関わらず必ず最後に実行したい

```
try:
    # ここでリソースを扱う処理
except:
    # エラー処理
finally:
    # ここでリソースを閉じるなど必ず実行する処理
```

エラーを発生させる

ちなみに、エラーはPythonが発生させるだけでなく、任意のタイミングでわざとプログラム中でエラーを発生させることができます。それが「raise」です。以下の書式で利用します。

書式 エラーを発生させる

```
raise エラー種類(メッセージ)
```

以下は、エラーを発生させる例です。REPLで実行してみましょう。

REPL

```
>>> raise Exception("Hello, Error")
Traceback (most recent call last):
  File "<stdin>", line 1, in <module>
Exception: Hello, Error
```

for構文と同じ機能の関数を作ってみよう

ところで、前節のイテレータの仕組みを紹介した際に、next()関数を使ってイテレータを繰り返し呼び出すと、要素の最後まで列挙したときに、StopIterationというエラーが発生することを紹介しました(P.143)。そうだとすると、try .. catch .. を利用することで、for構文を使わなくても、forと同等の機能を持った関数を作ることができるのではないでしょうか。挑戦してみましょう。

テキストエディタ file: src/c3/for_func.py

```python
01  # forと同じ働きをする関数を自作
02  def for_func(iterable, callback):
03      it = iter(iterable)
04      while True:
05          try:
06              v = next(it)
07              callback(v)
08          except StopIteration:
09              break
10
11  # リストの内容をすべて画面に出力
12  nums = [1,2,3]
13  for_func(
14      nums,                   # リスト
15      lambda i : print(i))    # 繰り返す処理
16
17  # 辞書型の内容をすべて画面に出力
18  ages = {"Taro":20, "Jiro":15, "Saburo":18}
19  for_func(
20      ages.items(),           # (キー,値)のタプルを得る
21      lambda n: print(n))     # 繰り返す処理
```

コマンドラインから実行してみましょう。

コマンドライン

```
$ python3 for_func.py
1
2
3
('Jiro', 15)
('Saburo', 18)
('Taro', 20)
```

lambdaを使わないといけないので、for構文のようにすっきりと記述することはできませんが、イテレータを利用して繰り返し処理を実行する関数を作ることができました。

この節のまとめ

初心者の方がよく見るエラーが、プログラムの書き間違いによる文法エラー（SyntaxError）かもしれません。そうだとすると、エラーを見ると、憂鬱な気分になるかもしれません。しかし、ここで見たように、エラーをうまく扱うなら、プログラムをより思い通りに動かすことができます。例外処理の方法を覚えておきましょう。

Column

バグのないプログラムを書くために

プログラムにバグがあると、プログラムのユーザーは大なり小なり、迷惑を被るものです。もし、業務システムであれば、会社の利益を損ないますし、医療システムや飛行機の航行システムであれば、人の命に関わってきます。ですから、バグのないプログラムを書くために、これまでに多大な努力が傾けられてきました。とはいえ、初心者の書いたプログラムを見ていると、大抵、バグのあるプログラムには、特徴があります。似て非なる処理が連続していたり、おかしな名前の変数名や関数名が使われていたり、プログラムが複雑すぎて読みにくかったりするのです。

そもそも、似て非なる処理が連続するのなら、関数にまとめることができます。そして、おかしな名前の変数は、意味のある正しい名前に書き換えましょう。手を抜いて、aaaとかbbb、または、func1/func2/func3など、実態が分かりにくい名前を付けないようにしましょう。

ちなみに、Pythonでは、小文字とアンダーバー（ _ ）を使って、変数名や関数名を付けることが推奨されています。たとえば、fruits_priceとか、get_fruits_listなどのようにします。名前を付けるときは、「名が体を表す」ようにしましょう。

また、一度値を設定したら以後値を書き換えない変数（定数といいます）は、全部大文字で記述します。たとえば、固定税率を表す変数なら、TAX_RATEとか、システム管理者のメールアドレスなら、ADMIN_MAILなどと記述します。

そして、以上の点を含めて、バグのないプログラミングを作る最大の秘訣は、シンプルで見通しが良く、単純なプログラムを作ることです。プログラムを難しく書くなら可読性が落ちバグが混入する隙を与えてしまいます。ですから、どんなプログラムを作るにしても、見やすく単純にすることを心がけましょう。

●テストを書くことも

それから、プログラムが台本正しく動くことを保証するテストプログラムを記述することも、バグを減らすのに役立ちます。Pythonには、ユニットテスト（unittest）というモジュールが標準で用意されており、プログラムのテストを一定の書式で記述することができます（ユニットテストについては、Chapter 6で紹介します）。

とはいえ、完全無欠・完璧な人間がいないのと同じように、全くバグのないプログラムを書くのは至難の業であることも覚えておきましょう。

Chapter

4

モジュールやパッケージを使ってみよう

ここまで、いろいろなPythonの文法要素について見てきました。もうPythonを使いこなす下地は整っています。Chapter 4では、実用的なライブラリを利用する方法や、さらに発展的な言語機能について紹介します。Pythonの豊富なライブラリを利用して、楽しく実用的なプログラムを作ってみましょう。

Chapter 4-1	モジュールについて	156
Chapter 4-2	PyPIのパッケージを使ってみよう	166
Chapter 4-3	ファイル処理とwith構文	173
Chapter 4-4	コマンドラインツールを作ろう	180
Chapter 4-5	正規表現について	188
Chapter 4-6	リスト内包表記	195
Chapter 4-7	デコレータについて	202

Chapter 4-1

モジュールについて

この節のポイント

● モジュールについて

● 便利な標準モジュールを使ってみよう

● モジュールの一覧はどうやって見つけるの？

モジュールとは？

ここに至るまで、たくさんのプログラムを作ってきましたが、どのプログラムも、比較的小さなプログラムでした。こうした小さなプログラムを作っているうちは、それほど気にならないことですが、少し大きな規模のプログラムを作るときには、複数のファイルにプログラムを分けたくなることでしょう。そのときに役立つのが、**モジュール** (module)という機能です。

Pythonでは、スクリプトが書かれた1つのファイルを、1つのモジュールとして扱うことができます。そして、モジュールの中で定義した関数などを、別のファイルの中で利用することができるように工夫されています。

そのために使うのが「import」です。以下の書式で使います。

書式 モジュールを取り込む

```
import （モジュール名）
```

たとえば「hoge.py」というファイルでfuga()という関数を記述したとします。この場合、別のPythonスクリプトから使うためには「import hoge」のように書きます。拡張子は省略できるのです。そして、関数を呼ぶときには、モジュール名とドット(.)を加えて「hoge.fuga()」のように呼び出します。

では、具体的な例で確かめてみましょう。まずは、簡単なサンプルモジュールを作ってみます。ここで注目したいのは、モジュールとして使うからといって何か特別な宣言が必要というわけではなく、**普通に関数を記述するだけで十分だ**ということです。ここでは、簡単な単位変換を行う関数を記述してみましょう。長さの単位である「尺」を「センチメートル」に変換する関数syaku_to_cm()を記述します。そして、これを「syaku.py」という名前で保存します。

テキストエディタ file: src/c4/syaku.py

```
01  # 尺からcmへの単位変換
02  def syaku_to_cm(syaku):
03      return round(syaku * 30.303, 3)
```

156　**Chapter 4**　モジュールやパッケージを使ってみよう

本当に、関数syaku_to_cm()を1つ定義しただけです。そして、この関数を使うテストプログラムが以下になります。ここで、syaku.pyとテストプログラムtest-syaku.pyは同じディレクトリに配置します。

テキストエディタ file: src/c4/test-syaku.py

```
01  # モジュールのインポート
02  import syaku;
03
04  # モジュールの関数を使う
05  v = syaku.syaku_to_cm(10)
06  print("10尺=", v, "cm")
07
08  v = syaku.syaku_to_cm(20)
09  print("20尺=", v, "cm")
```

コマンドラインから実行してみましょう。

コマンドライン

```
$ python3 test-syaku.py
10尺= 303.03 cm
20尺= 606.06 cm
```

別のファイルで定義した関数を取り込んで使うことができました。これが、Pythonのモジュール機構です。とにかく気軽に使えるので便利ですね。

モジュール名を省略したい場合

ところで、1つ気になることがあります。importでモジュールを取り込んだ場合、「モジュール名.関数名」のように、関数を呼ぶ際に、関数の前にモジュール名を書かなくてはならないことです。これがよく使う関数であれば、もっと短い名前で使いたいものです。

解決方法は、2つあります。まず、1つ目の方法ですが、Pythonの関数はオブジェクトの1つなので、変数に代入することができます（この点は、P.131の無名関数の項で詳しく紹介しています）。この特徴を利用して、次のように、使いやすい変数名に関数オブジェクトを代入してしまうという方法です。

テキストエディタ file: src/c4/test-syaku-short1.py

```
01  import syaku
02
03  # 短い名前の変数に代入する
04  s2cm = syaku.syaku_to_cm
05
06  print("10尺=",s2cm(10),"cm")
07  print("20尺=",s2cm(20),"cm")
```

もう1つの方法は、「from .. import ..」を使ったモジュールの取り込み方法です。この方式では、モジュール内の特定の関数だけを指定して取り込むことができます。次の書式で使います。

157

書式 モジュールの特定の要素だけを取り込む

```
from（モジュール名）import（要素1),（要素2),（要素3) ...
```

この方法でモジュールを取り込むと、モジュール名を付けなくても使えます。

テキストエディタ file: src/c4/test-syaku-short2.py

```
01  # 特定のメンバだけをインポート
02  from syaku import syaku_to_cm
03
04  print("10尺=", syaku_to_cm(10), "cm")
05  print("20尺=", syaku_to_cm(20), "cm")
```

方法は2つあるとはいえ、明らかにこの、from .. import を使った方が楽です。ちなみに、「from モジュール名 import *」のように、要素名にアスタリスク(*)を指定すると、モジュール内にあるすべての要素を取り込むという意味になります。

また、import文では、モジュールや要素に別名を付ける「as」が利用できます。たとえば、以下のように書くと、モジュール「syaku」を短縮して「sya」と記述することができます。

```
01  import syaku as sya
02  print( sya.syaku_to_cm(10) )
```

加えて、from ... import ... でも「as」が利用できます。以下のように記述すると、syaku.syaku_to_cm()を、s2cm()という名前で利用できます。

```
01  from syaku import syaku_to_cm as s2cm
02  print( s2cm(10) )
```

さらに、import文では、カンマで区切って複数のモジュールを一度に利用することを宣言できます。以下は、randomとdatetimeとjsonの3つのモジュールを利用することを宣言します。

```
01  import random, datetime, json
```

加えて、from ... import ... でも複数の要素をカンマで区切って列挙できます。以下は、hogeモジュールのaaaa,bbbb,cccc関数を利用することを宣言します。

```
01  from hoge import aaaa, bbbb,cccc
```

さらに、列挙した要素に「as」で別名をつけることができます。

```
01  from hoge import aaaa as a, bbbb as b, cccc
```

上記の例では、hogeというモジュールのaaaaという関数をaという別名で使えるようにし、bbbbという関数をbと

いう名前で使えるようにし、同じように、hogeモジュールのccccという関数を使えるようにする、という宣言になります。

異なるパスにモジュールを配置したときには？

ちなみに、モジュールファイルとメインプログラムを、同じディレクトリではなく、異なるディレクトリに配置したときは、どのように記述したら良いでしょうか。実は、ディレクトリの区切りは、ドット（.）で表すことができます。
たとえば、モジュール「syaku.py」を、「mod」というディレクトリに配置したとします。その場合、メインプログラムでは、「import mod.syaku」のようにしてモジュールの利用を宣言します。その場合、「mod.syaku.関数名」のようにしてモジュールを利用できます。

ディレクトリのイメージ

```
- test-syaku2.py --- メインプログラム
- mod/syaku.py   --- モジュールファイル
```

図 4-1-1　異なるディレクトリのモジュールを取り込む場合

具体的な利用例で確認してみましょう。

テキストエディタ　file: src/c4/test-syaku2.py

```
01  import mod.syaku
02
03  print("15尺", mod.syaku.syaku_to_cm(15), "cm")
04  print("30尺", mod.syaku.syaku_to_cm(30), "cm")
```

コマンドラインから実行してみましょう。

コマンドライン

```
$ python3 test-syaku2.py
15尺 454.545 cm
30尺 909.09 cm
```

TIPS

importしなくても使える組み込み関数

ちなみに、Pythonには、何かを宣言しなくても、最初から使える関数が用意されています。ここまで、画面表示を行うprint()や、リストの要素数を数えるlen()、for構文と共に使うrange()、数値を文字列に変換するstr()など、いろいろな関数を紹介しました。このように、importしなくても使える関数を「組み込み関数」と呼びます。どんな組み込み関数があるかは、マニュアルに一覧が載せられていますので、一度目を通しておくと良いでしょう。

- **Python ドキュメント > 2.組み込み関数**
  [URL] http://docs.python.jp/3/library/functions.html

便利な標準モジュールを使ってみよう

このように、Pythonでは簡単に自作関数などをモジュールにすることができます。とはいえ、自分で作らなくても、Pythonには最初からいくつもの**標準モジュール**が備わっています。ここでは、いくつか、Pythonに用意されている標準モジュールについて見ていきましょう。

Pythonには最初からバラエティ豊富なライブラリが用意されています。数学的な計算をするもの、日付を計算するもの、データの圧縮や暗号化を行うもの、HTTP/FTP/IMAPなどネットワークを処理するもの……と、いろいろなものがあります。

こうした標準で用意されているモジュールの一覧を、以下のURLで確認することができます。

● **Pythonドキュメント > Pythonモジュール索引**
  [URL] http://docs.python.jp/3/py-modindex.html

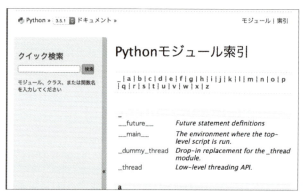

図4-1-2　モジュール一覧のページ

標準ライブラリのrandomモジュールを使ってみよう

それでは、ここでは、簡単な利用例として、Pythonとじゃんけんをするプログラムを作ってみましょう。じゃんけんをするということは、Pythonが適当な手を決めなくてはなりません。適当な手を決めるのに、**擬似乱数**を使うことができます。擬似乱数は、計算によって、できるだけ適当な値を生成するものです。標準モジュールの中に、擬似乱数を生成するものがあり、それが`random`です。

サイコロを作ろう

では、6面体のサイコロを作ってみましょう。

テキストエディタ　file: src/c4/dice.py

```
01  # 6面体のサイコロ
02  import random
03
04  r = random.randint(1, 6)
05  print(r)
```

コマンドラインから実行してみましょう。実行する度に結果が異なり、サイコロと同じ働きをしていることが分かります。

> コマンドライン

```
$ python3 dice.py
1
$ python3 dice.py
4
$ python3 dice.py
2
```

さて、この擬似乱数の生成でポイントとなるのが、randomモジュールの関数randint()です。引数に、最小値と最大値を与えることで、任意の範囲の擬似乱数を得ることができます。

ちなみに、このrandomモジュールは、標準ライブラリであり、先ほど紹介したPythonのマニュアルにもしっかり説明が載っています。Pythonモジュール索引の「r」の項目にある「random」をクリックしてみてください。乱数を生成する関数の一覧がリストアップされています。

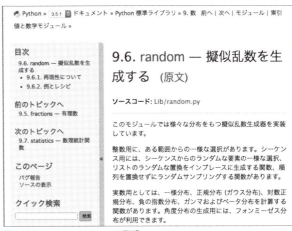

図4-1-3　randomモジュールの説明

本書執筆時点で、Pythonのドキュメントは、ところどころ日本語と英語が混じったものとなっていますが、関数の使い方を見るだけなら、英語が得意でなくても大丈夫です。ネットでPythonに関する資料を見ていくと、手取り足取りの資料ばかりではないでしょう。標準のドキュメントにしても、専門的で難しいと思う部分もあるかもしれません。しかし、本書を片手に少しずつ慣れていくことが、Pythonのマスターにつながります。積極的にドキュメントを開いて、その記述になれていきましょう。

じゃんけんゲームを作ろう

さて、擬似乱数の生成方法さえ分かれば、じゃんけんゲームを自分で作ることができるでしょう。作成のヒントとしては、じゃんけんの手（グー・チョキ・パー）を数値で管理すると作りやすいでしょうか。

ちなみに、プログラムを作るときは、どんな手順で物ごとを進めたら良いのか、具体的な動作を箇条書きにすると良いでしょう。慣れてくると、頭の中でパパッと手順が整理できるようになります。以下のような感じです。

(1) 以下を繰り返し実行する
(2) 擬似乱数でコンピューターが出す手を決める
(3) ユーザーからどの手を出すのか入力してもらう
(4) 上記(2)と(3)を見て、勝敗を出力する

こうした整然とした処理の箇条書きが、ささっと書けるようなら論理的な思考能力が高いといえます。こうした能力は、プログラムを作っていくことで培うことができます。それでは、実際のじゃんけんゲームを作ってみましょう。

以下が、じゃんけんのプログラムです。

テキストエディタ file: src/c4/janken.py

```
01  # じゃんけんゲーム
02  import random    # randomモジュールの取り込み
03
04  # 手をリストで表現
05  hand = ["グー", "チョキ", "パー", "ゲーム終了"]
06
07  print("=== じゃんけんしましょう！ ===")
08  while True:
09      # コンピューターの手を決定
10      com = random.randint(0, 2)
11      # ユーザーの手を入力してもらう
12      for i,desc in enumerate(hand):  # enumerate関数（P.093）でインデックス番号と手を取得
13          print(i, ":", desc)    # 数値とじゃんけんの手の対応を説明
14      you = int(input("出す手を数値で入力: "))
15      if you == 3: break
16      if you < 0 or you > 2:
17          print("0から3の間で入力してね")
18          continue
19      # 手を表示
20      print("---")
21      print("自分:", hand[you])
22      print("相手:", hand[com])
23      input("---")
24      # じゃんけんの勝敗を判定する
25      j = (you - com + 3) % 3
26      if j == 0:
27          print("あいこ")
28      elif j == 1:
29          print("負け(ToT)")
30      else:
31          print("勝ち!!")
32      input("---")
```

コマンドラインから実行してみましょう。

コマンドライン

```
$ python3 janken.py
=== じゃんけんしましょう！ ===
0 : グー
1 : チョキ
2 : パー
3 : ゲーム終了
出す手を数値で入力: 0   ← 0 を入力
---
自分: グー
相手: チョキ
---
勝ち!!
```

コンピューターの手を決定するのが擬似乱数の random.randint()、ユーザーからの入力が input() です。あとは、

162　**Chapter 4**　モジュールやパッケージを使ってみよう

じゃんけんの手の判定をして結果を表示するだけです。ところで、じゃんけんの勝敗を判定する計算式が面白いので、ちょっと紹介します。以下の計算の結果が0ならばあいこ、1ならば負け、2ならば勝ちというわけです。

テキストエディタ janken.py から抜粋

```
01  # じゃんけんの勝敗を判定する
02  j = (you - com + 3) % 3
```

それから、リストの内容を表示するときに、何番目にその値があるのかを知るために、enumerate()関数を利用しています。この関数を使うと、リストの値だけでなく、リストのインデックス番号も一緒に取得できます。REPLで動作を確かめてみましょう。

REPL

```
>>> hand = ["グー", "チョキ", "パー"]
>>> list( enumerate(hand) )
[(0, 'グー'), (1, 'チョキ'), (2, 'パー')]
```

つまり、リストの値にインデックスをつけて、（インデックス，値）のタプルで構成されたリストを作成します。

やってみよう!

このじゃんけんゲーム、ここで示したプログラムでは、勝ち負けの表示しかしません。しかし、せっかく繰り返し遊べるようになっているので、勝率を算出するなど、スコア表示機能を付けてみてください。スコア表示するだけで、ぐっとゲームの面白さがアップします（機能追加したものを、サンプルプログラムにjanken-score.pyという名前で保存してありますので、参考にしてください）。

標準ライブラリのdatetimeモジュールを使ってみよう

もう1つ、標準ライブラリを使ってみましょう。ここでは、日時処理に関するdateteimeモジュールを扱ってみましょう。このモジュールを使うと、日付や時間に関する計算や一定の書式での出力を行うことができます。
たとえば、REPLを使って今日の日付を表示してみましょう。今日の日付を得るには、datetime.date.today()メソッドを使います。

REPL

```
>>> import datetime
>>> datetime.date.today()
datetime.date(2016, 10, 24)
```

続いて、現在時刻を一定の書式で出力してみます。datetime.now()メソッドを使うことで、現在時刻を取得して、strftime()メソッドで、一定の書式に沿って日時を出力します。

REPL

```
>>> import datetime
>>> t = datetime.datetime.now()
>>> t.strftime("%Y/%m/%d %H:%M:%S")
'2016/10/24 08:14:21'
```

このstrftime()メソッドですが、右のような書式をサポートしています。表は、代表的なものだけを抜粋しています。

書式	意味
%Y	西暦 (4桁)
%m	月 (2桁)
%d	日にち (2桁)
%H	24時間表記で時 (2桁)
%M	分 (2桁)
%S	秒 (2桁)
%p	AM/PM
%l	12時間表記で時 (2桁)
%w	曜日を表す数字 (0:日曜、1:月曜、2:火曜 … 6:土曜)
%a	曜日名を短縮形 (Sun,Mon.Tue...Sat)
%%	文字 '%'

次に、日時の計算方法についても、見ていきましょう。ここでは、一週間後や、3日前、2つの日付差を求める方法など確認します。REPLで実行して、日付計算を試してみましょう。

REPL

```
>>> import datetime
>>> # 特定の日付を指定する方法
>>> datetime.date(2016,9,8)
datetime.date(2016, 9, 8)
>>> # 変数に日付を代入
>>> t = datetime.date(2017, 4, 20)
>>> # 1週間後を計算
>>> t + datetime.timedelta(weeks=1)
datetime.date(2017, 4, 27)
>>> # 3日前を計算
>>> t - datetime.timedelta(days=3)
datetime.date(2017, 4, 17)
>>> # 日付の差を計算
>>> a = datetime.date(2017,3,3)
>>> b = datetime.date(2018,3,3)
>>> c = b - a
>>> c
datetime.timedelta(365)
```

このように、datetimeモジュールを使うと、日時に関する計算も手軽に行うことができます。

それでは、datetimeモジュールを使って、東京オリンピックの開催日まで、あと何日あるのかカウントダウンするプログラムを作ってみましょう。開催日から本日の日数差を計算して表示するものです。

テキストエディタ file: src/c4/countdown-days.py

```
01 import datetime
02 # 2020年東京オリンピックの日付
03 t1 = datetime.date(2020, 7, 24)
04 # 日数差を計算
05 t2 = datetime.date.today()    # 本日の日付を取得
06 diff = t1 - t2
07 # 結果を表示
08 print("今日:", t2.strftime("%Y/%m/%d"))
09 print("あと", diff.days, "日")
```

たとえば、2017年5月10日にこのプログラムを実行すると、以下のようにコマンドラインに表示されます。

164　**Chapter 4**　モジュールやパッケージを使ってみよう

コマンドライン

```
$ python3 countdown-days.py
今日: 2017/05/10
あと 1171 日
```

標準モジュールと自作モジュールどちらが優先される？

ところで、標準モジュールと自作モジュールが同じ名前で存在するとき、どちらが優先されるのでしょうか。簡単なプログラムを作って確かめてみましょう。Pythonの標準モジュールmathでは円周率を以下のように定義しています。REPLで確認できます。

REPL

```
>>> import math
>>> math.pi
3.141592653589793
```

次に、「math.py」という名前のファイルを作成し、その中で変数piの値を3.14と定義してみます。

テキストエディタ file: src/c4/modtest/math.py

```
01  pi = 3.14
```

そして、mathモジュールを取り込んで、math.piの値を出力してみます。

テキストエディタ file: src/c4/modtest/test-math.py

```
01  import math
02
03  print(math.pi)
```

コマンドラインから実行してみましょう。

コマンドライン

```
$ python3 test-math.py
3.14
```

つまり、mathモジュールを自作で作成した場合、標準モジュールよりも、**自作のモジュールが優先される**ということです。とはいえ、普通に考えても、標準モジュールと同じ名前のモジュールを作成することは、混乱を招くことですから、よっぽどの事情がない限り避けるべきです。

この節のまとめ

以上、今回は、Pythonのモジュール機構について紹介しました。手軽に自作のモジュールが作成できること、また、標準でもたくさんのモジュールが用意されていることを紹介しました。

Chapter 4-2

PyPIのパッケージを使ってみよう

この節のポイント

- パッケージリポジトリの「PyPI」について
- パッケージ管理ツール「pip」を使ってみよう
- パッケージをインストールしてみよう

PyPIとは？

Pythonでモジュールを作るのは簡単であることはすでに紹介しました。複数のモジュールを組み合わせたものをパッケージと呼びます。Pythonのパッケージは、有志により、さまざまなものが公開されています。そうしたパッケージが多数登録されているのが「PyPI」です。

- **Pythonパッケージ一覧「PyPI」のWebサイト**
  [URL] https://pypi.python.org/pypi

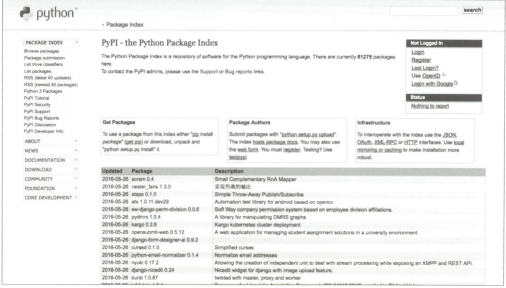

図4-2-1 PyPiのWebサイト

パッケージ管理ツール「pip」について

「PyPI」に登録されているパッケージは、「pip」コマンドを使って、手軽にインストールして活用できるようになっています。pipはパッケージ管理ツールです。

Pythonのインストーラーに最初から含まれているので、Pythonをインストールしてすぐに使うことができます。ちなみに、pipは「ピップ」とか「パイプ」と読みます。

pipを使うと次のようなコマンドを実行するだけで、パッケージのインストールを完了させることができます。

書式 pip でパッケージをインストールする

```
$ pip install ( パッケージ名 )
```

TIPS

Mac OS Xでは、pipコマンドは、Python2用のものとなっており、Python3用では、pip3コマンドを利用します。本節では「pip」コマンドを「pip3」と読み替えてみてください。

pipでパッケージをインストールしてみよう ── QRコード

それでは、pipでライブラリをインストールしてみましょう。ここでは、pipの利用例として、QRコードを生成するパッケージ「qrcode」をインストールしてみます。qrcodeパッケージは、画像処理ライブラリの「pillow」に依存しているので、以下のように、コマンドラインで2つのパッケージ名を指定してインストールします。

コマンドライン

```
$ pip install pillow qrcode
```

これで、パッケージがインストールされるはずですが、pip自体をバージョンアップするように求められることがあります。その際は、以下のコマンドを実行して、pipをアップデートします。

コマンドライン

```
$ pip install -U pip
```

それでは、インストールしたパッケージを利用してみましょう。以下のプログラムを実行すると、筆者のWebサイトのアドレスである「http://kujirahand.com」のQRコードが生成されます。

テキストエディタ file: src/c4/qrcode-test.py

```
01  # パッケージをインポート
02  import qrcode
03  # QRコードを生成
04  img = qrcode.make("http://kujirahand.com/")
05  # ファイルに保存
06  img.save("qrcode-test.png")
```

コマンドラインから実行してみましょう。

167

コマンドライン
```
$ python3 qrcode-test.py
```

すると、右のようなQRコードが生成されます。

コメントを除けば、たった3行でQRコードを生成することができました。パッケージを使うと、すごいことが簡単にできるようになるというのが分かるのではないでしょうか。

図4-2-2　生成されたQRコード

パッケージを削除する方法

念のため、パッケージを削除する方法も確認しておきましょう。以下のように記述します。インストールと同様に簡単です。しかも、`install`を`uninstall`に変えただけです。

コマンドライン
```
$ pip uninstall (パッケージ名)
```

暗号化ライブラリ「pycrypto」を使ってみよう

次に、本格的な暗号化ライブラリの「pycrypto」を使ってみましょう。まずは、パッケージをインストールしましょう。コマンドラインから、以下のコマンドを実行しましょう(繰り返しになりますが、OS Xでは、pipをpip3と読み替えてください)。

コマンドライン
```
$ pip install pycrypto
```

ただし、Windows環境では、PyCryptoのインストールには、Microsoft Visual Studioが必要となります。環境の構築に時間がかかりますので、下記よりMiniconda(38BM)をインストールすると、PyCryptoが利用できます(上の「$ pip install pycrypt」コマンドの実行は不要です)。

- **Miniconda**
  [URL] http://conda.pydata.org/miniconda.html

インストールの途中で、「Add Anaconda to my PATH enviroment variable」と「Register Anaconda as mydefault Python 3.x」のチェックボックスがありますが、両方にチェックを入れて進めます。
なお、Minicondaは、Chapter 5-4で紹介するAnaconda(P.232)の簡易版で、Anacondaのインストールでも同

じようにPyCryptoが利用できるようになります。Chapter 5-4で機械学習を試す予定の方は、P.232に沿ってここでAnacondaをインストールしておいてもよいでしょう。

また、Miniconda/Anacondaインストール後にエラーが出る場合、本家のPythonをアンインストールしてください。

それでは、PyCryptoをインストールしたものとして説明を続けます。

pycryptoをインストールすると、「Crypto」というパッケージが利用できるようになります。それでは、データを暗号化し、暗号化したデータを元通りに復号化するプログラムを見てみましょう。

テキストエディタ file: src/c4/crypto-test.py

```python
01 from Crypto.Cipher import AES    # ---- ❶
02 import base64
03
04 # 暗号化したいデータとパスワードを指定 --- ❷
05 message = "自分がして欲しいと思うことを人にもするように。"
06 password = "xxxxxxxxxx"    # 適当なパスワードを指定
07 iv = "L3f4mlTJtCIPV9af"    # 初期化ベクトル(16文字で適当な値を指定)
08 mode = AES.MODE_CBC    # 暗号化モードを指定
09
10 # 特定の長さの倍数にするため空白でデータを埋める関数 --- ❸
11 def mkpad(s, size):
12     s = s.encode("utf-8")    UTF-8文字列をバイト列に変換する
13     pad = b' ' * (size - len(s) % size)    # 特定の長さの倍数にするための空白を生成
14     return s + pad
15
16 # 暗号化する --- ❹
17 def encrypt(password, data):
18     # 特定の長さに調節する
19     password = mkpad(password, 16)    # 16の倍数に揃える
20     data = mkpad(data, 16)    # バイト列に変換し16の倍数に揃える
21     password = password[:16]    # ちょうど16文字に揃える
22     # 暗号化
23     aes = AES.new(password, mode, iv)
24     data_cipher = aes.encrypt(data)
25     return base64.b64encode(data_cipher).decode("utf-8")
26
27 # 復号化する --- ❺
28 def decrypt(password, encdata):
29     # パスワードの文字数を調節
30     password = mkpad(password, 16)    # 16の倍数に揃える
31     password = password[:16]    # ちょうど16文字に揃える
32     # 復号化
33     aes = AES.new(password, mode, iv)
34     encdata = base64.b64decode(encdata)    # 暗号化データをBASE64でデコードしてバイト列に
35     data = aes.decrypt(encdata)    # 復号化
36     return data.decode("utf-8")    # 復号化したデータを文字列にする
37
38
39 # 暗号化する
40 enc = encrypt(password, message)
41 # 復号化する
42 dec = decrypt(password, enc)
43
44 # 結果を表示する
45 print("暗号化:", enc)
46 print("復号化:", dec)
```

chapter
4-2

暗号化して、復号化するので、少し長くなりました。とはいえ、それほど難しいわけではありません。まずは、コマンドラインから実行して、結果を確認してみましょう。

コマンドライン

```
$ python3 crypto-test.py
暗号化: w90sFGblcDxPb5pPsllHtaUBcF2/iNlxQEVSRRVlHq/ohaY7mLIXXerBAldzmQNChKr8NkhuW3aIX3o
EBDlpmNSfCrr+PfOOaKJOTN68Txs=
復号化: 自分がして欲しいと思うことを人にもするように。
```

このように、データを暗号化した後、暗号化したデータを元にして、正しく復号化することができました。では、プログラムを見ていきましょう。

まず、pycryptoは、いろいろな暗号アルゴリズムをサポートしています。このプログラムでは、広く世界中で使われているAESを使って暗号化してみましたが、他にも、Blowfish、RSA、DES、PKCSなどメジャーな方式が利用できます。そのため、プログラム❶の部分、つまり冒頭のimport文では「from Crypto.Cipher import AES」と暗号化パッケージCrypto.CipherからAESを利用することを宣言しています。

そして、プログラム❷の部分で、暗号化したいデータとパスワード、および、初期化ベクトルと暗号化モードを指定します。パスワード(password)と初期化ベクトル(iv)は適当な値に書き換えてください。初期化ベクトルは、次の段落で説明するデータの暗号化で使用します。パスワードは長くても短くても、プログラム中で文字数を調整するようにしていますが、初期化ベクトルは必ず16文字で指定してください。

それから、このプログラムの暗号化では、ブロック暗号化モードにCBCモードを利用します。CBCモードというのは、まず16バイトのデータを初期化ベクトルで暗号化し、その次の16バイトを暗号化した上で、前回暗号化したデータを使ってさらにデータを暗号化するという強力な方法です。しかし、そのために、暗号化したいデータを16バイトの倍数に揃える必要があります。プログラム❸では、関数mkpad()を定義しています。この関数は、データを特定のサイズの倍数になるように揃えるものです。ちなみに、変数passwordをぴったり16文字に切りそろえるために、❹ではちょっと面倒なことをしています。

```
password = mkpad(password, 16) # 任意の倍数長に
password = password[:16] # 文字列を16文字にスライス
```

なぜ、このようにしているのかといえば、もし、passwordの文字数が16文字以下だった場合に、mkpad()を使うことで、16の倍数長に直すことができます。しかし、もし、passwordが16文字以上の場合には、mkpad()を使うと、32文字や48文字になってしまうため、文字列のスライスを利用して頭から16文字を取り出しています。文字列のスライスに関しては、P.095の文字列の操作をご覧ください。

そして、プログラム❹にある、関数encrypt()では暗号化、❺の関数decrypt()では復号化の処理を記述しています。これらの処理を行うために、AES暗号化オブジェクトを使います。AES暗号化オブジェクトは、AES.new()メソッドを使って生成します。このメソッドには、パスワードとブロック暗号化モード、そして初期化ベクトルの3つの値を与えます。その後、AES暗号化オブジェクトのencrypt()メソッドでデータの暗号化、decrypt()メソッドで復号化をします。そのほかに、暗号化するデータは、バイト列である必要があります。Pythonでは、文字を扱うための文字列型(str)と、バイナリデータを扱うためのバイト列型(bytes)を明確に区別しています。そのため、暗号化する際には、文字列をencode()メソッドを使ってバイト列に変換し、復号化する際に、decode()メソッドを使ってバイト列から文字列に変換しています。

メソッド	説明
"文字列".encode("utf-8")	文字列をバイト列に変換
b"バイト列".decode("utf-8")	バイト列を文字列に変換

なお、通常の文字列を記述する際には、ただクォートで囲んで、"..."のように書きますが、バイト列を表現する場合には、文字列と区別して、b"..."のように書くことになっています。

さらに、ここでは、base64モジュールを利用して、バイト列をBASE64の形式にエンコードして表示しています。バイト列は扱いが難しいのですが、BASE64でエンコードすれば、ただの文字列となるので、扱いやすくなるからです。BASE64を利用するには、以下のメソッドを利用します。

メソッド	意味
base64.b64encode(バイト列)	バイト列をBASE64でエンコードして文字列で返す
base64.b64decode(文字列)	文字列をBASE64でデコードしてバイト列で返す

それでは、改めて「pycrypto」で暗号化する際のポイントをまとめてみましょう。

- pipでpycryptoパッケージをインストールする
- パスワードやデータを指定のバイト数(の倍数)に揃える
- 暗号化・復号化する際には、バイト列型(bytes)を利用する

chapter
4-2

171

pipでインストールしたパッケージについて

pipでパッケージをインストールすると、Pythonからパッケージが利用できるようになるのですが、pipでインストールしたパッケージはどこに入るのでしょうか。
具体的なパスを紹介しましょう。

OS	PATH
OS X (Python3.5)	/Library/Frameworks/Python.framework/Versions/3.5/lib/python3.5/site-packages
Windows(Python3.5)	C:\Users\(ユーザー名)\AppData\Local\Programs\Python\Python35-32\Lib\site-packages

ともに、`site-packages`というディレクトリ以下にパッケージが保存されます。そもそも、パッケージというのは、複数のモジュールを1つにしたものです。実際、どのような仕組みになっているのでしょうか。上記のパスを開いて見てみましょう。

pycryptoパッケージを取り込む際に「`Crypto.Cipher`」というドット(.)で区切られたモジュールを指定していましたが、上記のパスを見ると、Cryptoというディレクトリの中に、Cipherというディレクトリがあり、その中に、AES.pyというPythonファイルがあるのを見ることができます。つまり、ディレクトリ階層のあるパッケージでは、ドット(.)を使って、その階層のモジュールを取り込むことができるようになっているというわけです。

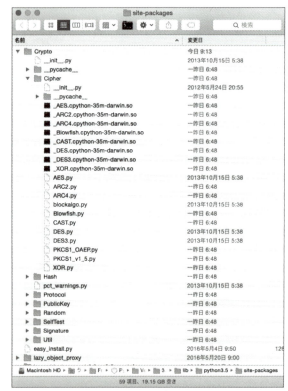

図4-2-3　pipでインストールしたパッケージのパス

この節のまとめ

ここでは、Pythonのパッケージを使う方法を紹介しました。Pythonのパッケージは、`PyPI`というWebサイトで探すことができます。そして、コマンドラインから、pipコマンドを使うことで、手軽にインストールすることができるのです。

Chapter 4-3

ファイル処理とwith構文

この節のポイント

● ファイルを読み書きしよう

● try..finally..と組み合わせよう

● with構文を使ってみよう

ファイルを読み書きしよう

本書の冒頭で紹介した通り、Pythonを使うといろいろな仕事を自動化することができます。もちろん、ファイルの読み書きも簡単です。本節では、ファイルの読み書きについて学びましょう。

ファイル読み書きの作法

ここまで、Pythonの文法について、いろいろ見てきました。その中で、一定の手順や書式に沿ってプログラムを書いていく必要があることが分かったことと思います。とにかく、プログラミングという作業は、**決められた手順に沿って、忠実に手順を記述していくことが求められる**のです。プログラマーが勝手に、手順を飛ばしたり、好き勝手に付け加えると、エラーが発生し、まともに動いてくれません。何でも手順通りにやらないと気が済まない頑固者なんです。

ちょっと前置きが少し長くなりましたが、ファイルの読み書きを行う際にも、定められた手順に沿って、プログラムを書く必要があります。ファイルの読み書きは、次の手順に沿って行います。

(1) ファイルを開く ── open()
(2) ファイルを読み書きする ── read() / write()
(3) ファイルを閉じる ── close()

開いて作業をしたら、必ず最後に閉じるという手順です。

173

ファイルを読み込む

まずは、この手順に沿って、適当なテキストファイル「mt7_7.txt」というファイルを読むプログラムを書いてみましょう。

テキストエディタ file: src/c4/open-read-close.py

```
01  #(1)テキストファイルを開く
02  a_file = open("mt7_7.txt", encoding="utf-8")
03
04  #(2)テキストを読む
05  s = a_file.read()
06
07  #(3)ファイルを閉じる
08  a_file.close()
09
10  # 結果を表示する
11  print(s)
```

コマンドラインから実行してみましょう。あらかじめテキストファイル「mt7_7.txt」に書いておいた内容が表示されます。

コマンドライン

```
$ python3 open-read-close.py
Keep on asking, and it will be given you;
keep on seeking, and you will find;
keep on knocking, and it will be opened to you;
```

ここで、ポイントとなるのは、この作業の手順を守ることです。そして、少し補足すると、open()メソッドで、encodingの引数を指定しています。ここでは、テキストファイルの文字エンコーディングがUTF-8なので、"utf-8"を指定しています。

もしも、文字エンコーディングをShift_JISで保存した日本語のファイルを読みたいときは、"utf-8"の部分を、"sjis"と変更します。このように、手順さえ守れば、ファイルを読み込むのは難しくありません。

```
# 日本語(Shift_JIS)のテキストファイルを開くとき
a_file = open("mt7_7_sjis.txt", encoding="sjis")
```

ファイルを書き込む

続いて、ファイルを書き込んでみましょう。ファイルへの書き込みを行う場合も手順はほとんど同じですが、モードを指定する必要があります。まずは、プログラムを確認してみましょう。

テキストエディタ file: src/c4/open-write-close.py

```
01  #(1)ファイルを開く
02  a_file = open("test.txt", mode="w", encoding="utf-8")
03
04  #(2)ファイルに書き込む
```

174　**Chapter 4**　モジュールやパッケージを使ってみよう

```
05  a_file.write("私は失敗したことがない。\n")
06  a_file.write("ただ、一万通りの方法を\n見つけただけだ。\n")
07  a_file.write("- トーマス・エジソン\n")
08
09  #(3)ファイルを閉じる
10  a_file.close()
```

コマンドラインからは、以下のように、プログラムを実行します。

コマンドライン

```
$ python3 open-write-close.py
```

プログラムを実行すると、test.txtというファイルが生成されるので、テキストエディタで開いて確認してみてください。ちなみに、プログラムを実行したとき、お使いの環境によっては書き込みエラーが表示される場合があります。ファイルの「test.txt」(あるいはディレクトリ)が書き込み禁止になっている場合です。ファイルが読み書きができるようになっているか権限を確かめてみてください。
Windowsではエクスプローラー上でファイルを右クリックし、「プロパティ」を選んで開く画面でで権限を変更できます。Mac OS X/Linuxでは、コマンドラインから「chmod +rw test.txt」と実行して権限を変更できます。

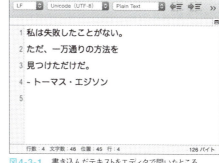

図4-3-1　書き込んだテキストをエディタで開いたところ

ここでは、読み込みをするときと異なる部分を解説しましょう。まず、open()関数で、mode引数に"w"を指定します。そして、write()メソッドを使って書き込みを行います。文字列内に改行を表す「\n」を指定しているので、その部分で文章が改行されていることも確認できます。
ちなみに、open()関数に、mode="w"を指定して書き込みましたが、読み込みをするときには、暗黙的に"r"が指定されています。右の表で、mode引数に与える値を確認してみましょう。

open()関数のmode引数に与える値

modeの値	解説
w	ファイルを書き込みモードで開く
r	ファイルを読み込みモードで開く(デフォルト)
a	書き込み用に開き、ファイルが存在すれば末尾に追記する
b	バイナリモード
t	テキストモード(デフォルト)

また、open()関数の引数では、modeとかencodingなど名前付き引数を指定しています。名前付きの引数とは、名前を指定して関数の引数を指定するものなので、引数の順番が前後しても構いません。詳しくは、P.127を参照してみてください。

try..finally..で確実に閉じよう

さて、例外処理（P.152）のところで、`try..finally..`構文について紹介しました。この構文を使うと、処理の途中で何かしらのエラーが発生したとしても、確実に、`finally`句の後の処理を実行できるのでした。

ファイルの読み書きを行う際には、エラーがいつ発生してもおかしくありません。たとえば、ファイルを読み込んでいる途中で、別の誰かがファイルを削除してしまうこともあるからです。

それで、開いたファイルを確実に閉じるために、ファイルを読み込むプログラムを作るときには、次のように、例外処理を記述する必要があります。名言をファイルに書き込むプログラムを`try..finally..`を用いて書き直してみましょう。

テキストエディタ file: src/c4/open-try.py

```
01  a_file = open("test.txt", mode="w")
02  try:
03      a_file.write("私は失敗したことがない。\n")
04      a_file.write("ただ、一万通りの方法を\n見つけただけだ。\n")
05  finally:
06      a_file.close()
```

with構文を使って楽をしよう

ただし、`try .. finally ..` の例外構文を使うと、どうしても記述が冗長になりがちです。そこで、**with構文**が用意されています。この構文を使うと、`try .. finally ..` を使うことなく、自動的に処理の最後に`close()`メソッドを呼んでくれます。次の書式で記述します。

書式 with 構文を使ったファイルの読み書き

```
with open( ファイル名 ) as 変数名:
    # ここで読み書き処理
```

それでは、先ほどと同じプログラムを、with構文を使って書き直してみましょう。

テキストエディタ file: src/c4/open-with.py

```
01  with open("test.txt", mode="w") as f:
02      f.write("私は失敗したことがない。\n")
03      f.write("ただ、一万通りの方法を\n見つけただけだ。\n")
```

このように、`try .. finally ..`を使うよりも、すっきり記述できます。

テキストファイルを1行ずつ処理しよう

いろいろとテキストファイルを処理するプログラムを作っていると、よくあるのが、ファイルを1行ずつ順に処理するものです。テキストファイルを1行ずつ処理するには、for構文を使うことができます。

open()メソッドの戻り値をfor構文に与えると、テキストファイルの内容を1行ずつ表示できます。以下がその利用です。

テキストエディタ file: src/c4/for-lines.py

```
01  with open("mt7_7.txt", encoding="utf-8") as tf:
02      for line in tf:
03          print(line)
```

次に、この1行ずつファイルを読む仕組みを利用して、テキストファイルからあるキーワードを検索して、それが書かれている行を表示するプログラムを作ってみましょう。以下のプログラムは、テキストファイルから「find」というキーワードが書かれた行を検索して表示します。

テキストエディタ file: src/c4/find.py

```
01  # テキストからキーワードを探す
02  key = "find"
03  with open("mt7_7.txt", encoding="utf-8") as tf:
04      # 1行ずつファイルを読む
05      for i, line in enumerate(tf):    # enumerate()関数(P.093)を使う
06          # 文字列 key が行に含まれるか?
07          if line.find(key) >= 0:    # find()メソッド(P.115)を使う
08              print(i+1, ":", line)
```

コマンドラインから実行してみましょう。実行すると、テキストファイルの2行目に「find」というキーワードを見つけることができました。

コマンドライン

```
$ python3 find.py
2 : keep on seeking, and you will find;
```

すでに紹介しましたが、enumerate()関数を使うと、イテレータのインデックス番号と要素の値を得ることができます。ファイルの行番号を知りたい場合にも、これを使うことができます。インデックス番号に1を足せば行番号になります。また、文字列(str)には、find()メソッドが備わっており、このメソッドを使うことで、0から数えて何文字目に検索文字列があるかを知ることができます。見つからなければ-1を返します。

177

1行ずつ読むとどんな良いことがある？

このように、1行ずつファイルを読むと、良いことがあります。コンピューターのプログラムは、メモリに読み込まれて動作します。それで、何かしらのテキストを読み込んだときにも、メモリにデータが読み込まれます。メモリというのは有限です。どれほどメモリが贅沢に備わっている高価なパソコンを買ったとしても、**メモリに記録できる量には限りがあります**。先ほど見たread()メソッドを使うと、すべてのデータをメモリに読み込みます。小さなデータでは問題がありませんが、巨大なデータは読み込むことができず、エラーになってしまうことがあります。しかし、どんなに巨大なファイルでも、**1行ずつ読み込む**なら、ファイルを少しずつ処理することができるので、**エラーにならず**に最後まで処理することができるというわけです。

Pythonのオブジェクトや変数を保存しよう

次に、Pythonのオブジェクトや変数を保存する保存する方法を紹介します。ここまで紹介したテキストファイルを読み書きする方法は、いってみれば**文字列を読み書きする方法**でした。しかし、ここまで見てきたようにPythonでは、リストや辞書型などいろいろなデータを扱うことができます。

そうした複雑なデータを保存するのに便利なのが、**JSON形式**です。JSON形式は、もともとJavaScriptのオブジェクト記述式をデータ形式としてまとめたものですが、現在では汎用的に使われており、いろいろなプログラミング言語で読み書きできるようになっています。Pythonでも、JSON形式のデータはよく利用されます。

そのために、標準で用意されている**json**モジュールを利用します。jsonモジュールには以下の関数が用意されています。

関数	説明
json.dumps(obj)	オブジェクト(obj)をJSON文字列に変換
json.loads(json)	JSON文字列をPythonのオブジェクトに変換
json.dump(obj, fp)	オブジェクト(obj)をJSON形式でファイル(fp)に保存（※1）
json.load(fp)	JSON形式のファイル(fp)からデータを読み出す（※1）

※1　表でfpと示した部分には、open()関数の戻り値を指定するものです。

それでは、簡単に、JSON形式でデータファイルを読み書きするプログラムを見てみましょう。以下は、Pythonの辞書型のデータをファイルに保存し、読み出して内容を表示するというものです。

テキストエディタ　file: src/c4/json-io.py

```
01  import json
02
03  # 辞書型のデータ
04  data = {
05      "no": 5,   # 数値
06      "code": ("jas", 1, 19),   # タプル
07      "scr": "be quick to listen, slow to speak, slow to anger",   # 文字列
08  }
09
10  # ファイルへ書き込む
```

178　**Chapter 4**　モジュールやパッケージを使ってみよう

```
11  filename = "test.json"
12  with open(filename, "w") as fp:
13      json.dump(data, fp)    # JSON形式で保存
14
15  # ファイルから読み込む
16  with open(filename, "r") as fp:
17      r = json.load(fp)    # JSON形式のファイルから読み込む
18      print("no=", r["no"])
19      print("code=", r["code"])
20      print("scr=", r["scr"])
```

それでは、コマンドラインから実行してみましょう。

コマンドライン

```
$ python3 json-io.py
no= 5
code= ['jas', 1, 19]
scr= be quick to listen, slow to speak, slow to anger
```

Chapter 4-4

コマンドラインツールを作ろう

この項目は、後から読んでも大丈夫だよ!

この節のポイント

● コマンドライン引数を受け取ろう

● コマンドライン引数を解析しよう

● コマンドライン引数を解析しよう

コマンドラインから使うツールを作ろう

ここまで、Python を実行する際、コマンドラインから実行する方法を紹介してきました。ここまで読み進めてきた読者の皆さんなら、コマンドラインの扱いには、もうすっかり慣れたことでしょう。そこで、ここでは、**自作コマンド**の作り方を紹介します。それでは、コマンドラインから使える実用的な検索ツールを作ってみましょう。

コマンドライン引数を受け取ろう

実用的なツールの例として、ここでは、複数のファイルを横断検索するツールを作ります。このツールは、次のような書式で使うことができるように工夫してみます。

書式 自作検索ツールの使い方

```
findtext (キーワード)
```

このように実行すると、カレントディレクトリ以下のファイルを順に検索して、キーワードを含むファイルの一覧を表示するようにしてみます。
そのためには、コマンドラインに指定したキーワードを、Python で受け取らなくてはなりません。Python で受け取ったコマンドライン引数は、sys.argv に代入されることになっています。

まずは、次のようなプログラムを作って、何が代入されているか確認してみましょう。以下のプログラムは、sys.argv の値を表示するだけのプログラムです。

テキストエディタ file: src/c4/print-args.py

```
01  # コマンドライン引数を取得
02  import sys
03
04  for i, v in enumerate(sys.argv):
05      print(i, v)
```

それでは、コマンドラインから実行して、何がsys.argvに代入されるのか確認してみましょう。

コマンドライン

```
$ python3 print-args.py
0 print-args.py
```

コマンドライン引数はリスト型です。何もコマンドライン引数に値を指定していませんが、要素が1つ表示されました。しかも、これは、実行したスクリプトのファイル名です。つまり、要素0番にPythonで実行したスクリプト名が設定されます。

それでは、次にコマンドライン引数を指定すると、どうなるでしょうか。「aaa bbb ccc」という引数を与えて実行してみましょう。

コマンドライン

```
$ python3 print-args.py aaa bbb ccc
0 print-args.py
1 aaa
2 bbb
3 ccc
```

スクリプト名に続いて、コマンドライン引数に指定した値が表示されました。コマンドライン引数に与えた値は、自動的にスペースで区切られて、リストの各要素に代入されました。これで、sys.argvの動作が分かりました。

複数ファイル横断テキスト検索ツールを作ってみよう

それでは、さっそく検索ツールを作ってみましょう。指定のディレクトリ以下にあるファイルやフォルダの一覧を取得するのは、os.walk()メソッドです。このメソッドを使えば、手軽にファイル一覧を取得できます。
では、コマンドラインからキーワードを指定して、テキストファイルを検索するプログラムを作ってみましょう。

テキストエディタ file: src/c4/findtext.py

```
01  # 複数テキストファイルからテキストファイルを検索するスクリプト
02  import sys
03  import os
04
05  # 引数の数を確認 --- (❶)
06  # 何もキーワードがなければ使い方を表示
07  if len(sys.argv) <= 1:
08      print("[USAGE] findtext (keyword)")
```

```python
09         sys.exit(0)    # プログラムを終了する --- （❷）
10
11 # コマンドライン引数からキーワードを得る --- （❸）
12 keyword = sys.argv[1]
13
14 # カレントディレクトリ以下のファイルをすべて処理する --- （❹）
15 for root, dirs, files in os.walk("."):    # os.walkでファイルを列挙
16     for fi in files:
17         result = []
18         # テキストファイルを読む --- （❺）
19         try:
20             path = os.path.join(root, fi)    # os.path.joinでフルパスを取得
21             with open(path, encoding='utf-8') as f:
22                 for no, line in enumerate(f):    # ファイルの各行を取得
23                     if line.find(keyword) >= 0:
24                         line = line.strip()    # 各行の空白文字を除去
25                         s = "| {0:4}: {1}".format(no+1, line)    # 表示の書式を設定
26                         result.append(s)    # resultに追加
27         except:
28             continue
29         # resultに検索結果があれば結果を表示 --- （❻）
30         if len(result) > 0:
31             print("+ file: " + fi)    # 検索にヒットしたファイル名を表示
32             for li in result:
33                 print(li)    # resultに追加された行を表示
```

それでは、コマンドラインから実行してみましょう。ここでは、Chapter 4で作ったプログラムファイルの一覧から「def」を含むもの、つまり定義した関数を検索してみます。

コマンドライン

```
$ python3 findtext.py def
+ file: crypto-test.py
|    9: def mkpad(s, size):
|   15: def encrypt(password, data):
|   25: def decrypt(password, encdata):
+ file: syaku.py
|    2: def syaku_to_cm(syaku):
```

このように、定義した関数を一覧で表示することができました。

プログラムを見てみましょう。プログラムの❶では、コマンドライン引数のリスト「sys.argv」に、引数がいくつ指定されたかを確認します。1以下であれば、使い方を表示して終わります。Pythonのプログラムを終了させるには、❷にあるように、sys.exit()メソッドを呼び出します。

プログラム❸では、0から数えて1番目の要素を取り出し、変数keywordに代入しています。続く❹で、os.walk()メソッドにて「ドット(.)」つまり、カレントディレクトリ以下のファイルをすべて処理するようにします。ディレクトリの指定で、ドット(.)は、特別な意味を持っています。

記号	意味
.	カレントディレクトリ
..	カレントディレクトリの1つ上のディレクトリ

基本的に、os.walk()メソッドを使うと、すべてのファイルを列挙することができます。しかし、ご存じの通り、OSのストレージの中には、テキストファイル以外のファイルも、たくさんあります。もしUTF-8のテキスト以外のデータを読むと、エラーが発生してしまいます。そこで、プログラム❺で、try .. except ..を使って、テキストファイル以外のファイルであれば、処理をスキップして、次のファイルを処理するようcontinue文を実行します。1行ずつファイルを確認して、キーワードがあれば、リスト型の変数resultに検索結果を追加します。最後に、プログラム❻で、resultに検索結果があれば、その結果を表示します。ちなみに、open()関数を使ったファイルの読み書きや、1行ずつファイルを処理する方法については、前節で紹介しました。

バッチファイルとして使おう ── Windowsの場合

Windowsでは、PowerShellスクリプトからPythonと今回作ったテキスト検索ツールを実行することができます。次のような、PowerShellスクリプトを作ることで、毎回、pythonコマンドを書く手間が省けます。
まずは、以下のスクリプトを、findtext.pyと同じディレクトリに配置します。

テキストエディタ file: src/c4/findtext.ps1

```
01 # PowerShell Script
02 python findtext.py $args
```

次に、スクリプトを実行する前に、PowerShellのスクリプトが実行できるように、実行ポリシーを変更します。

PowerShell

```
> # PowerShellのスクリプトを実行できるようにする
> Set-ExecutionPolicy RemoteSigned -Scope Process
> # [Y] と [Enter] キーを押す
```

これで、PowerShellのスクリプトが実行できるようになりました。以下のように「.\(スクリプト名)」のように記述して、PowerShellスクリプトを実行できます。ここでは引数を指定していないので使い方が表示されます。

PowerShell

```
> .\findtext
[USAGE] findtext (keyword)
```

PowerShellスクリプト(.ps1ファイル)とPythonスクリプト(.pyファイル)の2つを、パスの通ったフォルダ(Windowsの環境変数PATHで指定されたフォルダ)にコピーしておけば、「.\(スクリプト名)」としなくても「(スクリプト名)」だけで実行できます。

また、PowerShellの設定で、毎回、Set-ExecutionPolicyを実行するのが面倒な場合は、管理者権限でPowerShellを実行して、次のコマンドを実行します。
なお、管理者権限で実行するには、「ファイル名を指定して実行」のダイアログで「PowerShell」と入力し、[Ctrl] + [Shift] + [Enter] を押します。すると、セキュリティは緩くなりますが、手軽にPowerShellのスクリプトを実行できるようになります。

chapter
4-4

183

PowerShell

```
> Set-ExecutionPolicy RemoteSigned
```

あるいは、Windowsのコマンドプロンプトから**バッチファイル**(拡張子「.bat」)を実行する方法もあります。コマンドプロンプトでは、文字コードのUTF-8をうまく扱えないなど、欠点も多いのですが、扱いが手軽なので、ここで紹介します。以下のように書いたファイルを、「findtext-utf8.bat」という名前で保存します。

テキストエディタ　file: src/c4/findtext-utf8.bat

```
01  rem テキスト検索のバッチファイル
02  python3 findtext.py %*
```

このように、バッチファイルでは「%*」と書くと、実行時にバッチファイルに渡した引数全体を展開して、その前に記述したコマンドに与えることができます。つまり、実行時に「findtext-utf8.bat def」と入力すると、「def」を「findtext.py」に渡して実行させることができます。

バッチファイルを使うときは、Pythonのプログラムの文字エンコーディングをShift_JISにして保存する必要があります。

実行時には、コマンドプロンプトで、findtext-utf8.batのあるディレクトリまで移動してから、「findtext-utf8.bat (検索したい言葉)」と入力します。

スクリプトに実行権限を与えよう —— OS X/Linuxの場合

OS X/Linuxの場合は、ソースコードの先頭(1行目)に以下を書き加えます。このように書くと、Python 3でスクリプトを実行できるようになります。

テキストエディタ

```
01 #!/usr/bin/env python3
02 ... 以下Pythonのスクリプト ...
```

そして、chmodで実行権限を与えます。

コマンドライン

```
$ chmod 744 findtext.py
```

実行権限を与えた後は、次のように「./findtext.py」と書いて、プログラムを実行できます。

コマンドライン

```
$ ./findtext.py
[USAGE] findtext (keyword)
```

加えて、パスの通ったディレクトリ(環境変数$PATHに記述されているディレクトリ)にコピーすれば、「findtext.py」を実行するだけでスクリプトを実行できます。

184　**Chapter 4**　モジュールやパッケージを使ってみよう

ファイル名で検索するツールを作ろう

ちなみに、ファイルの内容ではなく、ファイル名で検索できるようにしてみましょう。しかし、ファイル名で検索できるというだけでは面白くありません。せっかくコマンドライン引数の取得方法が分かったので、いろいろなオプションを与えることができるように工夫してみましょう。

ここでは、以下のようなオプションを与えることで、検索動作を変更できるように考えてみました。

ここで作るファイル名検索ツールのオプション

オプション	動作
--name ファイル名	ファイル名と完全一致するものを検索
--wild パターン	ワイルドカードのパターンと一致するものを検索
--desc	検索したファイルのサイズや日付を表示

このように、いくつかのオプションが指定できるツールを作る場合、Pythonのコマンドライン引数で、オプションの解析処理をする必要があります。その部分に注目しつつ、ファイル名検索ツールのプログラムを見てみましょう。

テキストエディタ file: src/c4/findfile.py

```
01  import sys
02  import os
03  import fnmatch
04  import datetime
05  import math
06
07  # 引数の確認と使い方を表示 --- (❶)
08  if len(sys.argv) <= 1:
09      print("[USAGE] findfile [--name][--wild][--desc] name")
10      sys.exit(0)
11
12  # オプションの初期値 --- (❷)
13  search_mode = "name"
14  search_func = lambda target, name : (target == name)    # targetとnameが一致したら
    Trueを返す。(target == name)のカッコは読みやすくするためのもの
15  name = ""
16  desc_mode = False
17
18  # オプションを解析 --- (❸)
19  for v in sys.argv:
20      if v == "--name":
21          search_mode = "name"
22          search_func = lambda target, name : (target == name)
23      elif v == "--wild":
24          search_mode = "wild"
25          search_func = lambda target, pat : fnmatch.fnmatch(target, pat)
26      elif v == "--desc": desc_mode = True
27      else:
28          name = v    # コマンドライン引数として指定したファイル名またはワイルドカードを取得
29
30  # オプションの解析結果を表示
31  print("+ option")
32  print("| search_mode=", search_mode, name)
33  print("| desc_mode=", desc_mode)
```

chapter 4-4

185

```
34
35  # ファイルの検索を開始 --- (❹)
36  for root, dirs, files in os.walk("."):
37      for fname in files:
38          path = os.path.join(root, fname)
39          b = search_func(fname, name)
40          if b == False: continue    # Falseなら37行目に戻って繰り返し
41          if desc_mode:
42              info = os.stat(path)
43              kb = math.ceil(info.st_size / 1024)
44              mt = datetime.datetime.fromtimestamp(info.st_mtime)
45              s = "{0},{1}KB,{2}".format(path, kb, mt.strftime("%Y-%m-%d"))
46              print(s)
47          else:
48              print(path)
```

それでは、コマンドラインから実行してみましょう。すると、指定したオプションに続いて、検索結果が表示されます。以下は、ファイル名に完全一致するものを検索し、ファイルサイズと更新日を表示します。

コマンドライン

```
$ python3 findfile.py --name dice.py --desc
+ option
| search_mode= name dice.py
| desc_mode= True
./dice.py,1KB,2016-05-22
```

続いて、ワイルドカード検索も試してみましょう。たくさん表示されたので、後半の表示を省略していますが「*.py」のパターンつまり、Pythonのスクリプトファイルを列挙することができました。

コマンドライン

```
$ python3 findfile.py --wild "*.py" --desc
+ option
| search_mode= wild *.py
| desc_mode= True
./countdown-days.py,1KB,2016-05-26
./crypto-test.py,2KB,2016-05-29
./dice.py,1KB,2016-05-22
./find.py,1KB,2016-05-26
...省略...
```

ちなみに、OS X/Linuxでは、ワイルドカードのパターンを指定する際、"*.py"のようにクォートで括らないと自動的にワイルドカードが展開されてしまうので注意が必要です。

続いて、プログラムを確認していきましょう。プログラムの❶では、**コマンドライン引数の数を確認**し、1以下なら(つまり、何も指定されなかったなら)、コマンドの使い方を表示して、プログラムを終了します。

プログラムの❷では、オプションの初期値を与えます。ちなみに、search_funcは、検索したファイル名が、**指定したパターンと一致するかを確認する関数オブジェクト**を指定します。これは、完全一致検索とワイルドカードで検索動作が異なるため、検索方法をオプションによって変更するためです。デフォルト値は、完全一致検索です。

186   **Chapter 4**   モジュールやパッケージを使ってみよう

プログラム❸では、for構文を使って、コマンドライン引数sys.argvの要素を1つずつ確認します。その後で、無事に解析できたかどうか確認できるよう画面に解析結果を出力します。❷の部分で紹介したように、変数search_funcにはどのように検索するかを関数で指定します。lambda式を使うと、このように、さらっと関数が指定できるのが便利です。また、ワイルドカードに合致するかどうかを調べるために、fnmatchモジュールのfnmach()関数を利用できます。この関数は第1引数の値が第2引数の値に合致するかを調べて、合致すればTrueを返します。プログラムの❹では、実際にファイルの検索を行います。前のプログラムで紹介した、os.walk()を使ってファイルの一覧を取得した後、1つずつファイル名が指定した検索方法に合致するかを確認し、合致したならファイルのパスなどを出力するようにしています。

スクリプトのパスを得る方法

ところで、スクリプトファイルのパスは、どのように知ることができるでしょうか。Python 3では、__file__という特殊変数にスクリプトファイルのパスが設定されるようになっています。スクリプトの実行ディレクトリのパスを得るには、os.path.dirname()メソッドを使って、ファイルパスからディレクトリ名だけを取り出すようにします。

テキストエディタ file: src/c4/filepath.py

```
01  import os
02
03  print("script path=", __file__)
04  print("script dir=", os.path.dirname(__file__))
```

コマンドラインから実行してみましょう。

コマンドライン

```
$ python3 ./filepath.py
script path= ./filepath.py
script dir= .                    ← 「カレント(現在の)ディレクトリ」の意味
```

os.pathには、便利なメソッドがたくさん用意されているので、ここで少し紹介します。

os.path の便利なメソッド(抜粋)

メソッド	意味
os.path.abspath(path)	pathの正規化された絶対パスを返す
os.path.basename(path)	pathのファイル名の部分を返す
os.path.dirname(path)	pathのディレクトリ名の部分を返す
os.path.exists(path)	pathが存在するか調べてTrueかFalseで返す
os.path.isfile(path)	pathがファイルかどうか調べてTrueかFalseで返す
os.path.isdir(path)	pathがディレクトリかどうか調べてTrueかFalseで返す

この節のまとめ

ここでは、2つの実用的な検索ツールを作ってみました。コマンドライン引数の扱い方や、ファイル検索について紹介しました。少し難しいと感じたでしょうか? しかし、実際に自分の必要とするプログラムを作ってみることが上達の近道です。趣味や仕事に役立てることができると学習のモチベーションを高めることができるので挑戦してみてください。

187

Chapter 4-5

正規表現について

この項目は、後から読んでも大丈夫だよ！

この節のポイント

- 正規表現とは何だろう？
- 正規表現について学ぼう
- 正規表現を活用しよう

正規表現とは？

正規表現(英語：regular expressions)とは、文字列をパターンを用いて表現するものです。正規表現を使うと、**文字列の検索や置換**に大きな力を発揮します。正規表現では、通常の文字に加えて、**メタキャラクタ**という特殊文字を用いて、文字列のパターンを表現します。

ちなみに、正規表現に似ているのが**ワイルドカード**です。ワイルドカードでは「*」がメタキャラクタです。これは0文字以上の任意の文字を表します。ファイル名を検索するときに、「*.txt」などと指定すると、「aaa.txt」や「bbb.txt」など、末尾に「.txt」を持つファイルを検索することができるというものです。しかし、正規表現では、ワイルドカードよりも、多くの種類のメタキャラクタが利用できます。ですから、正規表現は、ワイルドカードをもっと強力にしたものということができるでしょう。

加えて、正規表現は、Pythonだけでなく、テキストエディタなどにも実装されているため、一度覚えてしまうと、さまざまな場面で利用することができます。

Pythonで正規表現を使おう

Pythonで正規表現を使うには、reモジュールを読み込みます。

```
import re
```

そして、正規表現のパターンを記述する際には、普通の文字列ではなく、「r" ... "」のような、**raw string**記法を記述することが勧められています。というのも、正規表現では、特殊な意味でバックスラッシュ(\)を使うのですが、これが、Pythonの文字列におけるエスケープ文字のバックスラッシュ(\)と衝突してしまうのです。そこで、raw stringを使うことで、Python文字列におけるバックスラッシュを無効にできるのです。

書式 raw string 形式の文字列

```
pattern = r"...文字列..."
```

それでは、REPLで、raw stringを記述してみましょう。以下は、英文の中にある数値を検索する正規表現を記述したものです。「\d+」というのが、数値を検索する正規表現パターンです。そして、re.search()関数で、正規表現のパターンを使って文字列を検索します。

REPL

```
>>> import re # 正規表現 re モジュールを取り込む
>>> pat = r"\d+" # raw stringの記述
>>> str = "This pen is 100yen." # 文字列
>>> re.search(pat, str) # 正規表現検索
<_sre.SRE_Match object; span=(12, 15), match='100'>
```

REPLの実行結果を見てみると、match='100'と書かれた部分があります。英文から数値を取り出すことができました。

正規表現の命令

それでは、正規表現に使える関数の一覧を紹介します。reモジュールで使える関数は、以下の通りです。

関数	説明
re.match(pattern, str)	patternがstrの先頭にマッチするか調べてmatchオブジェクトを返す、見つからなければNoneを返す
re.search(pattern, str)	strのどこかにpatternにマッチするものがあるのか調べてオブジェクトを返す。見つからない場合Noneを返す
re.split(pattern, str)	patternでstrを分割してリストで返す
re.findall(pattern, str)	strの中でpatternにマッチするものをすべて操作し、文字列のリストとして返す
re.finditer(pattern, str)	strの中でpatternにマッチするものをすべて探すイテレータとして返す
re.sub(pattern, repl, str)	strの中でpatternにマッチするものをreplに置換する
re.compile(pattern)	pattenをあらかじめコンパイルする

re.match()とre.search()が似ているのですが、re.match()の方は、必ず文字列の先頭からpatternがマッチしていなければならないという点が異なります。そして、マッチした場合、matchオブジェクトを返します。このオブジェクトは、以下のようなものです。

プロパティ	意味
match.expand(template)	sub()メソッドと同様にマッチした文字列でtemplate文字列を置換
match.group([g])	マッチしたサブグループgを返す
match.groups()	パターンにマッチしたすべてのサブグループの一覧を返す
match.groupdict()	名前付きのサブグループを辞書型で返す
match.start([g])	グループgとマッチした部分文字列の先頭のインデックスを返す
match.end([g])	グループgとマッチした部分文字列の末尾のインデックスを返す
match.span([g])	グループgに関して、(start, end)のタプルを返す

それでは、簡単に使ってみましょう。次のプログラムは、単語の一覧の中で正規表現のパターンに合致したものだけを画面に出力するものです。

テキストエディタ file: src/c4/re_pickup.py

```
01  # 正規表現モジュールを取り込む
02  import re
03
04  # 単語の一覧
05  words = [
06      "orange", "october", "octpus",
07      "order","banana", "baby", "busy"
08  ]
09
10  # 正規表現のパターーンに一致するものを画面に出力
11  pattern = r"oc.*"
12  print("ocで始まるパターン=", pattern)
13  for word in words:
14      if re.match(pattern, word):
15          print("-", word)
16
17  pattern = r"b.*y"
18  print("bで始まりyで終わるパターン=", pattern)
19  for word in words:
20      if re.match(pattern, word):
21          print("-", word)
```

コマンドラインから実行してみましょう。

コマンドライン

```
$ python3 re_pickup.py
ocで始まるパターン= oc.*
- october
- octpus
bで始まりyで終わるパターン= b.*y
- baby
- busy
```

正規表現を覚えよう

それでは、簡単に正規表現で使えるメタキャラクタを紹介します。REPLを起動し、正規表現のパターンを試しながら使い方を覚えていきましょう。以下すべて、REPLを起動して、次のようにreモジュールを取り込んだ状態で実行したものとします。

REPL

```
>>> import re
```

文字列の位置を表す ^ と $

文字列の先頭を表すメタキャラクタが「^」で、文字列の末尾を表すのが「$」です。つまり、「^abc$」と書いた場合、「abc」という文字列だけにマッチします。

`REPL`

```
>>> re.search(r"^abc$", "abc")
<_sre.SRE_Match object; span=(0, 3), match='abc'>
>>> # abcdやxabcはマッチしない
>>> print(re.search(r"^abc$", "abcd"))
None
>>> print(re.search(r"^abc$", "xabc"))
None
```

正規表現で、任意のファイルの拡張子を調べるパターンを記述する際には、この「$」を利用します。以下は、PNGファイルを列挙するパターンです。

`REPL`

```
>>> pat = r"\.png$"
>>> re.search(pat, "abc.png")
<_sre.SRE_Match object; span=(3, 7), match='.png'>
>>> # 末尾が .png でなければマッチしない
>>> print(re.search(pat, "abc.png-doc.txt"))
None
```

任意の一文字を表すドット(.)

ドット(.)は任意の一文字を表します。そのため、「^...$」と書けば、3文字の文字列であればマッチするという意味になり、「^s...$」と書けばsから始まる4文字の文字列であればマッチするという意味になります。
以下は、REPLで、リストの中にある単語のうち、sから始まる4文字の単語を抜き出す例です。

`REPL`

```
>>> words = ["soy", "soup", "nuts", "spot"]
>>> pat = r"^s...$"
>>> [ i for i in words if re.search(pat, i) ]
['soup', 'spot']
```

繰り返し

そして、直前の文字の繰り返しを表現するメタキャラクタがいくつかあります。「*」は0回以上の繰り返し、「+」は1回以上の繰り返し、「?」は0回か1回の繰り返しを表します。
たとえば、「ba*」というパターンを書いたとき、「b」「ba」「baaa」「baaaaaa」のすべてがマッチします。しかし、「ba+」と書いたとき、「ba」はマッチするものの「b」だけの文字列はマッチしません。

REPL

```
>>> re.search(r"ba*", "b")
<_sre.SRE_Match object; span=(0, 1), match='b'>
>>> re.search(r"ba+", "baaaaaaa")
<_sre.SRE_Match object; span=(0, 8), match='baaaaaaa'>
```

また、「{m}」はm回の繰り返し、「{m,n}」はm回以上n回以下の繰り返し、「[m,}」はm回以上の繰り返しを意味します。

たとえば、「a{3}」と書いたときには、「aaa」がマッチします。「a{3,5}」と書いたときには、「aaa」「aaaa」「aaaaa」がマッチします。ちなみに、「.{3,4}」と書いたときには、任意文字が3つ4つあるという意味になります。

REPL

```
>>> re.search(r"ba{1,3}", "baaaaaaaaaaaaa")
<_sre.SRE_Match object; span=(0, 4), match='baaa'>
```

上記のパターン「ba{1,3}」は「bに続けてaが1から3文字」という意味になります。そのため、対象文字の先頭から「baaa」までがマッチします。search()関数は、文字列中の一部分でもマッチするところがあれば、マッチ結果を返します。

最小単位の繰り返し

通常、正規表現では最長一致を基本としています。これは可能な限り長い部分をマッチさせようとするという意味です。これに対して、「*?」「+?」「??」など繰り返しの末尾に？をつけると、マッチする部分を最小単位に押さえることができます。REPLで試してみましょう。

REPL

```
>>> # 最小単位「?」を使わない場合 --- (❶)
>>> s = "青巻紙赤巻紙黄巻紙"
>>> re.findall(r".+紙", s)
['青巻紙赤巻紙黄巻紙']
>>> # 最小単位「?」を使う場合 --- (❷)
>>> re.findall(r".+?紙", s)
['青巻紙', '赤巻紙', '黄巻紙']
```

上記の2つのパターンを比べてみてください。『青巻紙赤巻紙黄巻紙』という文字列には「紙」という字が3回出てきます。それで、最長一致を行う❶の場合は、「.+紙」というパターンに対して、先頭から末尾の「紙」までをマッチします。

これに対して、最小単位の「?」をつけた❷では、最小の位置、つまり、先頭から一番最寄りの「紙」までを取り出し、結果、「青巻紙」までにマッチします。ちなみに、ここでは、findall()関数を使っているので、その後、2回ある「赤巻紙」と「黄巻紙」も最小単位でマッチさせます。

192　**Chapter 4**　モジュールやパッケージを使ってみよう

文字集合の指定 [...]

文字の集合を指定するのに利用するのが「[...]」です。たとえば「[abc]」と指定すると、abcのいずれかの文字を表します。また「[0123456789]」と記述すれば、数字のいずれかを表します。このように連続した文字を指定するときは「[0-9]」のように指定できます。アルファベットの小文字の集合を表すときには、「[a-z]」と記述できます。

たとえば、郵便番号 111-2222 の形式を調べる正規表現は、「^[0-9]{3}\-[0-9]{4}$」のように記述できます。これを利用してみましょう。

テキストエディタ file: src/c3/print-dict.py

```
01  >>> # 正規表現パターンをコンパイル
02  >>> zipre = re.compile(r"^[0-9]{3}\-[0-9]{4}$")
03  >>> # 正しい形式を指定
04  >>> zipre.search("440-0012")
05  <_sre.SRE_Match object; span=(0, 8), match='440-0012'>
06  >>> # 不正な形式を指定
07  >>> print(zipre.search("1111-2222"))
08  None
```

ちなみに、[0-9]はよく使うパターンなので、\d と省略して記述することができるようになっています。また、\w は、任意のUnicode文字にマッチします。このようなパターンには、右のようなものがあります。

パターン	意味
\b	単語の境界
\d	数字
\D	数字以外
\w	Unicode文字
\W	Unicode文字以外
\s	空白文字
\S	空白文字以外

chapter
4-5

単語の選択 " | "

任意の単語の選択を行う場合、「(hoge|fuga)」のようにして表現することができます。

たとえば、アメリカ英語では「color」と書くところ、イギリス英語では「colour」と書きます。どちらにもマッチさせたいという場合、「(color|colour)」あるいは「colo(r|ur)」と記述できます。

この単語の選択を利用して、任意の単語の抽出を行ってみましょう。以下は、colorに加え、その1つ前にある単語も抽出する例です。

REPL

```
>>> s = "I like red colour."
>>> pat = r"\w+ (color|colour)"
>>> re.search(pat, s)
<_sre.SRE_Match object; span=(7, 17), match='red colour'>
```

193

グループ (...)

丸括弧で括ったパターンをグループとしてまとめることができます。グループとしてまとめた部分文字列は、search()やmatch()の戻り値であるmatchオブジェクトのgroup()やgroups()を使って取り出すことができます。

たとえば、文字列中に「2017/10/15」のような日付表現があったとします。その文字列から日付を取り出したいと思ったときに、このグループの機能を使うと、数値部分を手軽に取り出すことができます。REPLで試してみましょう。

REPL

```
>>> s = "date: 2017/10/15"
>>> pat = r"(\d{4})/(\d{1,2})/(\d{1,2})"
>>> g = re.search(pat, s)
>>> g.groups()
('2017', '10', '15')
```

この節のまとめ

正規表現について、簡単に紹介しました。正規表現を使うと、文字列を手軽に比較したり抽出したりすることができるというのが分かったのではないでしょうか。ここでは、代表的なメタキャラクタについて一通り取り上げましたので、覚えておくと役立つでしょう。

Chapter 4-6

リスト内包表記

この節のポイント

● リスト内包表記とは？

● 内包表記を使ってみよう

● 集合型 (set) / 辞書 (dict) 型内包表記 / ジェネレータ式について

リスト内包表記とは？

「リスト内包表記 (英語：List Comprehensions)」とは、複雑な値を持つリストやタプル・辞書型を手軽に生成するための表記方法です。これは、Pythonにおける強力な記述方法です。

内包表記を使ってみよう

まずは、リスト内包表記がどのような場面で使えるのか紹介するために、内包表記を使わないで書いたプログラムと、使った場合のプログラムの2つを紹介します。

比較例として、10以下の2の倍数のリスト[2,4,6,8,10]を作成してみます。

テキストエディタ file: src/c4/list-c1.py

```
01  data = []
02  for i in range(1, 6):
03      data.append(i * 2)
04  print(data)
```

コマンドラインから実行してみましょう。

コマンドライン

```
$ python3 list-c1.py
[2, 4, 6, 8, 10]
```

for構文でrange(1, 6)を指定しているので、1から5までの数値を順に繰り返します（ちなみに、rangeに与える第2引数は、範囲の最大値ではなく、最大値-1を指定するのでしたね）。その際、2倍した値をリストに追加しますので、結果、[2, 4, 6, 8, 10]と10以下の2の倍数のリストを得ることができます。

195

for構文を使えば、こうしたリストを作るのは簡単ですね。しかし、内包表記を使うともっと簡単に記述できます。内包表記を利用したプログラムは、次のようになります。

テキストエディタ file: src/c4/list-c2.py

```
01  data = [ i*2 for i in range(1, 6) ]
02  print(data)
```

なんと、4行のプログラムが2行になりました。リスト内包表記を使うと、とても手軽にリストを生成できることが分かります。

リスト内包表記の基本的な記述方法は次の通りです。

書式 リスト内包表記

```
[ 式 for .. in .. ]
```

まずは、リストを作成する式、それに続いて、for .. in .. 構文を記述します。先ほどの2の倍数のリストであれば、式には、i*2のような計算式を与えました。

ちなみに、lambda式とmap()(P.136)を使うことでも、同じように記述できます。

テキストエディタ file: src/c4/list-c3.py

```
01  data = list(map(lambda x : x*2, range(1, 6)))
02  print(data)
```

しかし、速度的にリスト内包表記の方が速く、またシンプルです。プログラミングには、同じデータを出力するにしても、いろいろなやり方があるという点が分かるのではないでしょうか。

10以下の奇数を持つリストを作ろう

それでは、ちょっとしたリスト内包表記の練習をしてみましょう。10以下の奇数を持つリスト[1,3,5,7,9]を作ってみてください。

以下が答えです。先ほどのリスト内包表記のプログラムを、ちょっと書き換えるだけです。いくつかの方法で記述できます。

テキストエディタ file: src/c4/list-odd.py

```
01  # (1) 2倍して1を引く方法
02  data = [ (i * 2 - 1) for i in range(1, 6) ]
03  print(data)
04
05  # (2) range()を工夫する方法
06  data = [ i for i in range(1, 11, 2) ]
07  print(data)
08
09  # (3) 内包表記で for と if を組み合わせる方法
10  data = [ i for i in range(1, 11) if i % 2 == 1 ]
11  print(data)
```

196　**Chapter 4**　モジュールやパッケージを使ってみよう

コマンドラインから実行してみましょう。

コマンドライン

```
$ python3 list-odd.py
[1, 3, 5, 7, 9]
[1, 3, 5, 7, 9]
[1, 3, 5, 7, 9]
```

プログラムの(1)と(2)については、問題ないでしょうか。先ほどと同じです。ただし、(3)番目の方法は、まだ紹介していない方法です。ちょっと先走ってしまいました。

リスト内包表記のif

リスト内包表記では、forの後にifを記述して、**内容をフィルタリング**できるようになっています。

書式 リスト内包表記でif構文

```
[ 式 for .. in .. if .. ]
```

少しずつ、順を追って考えましょう。上記のプログラムの(3)では、まず、for .. in .. を用いて、1から10までの値を出力します。

REPL

```
>>> [ i for i in range(1, 11) ]
[1, 2, 3, 4, 5, 6, 7, 8, 9, 10]
```

これら出力された値から、if構文で真を返す値のみが、リスト内包表記の式の部分に出力されます。下記の結果を上記の結果と比較してみてください。

REPL

```
>>> [ i for i in range(1, 11) if i % 2 == 1 ]
[1, 3, 5, 7, 9]
```

ネストした内包表記

リスト内包表記では、for構文を多重にネストして使うことができます。これを使うと、非常に手軽に複雑なリストを作成できます。
たとえば、1から3までの数字から2つの値を取り出したいとします。このとき、考えられるすべての数字の組み合わせは、以下の通りです。

```
[(1, 1), (1, 2), (1, 3), (2, 1), (2, 2), (2, 3), (3, 1), (3, 2), (3, 3)]
```

これも、リスト内包表記を使う例と、使わない例、2つのプログラムを見てみましょう。まずは、リスト内包表記を使わない例です。

テキストエディタ file: src/c4/nest-list-c1.py

```
01  result = []
02  base = [1, 2, 3]
03  for x in base:
04      for y in base:
05          result.append( (x, y) )
06  print(result)
```

コマンドラインから実行してみましょう。

コマンドライン

```
$ python3 nest-list-c1.py
[(1, 1), (1, 2), (1, 3), (2, 1), (2, 2), (2, 3), (3, 1), (3, 2), (3, 3)]
```

続いて、リスト内包表記を使った例を見てみましょう。

テキストエディタ file: src/c4/nest-list-c2.py

```
01  base = [1, 2, 3]
02  result = [ (x, y) for x in base for y in base ]
03  print(result)
```

コマンドラインから実行してみましょう。

コマンドライン

```
$ python3 nest-list-c2.py
[(1, 1), (1, 2), (1, 3), (2, 1), (2, 2), (2, 3), (3, 1), (3, 2), (3, 3)]
```

それでは、次に、上記の組み合わせ(1から3までの2つの値)のうち、(x, y)が同じ値をもつ組み合わせを排除したリストを作りたいとします。その場合、for構文を多重にネストした上でif構文を組み合わせます。

テキストエディタ file: src/c4/nest-list-c3.py

```
01  base = [1, 2, 3]
02  result = [ (x, y) for x in base for y in base if x != y ]
03  print(result)
```

コマンドラインから実行してみましょう。

コマンドライン

```
$ python3 nest-list-c3.py
[(1, 2), (1, 3), (2, 1), (2, 3), (3, 1), (3, 2)]
```

198　**Chapter 4**　モジュールやパッケージを使ってみよう

三項演算子とリスト内包表記でFizzBuzzゲーム

ところで、P.080でFizzBuzzゲームをプログラムで表現したのを覚えているでしょうか。数字が3で割り切れる場合は「Fizz」、5で割り切れる「Buzz」、3でも5でも割り切れる場合は「Fizz Buzz」と発言するゲームです。このゲームを、リスト内包表記で解いてみましょう。

テキストエディタ file: src/c4/fizzbuzz-c.py

```
01  res = [
02      "Fizz Buzz" if i % 15==0 else "Fizz"
03                 if i %  3==0 else "Buzz"
04                 if i %  5==0 else str(i)
05      for i in range(1,21) ]
06
07  print("\n".join(res))
```

コマンドラインから実行してみましょう。P.080で作ったプログラムと比べてみると、どうでしょうか。プログラムの行数が短くなっています。

コマンドライン

```
$ python3 fizzbuzz-c.py
1
2
Fizz
4
Buzz
Fizz
7
8
Fizz
Buzz
11
Fizz
13
14
Fizz Buzz
16
17
Fizz
19
Buzz
```

では、プログラムを見てみましょう。ここでは、内包表記の式の部分に、三項演算子を利用しています。そこで、三項演算子について紹介します。

三項演算子を使うと、条件に応じて異なる値を返すことができます。三項演算子は次の書式で利用します。

書式 三項演算子

```
変数 = (Trueの値) if (条件) else (Falseの値)
```

199

REPLを使って、三項演算子の動きを確かめてみましょう。

REPL

```
>>> n = 3
>>> "偶数" if (n%2 == 0) else "奇数"
'奇数'
>>> n = 2
>>> "偶数" if (n%2 == 0) else "奇数"
'偶数'
```

ここで、改めて、先ほどのFizz Buzzゲームのプログラムを見てみましょう。内包表記は、本来は、1行で書くのが望ましいのですが、Fizz Buzzのルールが少し複雑なので、数行に分けて書いています。ちょっと読みにくいのですが、Fizz Buzzの判定のために三項演算子を四連でつなげて記述しているだけです。

つまり、2行目から4行目までが、内包表記の式に相当する部分で、5行目で、`for .. in ..` を記述しています。ですから、複雑に見えますが、実は、リスト内包表記としては、意外と単純なものとなっています。

とはいえ、複雑な内包表記は可読性を損なうものです。ここでは、内包表記の可能性について紹介したかったので、複雑な方法も紹介しました。しかし、良いプログラムというのはシンプルで読みやすいプログラムです。可読性の低いプログラムは悪いプログラムです。凝った内包表記を書くとトラブルになりやすいので注意しましょう。

内包表記の種類

ちなみに、内包表記には次の4種類があります。

- **リスト内包表記**
- **集合型 (set) 内包表記**
- **辞書 (dict) 内包表記**
- **ジェネレータ式**

すでに、リスト内包については、ここまで紹介したものです。REPLで再度確認してみましょう。以下は、1,2,3の二乗の値を返すリストを生成します。

REPL

```
>>> [ x**2 for x in [1, 2, 3]]
[1, 4, 9]
```

次に、セット内包表記について見てみましょう。これは、リスト型の代わりに集合型 (set) を生成するものです。セット内包表記を記述するには、リスト内包表記の `[ .. ]` を `{ .. }` と変えるだけです。以下は、1から3までの数から2つ数値を選んで加算したときに取り得る値の一覧を求めるものです。

200 **Chapter 4** モジュールやパッケージを使ってみよう

REPL

```
>>> # セット内包表記
>>> { (x + y) for x in [1,2,3] for y in [1,2,3] }
{2, 3, 4, 5, 6}
>>> # (参考)リスト内包表記の場合
>>> [ (x + y) for x in [1,2,3] for y in [1,2,3] ]
[2, 3, 4, 3, 4, 5, 4, 5, 6]
```

そして、辞書内包表記ですが、これは、リスト型の代わりに、辞書型(dict)を生成する物です。辞書内包表記を記述するには、リスト内包表記の [..] を { .. } と変えた上で、式を記述する部分に、{ k:v ... } のように、辞書のキーと値を組にして記述します。

REPL

```
>>> { "h"+str(x) : x*5 for x in range(1,4) }
{'h3': 15, 'h1': 5, 'h2': 10}
```

最後に、ジェネレータ式を見てみましょう。ジェネレータ式を記述するには、リスト内包表記の [..] を (..) と丸括弧に変えるだけです。ジェネレータ式では、即時リストを返すのではなく、値を1つずつ取り出すジェネレータを返します。

REPL

```
>>> # ジェネレータ式でジェネレータを生成
>>> ( x**2 for x in [1, 2, 3] )
<generator object <genexpr> at 0x102200990>
>>> # ジェネレータの動きを確かめる
>>> gen = (x ** 2 for x in [1, 2, 3])
>>> for i in gen:
...     print(i)
1
4
9
```

この節のまとめ

本節では、リストの内包表記について詳しく紹介しました。リストの内包表記を使うと、手軽にリストを生成できるので便利です。for構文を多重にネストさせたり、ifでフィルターしたり、三項演算子を組み合わせたりと、いろいろなバリエーションで複雑な値も手軽に生成できることが分かったことでしょう。

Chapter 4-7

デコレータについて

この項目は、後から読んでも大丈夫だよ!

この節のポイント

- デコレータについて
- デコレータを使ってみよう
- デコレータで関数の実行時間を計測しよう

デコレータとは?

デコレータ(英:decorator)とは、関数の処理を装飾するための仕組みです。デコレータを使うと、手軽に関数の前後に任意の処理を付け加えることができます。そもそも、デコレートというのは「装飾する」という意味です。デコレータを使うと、関数に付加機能を与えることができます。

簡単なデコレータの例

最初に、簡単なデコレータの使用例を見てみましょう。
以下は、関数の実行前後に関数名を表示するプログラムです。

テキストエディタ file: src/c4/deco1.py

```python
# デコレータの関数を定義
def show_func_name(func):
    def wrapper(*args, **kwargs):
        print("--- start: " + func.__name__)
        res = func(*args, **kwargs)
        print("--- end: " + func.__name__)
        return res
    return wrapper

# デコレータを使用する
@show_func_name
def kakugen1():
    print("賢い者たちの静かな言葉は、")
    print("愚鈍な人々の叫びよりも聞かれる。")

@show_func_name
def kakugen2():
    print("求めつづけなさい。そうすれば与えられます")
```

```
19
20
21  kakugen1()
22  kakugen2()
```

これをコマンドラインから実行してみましょう。

コマンドライン

```
$ python3 deco1.py
--- start: kakugen1
賢い者たちの静かな言葉は，
愚鈍な人々の叫びよりも聞かれる。
--- end: kakugen1
--- start: kakugen2
求めつづけなさい。そうすれば与えられます
--- end: kakugen2
```

プログラムを見てみましょう。このプログラムの末尾では、関数kakugen1()とkakugen2()を呼び出しています。kakugen1()関数の定義を見ると、格言を2行表示するだけです。しかし「@show_func_name」と、関数の直前にデコレータを記述することで、関数の実行前に「--- start: kakugen1」、実行後に「--- end: kakugen1」と関数の動作を変更することができます。その後に、関数kakugen2()を呼び出していますが、同じように動作します。それでは、デコレータについて書式で改めて確認してみましょう。

書式 関数にデコレータを適用する

```
@デコレータ名
def 関数名:
    # 関数の定義
```

関数を定義する際、その直前に「@デコレータ名」を記述します。すると、その関数にデコレータが適用されます。
次に、デコレータの定義を見ていきましょう。デコレータを定義するには、普通に関数を定義します。しかし、デコレータでは、関数オブジェクトを返すように定義する必要があります。それで、デコレータの定義関数では、関数内で関数を定義して、そのオブジェクトを返すようにします。ちなみに、Pythonでは、関数内に関数を定義することができます。関数内で定義した関数は、関数の中からしか参照することができないので、関数名の衝突などを気にする必要がありません。
大抵、デコレータを使う場合、以下のような関数を定義することになるでしょう。

書式 デコレータ関数の定義

```
def デコレータ名(func):
    # 関数内で関数を定義する --- (*1)
    def wrapper(*args, **kwargs):
        # ここで前処理
        res = func(*args, **kwargs) # 関数を実行する
        # ここで後処理
        return res
    return wrapper # 関数オブジェクト(*1)を返す
```

処理時間を計測するデコレータを作成する

デコレータを使うと、関数の実行前と実行後に任意の処理を追加することができるようになります。それでは、処理時間を計測するデコレータを作ってみましょう。

テキストエディタ file: src/c4/deco-time.py

```python
01  import time
02
03  def time_log(func):
04      def wrapper(*args, **kwargs):
05          # 前処理
06          import datetime
07          start = datetime.datetime.today()
08          print("--- start", func.__name__)
09          # 関数の実行
10          result = func(*args, **kwargs)
11          # 後処理
12          end = datetime.datetime.today()
13          delta = end - start
14          print("--- end", func.__name__, delta, "sec")
15      return wrapper
16
17  @time_log
18  def test1():
19      print("sleep 1sec")
20      time.sleep(1)
21
22  @time_log
23  def test2():
24      print("sleep 2sec")
25      time.sleep(2)
26
27  test1()
28  test2()
```

コマンドラインから実行してみましょう。

コマンドライン

```
$ python3 deco-time.py
--- start test1
sleep 1sec
--- end test1 0:00:01.000624 sec
--- start test2
sleep 2sec
--- end test2 0:00:02.005243 sec
```

このように、デコレータを1行記述するだけで、手軽に関数の実行時間を計測し表示することができます。

204　**Chapter 4**　モジュールやパッケージを使ってみよう

多重にネストするデコレータ

また、デコレータは多重にネストさせることができます。たとえば、HTML を出力するプログラムを考えてみましょう。HTML タグでは、<html>から始まって</html>でタグを閉じます。つまり、HTML のタグは、多重にネストするものです。

テキストエディタ file: src/c4/deco-html.py

```
01  # デコレータを定義
02  def wrap_html(func):
03      def wrapper(*args, **kwargs):
04          s = "<html>"
05          s += func(*args, **kwargs)
06          s += "</html>"
07          return s
08      return wrapper
09
10  def wrap_body(func):
11      def wrapper(*args, **kwargs):
12          s = "<body>"
13          s += func(*args, *kwargs)
14          s += "</body>"
15          return s
16      return wrapper
17
18  # デコレータを使ってみる
19  @wrap_html
20  @wrap_body
21  def show_html(text):
22      return text
23
24  print(show_html("デコレータのテスト"))
```

コマンドラインから実行してみましょう。

コマンドライン

```
$ python3 deco-html.py
<html><body>デコレータのテスト</body></html>
```

このように、デコレータを多重に重ねることで、複数の関数を適用することができます。

デコレータを何に使ったら良いのか？

P.204 の例で見たように、デコレータを使えば、どの関数をいつどのくらい呼び出したのかなど、**プログラムの実行ログを取る**のが簡単になります。また、Web サイトからデータを取得する関数があったとして、そのサイトのデータがすでに取得済みだったなら、すでに取得済みのキャッシュからデータを返し、キャッシュがなければ、実際にサイトからデータを取得するようにするデコレータを作ることができます。

それから、関数の引数が正しいかどうか検証を行う必要がある場合、関数のチェックをデコレータにしておくことが

できます。たとえば、特定の範囲のデータを受け取る関数であれば、データをその範囲に整えるデコレータや、文字コードを自動的にユニコードに直すデコレータなど、いろいろな使い道が考えられます。

この節のまとめ

以上、デコレータについて紹介しました。ここまで見てきたように、デコレータを使えば、既存の関数に手を加えることなく、関数の前後に新しい機能を追加することができます。

Chapter
5

実践編 ——
Pythonを実践で使おう

さぁ、実践プログラミング！
応用編となる本章では、実際にある程度の規模を持つ、動くプログラムを作っていきます。プログラムが少し長くなりますが、心配は要りません。長いプログラムは短いプログラムを組み合わせただけなのです。それでは、アプリケーション開発と機械学習に挑戦してみましょう。

Chapter 5-1	デスクトップアプリを作ってみよう	208
Chapter 5-2	Webアプリを作ってみよう	214
Chapter 5-3	Webアプリの一行チャットを作ろう	223
Chapter 5-4	機械学習に挑戦してみよう	231
Chapter 5-5	機械学習でワインの美味しさを判定しよう	241

Chapter 5-1

デスクトップアプリを作ってみよう

この節のポイント

● デスクトップアプリとは？

● デスクトップアプリを作る方法について

● Tkinterについて

デスクトップアプリとは？

Webブラウザを通して利用するアプリケーションのことを、「Webアプリ」と呼びますが、これに対して、私たちがWindowsやMac OS Xなどで通常利用する「電卓」や「ペイント」などのアプリケーションを「デスクトップアプリ」と呼びます。ここでは、Pythonの標準ライブラリに含まれるTkinterを利用したデスクトップアプリを作る方法を紹介します。

また、デスクトップアプリのことを「GUIアプリ」と呼ぶこともあります。GUIとは、英語のGraphical User Interfaceの略で、マウスやタッチパッドのなどのデバイスを用いて、グラフィカルなボタンを押したりする操作体系です。GUIに対して、コマンドラインを使った操作体系をCUI（英:character user interface）と呼びます。本書の大半は、CUIを使った操作となっていますね。

ダイアログを使ったGUIアプリ

ところで、GUIアプリは、ユーザーがボタンをクリックするなど何かの「イベント」をきっかけに動く「イベントドリブン」という形にしないといけないのですが、小さなウィンドウを表示してユーザーに操作を促す「ダイアログ」を使うと、これまでのCUIアプリと同じ構造でプログラムを作ることができます。

以下は、ユーザーに、ラーメンが好きかどうかを尋ねるダイアログを表示するプログラムです。

テキストエディタ file: src/c5/dialog.py

```
01  # ダイアログを表示するために必要なモジュール --- (❶)
02  import tkinter.messagebox as mb    # asについてはP.158を参照
03
04  # ダイアログを表示 --- (❷)
05  ans = mb.askyesno("質問", "ラーメンは好きですか？")
```

208 **Chapter 5**　実践編 —— Pythonを実践で使おう

```
06  if ans == True:
07      # OKボタンがあるだけのダイアログを表示 --- ❸
08      mb.showinfo("同意", "僕も好きです。")
09  else:
10      mb.showinfo("本当?", "まさか、ラーメンが嫌いだなんて!")
```

コマンドラインから実行してみましょう。

コマンドライン

```
$ python3 dialog.py
```

プログラムを実行すると、以下のようにダイアログで質問が表示されます。

図5-1-1　質問が表示されます

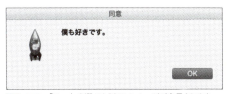

図5-1-2　「Yes」を選ぶとさらにメッセージが表示されます

それでは、プログラムを確認してみましょう。プログラムの冒頭の❶の部分で、「tkinter.messagebox」を取り込むことで、メッセージボックス、つまり、ダイアログが利用可能になります。

そして、プログラムの❷の部分では、askyesno()関数を記述しています。これは、図5-1-1のような［Yes］か［No］で答える質問ダイアログを表示します。［Yes］が押されるとTrueが、［No］が押されるとFalseが返ります。

続く、プログラムの❸の部分では、showinfo()関数を記述しています。これは、図5-1-2のような［OK］ボタンが配置されただけの情報ダイアログを表示するものです。

本書で何度も登場したinput()関数を使うと、コマンドラインに対して応答を入力しなくてはなりませんが、このように、ダイアログを使ったプログラムでは、マウスなどを利用して、他のGUIアプリと同じように操作できるので、プログラマーでない人に使ってもらうには、やはり、こちらの方が親切でしょう。

Tkinterには次のようなダイアログが用意されています。

メソッド	説明
askyesno(タイトル,メッセージ)	［Yes］［No］のボタンを持つダイアログでTrueかFalseを返す
askokcancel(タイトル, メッセージ)	［OK］［Cancel］のボタンを持つダイアログで、TrueかFalseを返す
askretrycancel(タイトル,メッセージ)	［Retry］［Cancel］のボタンを持つダイアログで、TrueかFalseを返す
showinfo(タイトル,メッセージ)	［OK］ボタンを持つ情報ダイアログ
showerror(タイトル,メッセージ)	［OK］ボタンを持つエラーダイアログ
showwarning(タイトル,メッセージ)	［OK］ボタンを持つ警告ダイアログ

ファイルの選択ダイアログを使ってみよう

そして、一般ユーザー向けのアプリで、「ファイルのパスを手入力してください」と書いても、誰もパスを正しく入力することはできないでしょう。それで、各OSごとに、ファイルの選択ダイアログが用意されています。Tkinterでもこれを利用できます。
以下のようなプログラムを作ることで、ファイルの選択ダイアログを表示できます。

テキストエディタ file: src/c5/dialog-file.py

```
01 # ダイアログを表示するために必要なモジュール
02 import tkinter.filedialog as fd
03
04 # ファイル選択ダイアログを表示する
05 path = fd.askopenfilename(
06     title="処理対象のファイルを指定してください",   # ダイアログ上部のタイトルを設定
07     filetypes=[('HTML','.html')])   # 「HTML」または「html」形式のファイルだけを表示
08 print(path)
```

プログラムを実行してみましょう。

コマンドライン

```
$ python3 dialog-file.py
```

すると、右図のようなファイル選択ダイアログが表示されます。

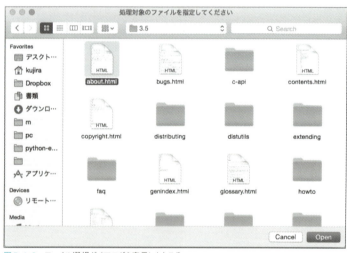

図5-1-3 ファイル選択ダイアログを表示したところ

プログラムを見てみましょう。tkinter.filedialogをインポートして、askopenfilename()を呼び出すだけです。実に簡単な手順でOSの機能を利用できるよう工夫されています。askopenfilename()の戻り値として、ファイルのフルパスが得られます。
そして、askopenfilename()の引数として、名前付き引数で「title」を指定すると、ダイアログのタイトルが設定され、「filetypes」を指定すると特定のファイルのみを選択できるダイアログとなります。filetypesには、[(ラベル, パターン), (ラベル, パターン) ...] というタプルのリストを与えます。

GUIプログラミング

次に、いろいろなGUIパーツを画面上に配置するプログラムを紹介します。Tkinterでは、ボタンやラベル、チェックボタンやリストボックスなど、さまざまなパーツ（ウィジェット）を画面上に配置することが可能です。
ここでは、一番簡単な例として、ボタンをクリックすると、挨拶を表示するというプログラムを作ってみましょう。

▼テキストエディタ　file: src/c5/tk-hello.py

```python
# tkinterを取り込む --- (1)
from tkinter import *
import tkinter.messagebox as mb

# ボタンが押された時の動作を関数として定義 --- (2)
def say_hello():
    mb.showinfo("挨拶","おはようございます")    # [OK]ボタンだけがあるダイアログ

# メインウィンドウを作成 --- (3)
root = Tk()
root.title('挨拶')    # メインウィンドウのタイトルを設定

# ラベルを作成 --- (4)
desc_label = Label(text="以下のボタンを押してください")
desc_label.pack()

# 挨拶ボタンを作成 --- (5)
hello_button = Button(
    text="挨拶",    # ボタンのテキスト
    width=10, height=3,    # 文字数でボタンのサイズを指定
    command=say_hello    # ボタンをクリックした時の動作
)
hello_button.pack()

# メインループを開始 --- (6)
root.mainloop()
```

コマンドラインから実行してみましょう。

▼コマンドライン

```
$ python tk-hello.py
```

すると、以下のようなウィンドウが表示されます。「挨拶」ボタンをクリックすると、挨拶が表示されます。

図5-1-4　ボタンが表示

図5-1-5　ボタンを押すと挨拶を表示する

プログラムを見ていきましょう。❶の部分では、Tkinterを使えるようにモジュールのインポートを行います。❷の部分では、ボタンをクリックしたときの動作を関数として定義します。❸の部分では、Tk()と記述することで、図5-1-4のようなメインウィンドウを作成します。

プログラムの❹の部分では、ラベル(Tinkerにおけるテキスト)を作成します。ラベルを作成するには、Label()と記述し、引数として表示する文字列を指定します。pack()メソッドで、作成したラベルをウィンドウに配置します。続く❺の部分では、ボタンを作成します。ボタンを作成するには、Button()と記述します。このメソッドの引数には、ボタンのテキストや、ボタンのサイズ、また、ボタンをクリックしたときの動作を指定します。続くpack()メソッドで、メインウィンドウ上に配置します。

Button()メソッドを実行するときに、名前付き引数として、commandを与えています。このcommandがボタンをクリックしたときの動作を指定するものです。ここでは、say_hello()関数を指定していますので、ボタンを押したときに、❷の部分で定義したsay_hello()関数が実行されます。

そして、プログラムの❻で、メインウィンドウに対して、mainloop()メソッドを実行します。これは、イベントループと呼ばれるものです。イベントというのは、「マウスのクリック」や「キーボードからの入力」のことです。イベントループの中では、マウスやキーの入力に応じたイベントを検出し、それを、ボタンやテキストエディタなどのオブジェクトに伝達します。そのため、GUIのプログラムでは、イベントループを実行する、mainloop()が必要となるのです。

文字数カウンタを作ってみよう

続いて、テキストボックスに入力したテキストの文字数をカウントするプログラムを作ってみましょう。

※本書のインストールの項目でも紹介しましたが、Mac OS Xで、テキストボックスに日本語が入力できない場合、最新のActiveTclをインストールする必要があります(P.011)。

テキストエディタ file: src/c5/text-counter.py

```python
01  # tkinterをインポート --- (❶)
02  from tkinter import *
03
04  # テキストの文字数を数える関数 --- (❷)
05  def count_text(event):
06      s = main_text.get(1.0, END)    # テキストの最初から最後までを取得
07      info_label.config(text="{0}文字".format(len(s)))
08
09  # メインウィンドウを作成 --- (❸)
10  root = Tk()
11  root.title('テキストカウンタ')
12
13  # テキストボックスを作成 --- (❹)
14  main_text = Text(root)
15  main_text.bind("<Key>", count_text)    # イベントを設定 --- (❺)
16  main_text.pack()
17
18  # 文字数を表示するラベルを作成 --- (❻)
19  info_label = Label(root)
20  info_label.pack()
21
```

```
22  # メインループ --- (❼)
23  root.mainloop()
```

コマンドラインから実行してみましょう。

コマンドライン

```
$ python3 text-counter.py
```

プログラムを実行すると、画面にテキストボックスを備えたウィンドウが表示されます。そこに文字を入力すると、テキストの文字数をカウントします。文字数は、画面の下部に表示されます。

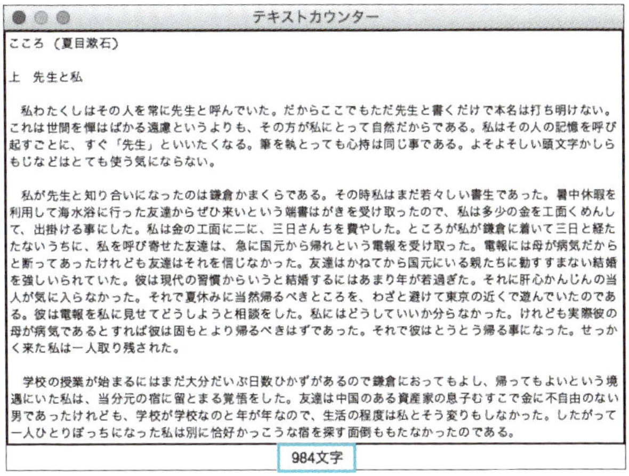

図5-1-6　テキストの文字数を数えます

プログラムを見ていきましょう。プログラムの❶では、tkinterを使うためのモジュールのインポートを行います。❷では、テキストの文字数を数えて、info_label上に文字数を表示する関数count_text()を定義します。
プログラムの❸の部分では、メインウィンドウを作成し、ウィンドウのタイトルを設定します。
プログラムの❹の部分では、テキストボックスを作成します。そして、❺の部分では、bind()メソッドを使って、キーボードからキーを入力したときに、count_text関数が実行されるように設定しています。
プログラムの❻の部分では、文字数を表示するラベルを作成します。前のプログラムと同じように、pack()メソッドでウィンドウ上に配置します。❼の部分で、GUIのメインループを実行します。

デスクトップアプリ作成のまとめ

このように、Pythonに標準で付属するTkinterパッケージを使うことで、手軽にデスクトップアプリを作ることができます。ここでは、ラベル・ボタン・テキスト及び、各種ダイアログだけを紹介しましたが、Pythonのドキュメントを見ると、他にもさまざまなウィジェットを利用できることが分かるでしょう。本節を参考に、GUIプログラミングにも挑戦してみてください。

● **Python ドキュメント > tkinter**
  http://docs.python.jp/3/library/tkinter.html

Chapter 5-2

Webアプリを作ってみよう

この節のポイント

- Webアプリの仕組みを学ぼう
- Python簡易サーバーを使おう
- Webアプリ初めの一歩

Webアプリとは？

Webアプリケーション（通称：Webアプリ）とは、インターネットを介して、Webブラウザから利用するアプリケーションのことです。Webアプリの例は、ブログや掲示板をはじめ、ネット通販のショッピングカートから銀行のネットバンキングまで、あらゆる分野で利用されているものです。Webアプリの開発は、Pythonの得意とするところです。

Webアプリの仕組み

ところで、Webアプリはどのような仕組みで成り立っているのでしょうか。Webアプリは、インターネットを介して、Webブラウザ（クライアント）とWebサーバの間で通信をすることで成立します。この二者の通信は、**HTTP**という通信規約のもとに行われます。

HTTP通信とは、Webブラウザ（クライアント）からWebサーバに**リクエスト**（要求）を送信すると、Webサーバはリクエストに応じた**レスポンス**（応答）を返却するというものです。このとき、Webサーバの中にあって、サーバが返すレスポンスをプログラミングによって動的に生成するのが、Pythonの役割となります。

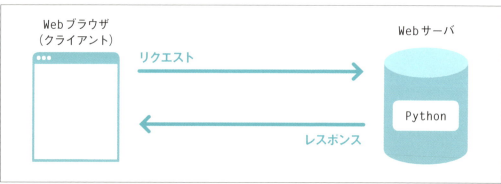

図5-2-1　HTTP通信

PythonでWebサーバを起動しよう

このように、Webアプリを動かすためには、Webサーバにするコンピュータに、Webサーバソフトウェアがインストールされている必要があります。とはいえ、Pythonには簡易Webサーバが内蔵されています。
コマンドラインから以下のようなコマンドを実行すると、お使いのパソコンでWebサーバが起動します。このとき、ネットワークの許可ダイアログが表示されることもあるので、ダイアログが表示されたら「許可」ボタンをクリックします。

コマンドライン

```
$ python3 -m http.server --cgi 8080
Serving HTTP on 0.0.0.0 port 8080 ...
```

図 5-2-2　OS Xで許可ダイアログが表示される

図 5-2-3　Windowsで許可ダイアログが表示される

成功すると、2行目のようなメッセージが表示されます。エラーが出て正しく実行できない場合は、8080番のポートがすでに使用済みである可能性があります。コマンドの末尾の8080という数値は、HTTP通信に使うポートの番号を表しています。そこで、この番号を、8081、8082、8083・・・と別の番号に変えることで、Webサーバを任意のポート番号で起動できます。
そして、Webサーバが起動したら、WebブラウザからWebサーバにアクセスしてみましょう。実際には、WebサーバとWebブラウザは別々のコンピュータ上に構築しますが、ここでは同じコンピュータの上で動かしてみます。同じコンピュータ上であれば、Webサーバのアドレスとして、自身のマシンを表す「localhost」あるいは「127.0.0.1」

というアドレスが利用できます。Webブラウザから、以下のアドレスにアクセスしてみましょう。

```
http://localhost:8080
```

空っぽのディレクトリで、Webサーバを起動すると、次のような画面が表示されます。

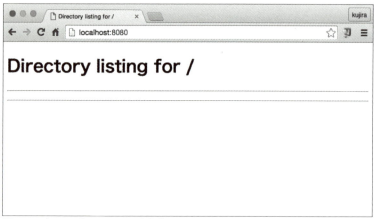

図5-2-4　空っぽのディレクトリでサーバを起動したところ

Webサーバを終了させるには、コマンドラインで [Ctrl] + [C] キーを押します。

いちばん簡単なWebアプリ

空っぽでは面白くないので、いちばん簡単なWebアプリを作ってみましょう。ここでは、簡単な格言を表示するWebアプリを作ってみます。

テキストエディタ　file: src/c5/cgi-bin/kakugen.py

```
01  #!/usr/bin/env python3
02
03  # ヘッダ情報を出力
04  print("Content-Type: text/html; charset=utf-8")
05
06  # ヘッダと本体データを区切る空行
07  print("")
08
09  # 本体のデータを出力
10  print("<html><head><meta charset='utf-8'><body>")
11  print("聞くことに速く語ることに遅くあるべき")
12  print("</body></html>")
```

このプログラムを簡易Webサーバで実行するには、「cgi-bin」というフォルダに配置する必要があります。以下のようなファイル構造にします。

```
+ <Webアプリディレクトリ>
| - <cgi-bin>
|   | - kakugen.py
```

なお、この「Webアプリティレクトリ」は、基本的にどこに配置しても大丈夫です。

ただし、管理者権限を付与しなくてもアクセスできる場所（ユーザーフォルダ以下など）がトラブルが少ないでしょう。

さらに、Linux/OS Xでは、ファイルに実行権限を与える必要があります。実行権限を与えるために、以下のコマンドを実行します。

コマンドライン

```
$ chmod +x cgi-bin/kakugen.py
```

上記、Webアプリディレクトリで、Webサーバを実行した後、Webブラウザで次のURLにアクセスしましょう。

```
http://localhost:8080/cgi-bin/kakugen.py
```

下記のように、格言が表示されたら正しくプログラムが動いています。

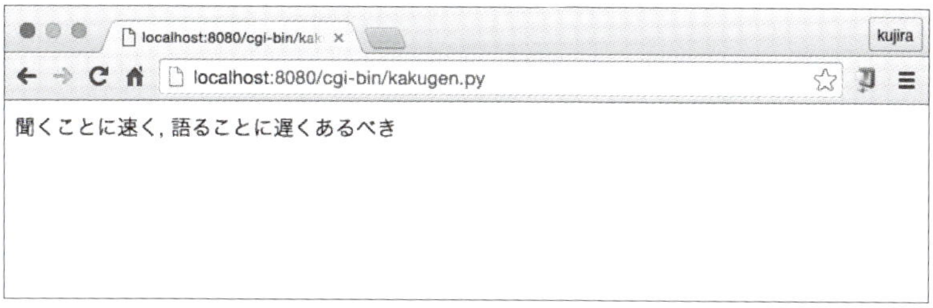

図5-2-5　格言を表示するアプリ

正しくWebアプリが動かない場合

Webアプリが正しく動かない状況では、以下の問題が考えられます。慌てずに、1つずつ問題を確かめてみてください。

もしも、格言が表示されるのではなく、Pythonのプログラム全体が表示された場合は、Webサーバを起動した際、--cgiのオプションを指定しているかどうか確認してみてください。Webサーバを起動したときに、何かエラーメッセージが表示されていないか確認してください。何かしらエラーが出ているときは、先ほど（P.215）書きましたが、ポート番号を変更して再挑戦してみてください。

また、Webブラウザの画面は真っ白のままで、コマンドラインに「CGI script exit status 0x7f00」と表示されたときは、Pythonのプログラムが正しく実行されなかったことを示しています。この場合、Linux/OS Xの場合、上で説明した実行権限を与えたかどうか確認し、プログラムの改行コードを「CR+LF」ではなく「LF」にして保存してみてください。

そして、日本語が文字化けして、正しく表示されないときは、プログラムの文字コードがUTF-8で保存されているのか確認ください。文字コードが正しくても文字化けする場合は、Pythonの文字出力の設定が関係しています。環境変数「PYTHONIOENCODING」に「utf-8」を設定します。Windowsで環境変数を設定するには、OSのプログラム検索ボックスに「環境変数」と入力してユーザー環境変数の編集を実行します。

図5-2-6 Windowsで環境変数を新規で追加しているところ。Windows 7では、スタートボタンをクリックして「プログラムとファイルの検索」で「環境変数」を検索して表示します。Windows 8では、「スタート」画面右上の検索ボックスで、Windows 10では、スタートボタン右横の「WebとWindowsを検索」で検索して表示します

Mac OS X/Linuxでは、コマンドラインで「nano ~/.bashrc」と実行して、シェルの設定ファイルを編集して、以下の一行を付け加えます。その後、ターミナルを一度閉じ、開き直しましょう。

テキストエディタ file: ~/.bashrc

```
export PYTHONIOENCODING='utf-8'
```

Webアプリの基本

さて、先ほど実行した格言のプログラムを確認してみましょう。Webアプリとして重要となる要素を確認してみましょう。プログラムの1行目にある「#!」から始まる行は、Pythonを実行するためのコマンドを指定するもので、シェバン(shebang)と呼ばれています。この指定は、Linux/OS Xで必要です。ちなみに、ここで指定したコマンドは、環境変数を調べて、Python3を実行するという意味になります。

続いて、print()を使って、Content-Typeを出力します。これは、これから出力する内容がHTMLであることを指定するヘッダ情報です。定型句のようなものと思って、毎回出力するようにします。Content-Typeの出力の際、charset=utf-8を付けるので、これから出力する文字コードがUTF-8であることも明示します。それから、ヘッダとそれに続くデータを区別するために、1行の空行が必要になります。

プログラムをコマンドライン上で実行して、どのような出力が行われるのかテストしてみると良いでしょう。

コマンドライン

```
$ python3 kakugen.py
Content-Type: text/html; charset=utf-8      ←ヘッダ
(空行)
<html><head><meta charset='utf-8'><body>    ←ボディー
聞くことに速く語ることに遅くあるべき
</body></html>
```

※「←ヘッダ」「←ボディー」の文字は入力しないでください。

CGIのプログラムを作るときには、このように、(ヘッダ) + (空行) + (ボディー)のような出力を行うようにします。

Webサイコロを作ろう

格言を表示するだけでは、毎回同じメッセージしか表示されず面白くないので、次に、画面に1から6までのランダムな数値を表示するWebサイコロを作ってみましょう。

テキストエディタ　file: src/c5/cgi-bin/saikoro.py

```
01  #!/usr/bin/env python3
02
03  import random
04
05  # ヘッダを出力
06  print("Content-Type: text/html")
07  print("") # ヘッダと本体を区切る空行
08
09  # ランダムな数を取得
10  no = random.randint(1, 6)
11  # 画面に出力
12  print("""
13  <html>
14  <head><title>Dice</title></head>
15  <body>
16    <h1>{num}</h1>
17  </body>
18  </html>
19  """.format(num=no))
```

先ほどと同じ要領でWebアプリを実行してみましょう。プログラムは「cgi-bin」ディレクトリに保存しましょう。Mac OS X/Linuxであれば、P.217と同じようにファイルに実行権限を与えておきます。そして、Webブラウザで以下のURLにアクセスしましょう。

```
http://localhost:8080/cgi-bin/saikoro.py
```

すると、画面にランダムな数値が表示されます。Webブラウザのリロードボタンを押してページを更新すると、画面上の数値が更新されます。

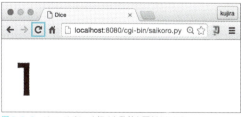

図5-2-7　URLにアクセスするとランダムな数値が表示されます　　図5-2-8　リロードボタンを押すと数値も更新されます

プログラムを見てみましょう。基本の部分で見たように、Content-Typeを出力する部分は同じです。続いて、random.randinit()でランダムな数値を得ます。その後、画面出力するために、HTMLのコードを出力しています。ちなみに、Content-TypeでHTMLを指定しているので、出力結果を受け取ったWebブラウザの側では、それをHTMLと認識して、ブラウザの画面にHTMLをレンダリングして表示することができます。

URLパラメータの値を取得しよう

Webアプリでは、URLに付けたパラメータの値を取得して処理を行います。標準的なWebアプリのパラメータは、次の書式で与えることになっています。

```
http://(アプリのアドレス)?キー1=値1&キー2=値2&キー3=値3
```

このようなパラメータを与えると、キーと値のペアをWebアプリ側に与えることができます。
そして、PythonでこのようなURLパラメータを得るには、cgiモジュールを利用します。URLパラメータの値を表示するプログラムを見てみましょう。

テキストエディタ　file: src/c5/cgi-bin/show-params.py

```python
#!/usr/bin/env python3
import cgi

# ヘッダの表示
print("Content-Type: text/html; charset=utf-8")
print("") # 空行

print("<pre>")
# URLパラメータを取得する ---- (1)
form = cgi.FieldStorage()

# 特定のパラメータを取得して表示 --- (2)
mode = form.getvalue("mode", default="")
print("mode=", mode)

# すべてのパラメータを取得して表示 --- (3)
print("--- all params ---")
for k in form.keys():
    print(k,"=",form.getvalue(k))
```

Webサーバを起動して、このプログラムに実行権限を与えたら、次のURLへアクセスしてみましょう。

```
http://localhost:8080/cgi-bin/show-params.py?mode=test&n=30&q=500
```

すると、Webブラウザの画面には次のように表示されます。

図5-2-9　パラメータを表示したところ

URLに指定したパラメータがすべて表示されているのが確認できます。プログラムを確認してみましょう。2行目では、cgiモジュールを取り込んでいます。次にプログラム中❶の部分に注目してみてください。URLパラメータを取得するために、cgi.FieldStorageオブジェクトを生成します。このオブジェクトは、辞書型と同じようにキーでアクセスしたりkeys()でパラメータの一覧を取得できます。

プログラムの❷では、cgi.FieldStorageオブジェクトからmodeというパラメータを取り出しています。ここでは、名前付き引数のdefault=""を指定しているので、もし、modeパラメータがフォームに存在しないときには、空文字列を返します。

ちなみに、特定のパラメータを取り出す方法には、下記のような方法で取り出すこともできます。これは、form["key"]のようにキーでパラメータを取得し、inを使って要素にパラメータが含まれているのかを判定するものです。

```
01  # FieldStorageオブジェクトを取得
02  form = cgi.FieldStorage()
03  # formに"mode"が含まれるか?
04  if "mode" in form:
05      print("mode=", form["mode"].value)
06  else:
07      print("mode=空")
```

プログラムの❸では、keys()メソッドとfor構文を使って、URLパラメータに含まれるパラメータの一覧とその値をすべて確認し、getvalue()メソッドでそれを取得し、print()メソッドで画面に出力しています。
getvalue()メソッドは、フォームのパラメータの値を取得するメソッドです。引数には、キーを指定します。

Webアプリで上手にデバッグする方法

chapter
5-2

Webアプリの開発では、コマンドラインの開発と違って、エラーが特定しづらいという欠点があります。それは、WebブラウザからWebサーバにアクセスするので、PythonのエラーがWebブラウザに出力されないからです。
もし、PythonのWebサーバを使う場合は、Webサーバのコマンドラインにエラーが出力されます。若干見づらいですが、コマンドラインでエラーを確認することもできます。

また、PythonのエラーをWebブラウザに出力したい場合には、次のコードをプログラムに書き込んでおくと良いでしょう。

```
import cgitb
cgitb.enable()
```

これによって、デバッグモードが有効になり、エラーが発生した際に詳細なレポートがブラウザ上に出力されます（図5-2-10）。

221

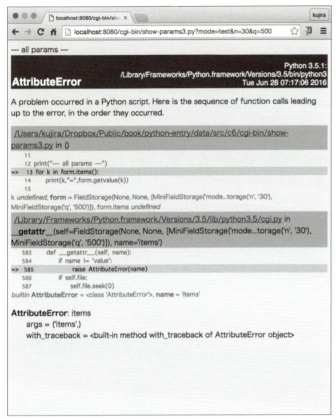

図 5-2-10　cgitbを有効にすると親切なエラー画面がブラウザに出力されます

この節のまとめ

ここでは、Webアプリの基本的な仕組みについて紹介しました。Pythonのcgiモジュールを使うことで、パラメータの取得も比較的簡単にできることが分かりました。次節では簡単な掲示板を作成してみましょう。

Chapter 5-3

Webアプリの1行チャットを作ろう

この節のポイント
- 1行チャットアプリを作ろう
- フォームを処理しよう
- チャットの仕組みを理解しよう

こんなチャットを作ろう

前節でWebアプリの基本が分かったので、ちょっとしたアプリを作成してみましょう。ここで作るのは、1行メッセージを書き込むことができる「チャット」アプリです。名前と本文を書いて「発言」ボタンをクリックすると、チャット画面にメッセージを書き込むことができるというものです。

図5-3-1　チャットアプリの画面

図5-3-2　1行メッセージを書き込むことができます

単純なアプリですが、このようにメッセージを書き込むアプリというのは、Webアプリの基本となるものです。

フォーム部品について

さて、チャットアプリを作るにあたって、HTMLのformやinput要素など、HTMLフォーム部品について基本的な動作を確認しておきましょう。これらのタグをHTMLに記述すると、フォームを表示することができます。これらは、Webサーバへデータを送信するものとなります。

たとえば、次のようなHTMLを記述してみます。なお、このform.htmlファイルは、「cgi-bin」ディレクトリではないところに保存します。

テキストエディタ file: src/c5/form.html

```
01  <form>
02    <input type="text" name="body" value="">
03    <input type="hidden" name="mode" value="read">
04    <input type="submit" value="発言">
05  </form>
```

それでは、Webサーバで、このHTMLを表示させてみましょう。このファイルは、ただのHTMLファイルなので、実行権限は不要です。ブラウザにHTMLが表示されたら、テキストボックスに、testと記入して「発言」ボタンを押してみてください。

図5-3-3　HTMLを表示して、入力したところ

図5-3-4　発言ボタンを押したところ

この例は、ただのHTMLだけなので、何も処理は行われません。しかし、HTMLのURLに変化があったのにお気づきでしょうか。

発言前URL	http://localhost:8080/form.html
発言後URL	http://localhost:8080/form.html?body=test&mode=read

HTMLでform要素を記述すると、その中に書いたinput要素の属性と値がフォームの送信対象となります。
このとき、form要素の属性を省略すると、`<form method="GET">`と指定したのと同じ意味になります。これは「GETメソッド」でフォームが送信されることを意味し、その場合、input要素の属性で指定した内容がURLに反映されるのです。input要素はtype属性の値によって、異なる入力部品になります。

input要素のtype属性の主要な値

typeの値	意味
text	1行テキストボックス
hidden	隠しフィールド(画面に表示されない)
submit	送信ボタン
checkbox	チェックボックス

図5-3-5　要素と属性と値の関係

フォームの値をPythonで受け取る

そして、前節でみたように、Webサーバに送られたデータは、cgiモジュールの、cgi.FieldStorage()で取得することができます。

それでは、入力フォームから送信したデータを、Pythonで受け取る例として、入力した2つの値を足し算して返すという簡単なプログラムを作ってみましょう。

テキストエディタ　file: src/c5/cgi-bin/tasizan.py

```python
#!/usr/bin/env python3
# 足し算を行うプログラム

import cgi

# ヘッダの出力
print("Content-Type: text/html")
print("")

# 送信されたフォームデータを取得する
form = cgi.FieldStorage()

# フォームにv1とv2のデータが含まれるか？ --- (❶)
if (not 'v1' in form) or (not 'v2' in form):
    # 含まれないのでフォームを表示
    print("""
        <form>
        <input type="text" name="v1"> +
        <input type="text" name="v2">
        <input type="submit" value="計算">
        </form>
    """)
else:
    # フォームの値を取得して計算結果を表示 --- (❷)
    v1 = form.getvalue("v1", "0")
    v2 = form.getvalue("v2", "0")
    try:
        ans = int(v1) + int(v2)
    except:
        ans = 0
    print("<h1>", ans, "</h1>")
```

今度のプログラムは、Pythonのスクリプトなので、Webサーバで実行するために、実行権限(P.217)を与える必要があります。実行権限を与えたら、Webブラウザからプログラムにアクセスしてみましょう。そして、2つのテキスト

ボックスに数値を入力して、「計算」ボタンをクリックします。すると、足し算の結果が表示されます。

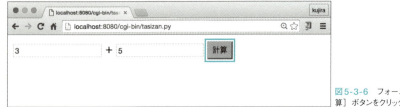

図5-3-6　フォームに数値を2つ入力して、[計算] ボタンをクリックします

図5-3-7　足し算の結果が表示されます

改めてプログラムを見てみましょう。前節で見たとおり、cgiモジュールのFieldStorageクラスを生成すると、Webブラウザから送信されたフォームデータを取得できます。プログラム❶の部分では、in演算子を利用して、任意のキー（ここではv1とv2）がフォームデータに含まれるかを確認します。もし、v1とv2のデータが送信されていなければ、HTMLのフォームを画面に表示します。そして、プログラム❷では、フォームデータが送信されていることを確認しているので、getvalue()メソッドでフォームの値を取り出して、2つの値を整数として足し算し、結果を画面に表示しています。

チャットアプリのプログラム

このフォームの値を受け取る処理さえ分かってしまえば、チャットアプリを作るのも難しくありません。以下が、チャットアプリの全プログラムです。コメント込みで80行程度あります。少し長く感じるかもしれませんが、そのほとんどは、HTMLを出力するprint()文です。ちょっとずつ見ていきましょう。

テキストエディタ　file: src/c5/cgi-bin/chat.py

```
01  #!/usr/bin/env python3
02
03  import cgi
04  import cgitb
05  import os.path
06  import html
07
08  # ブラウザでのデバッグを有効にする --- (❶)
09  cgitb.enable()
10
11  # 全体の設定 --- (❷)
12  FILE_LOG = "chat-log.txt"
13
```

```python
14  # HTMLを画面に出力する --- (❸)
15  def print_html(body):
16      # ヘッダを出力
17      print("Content-Type: text/html; charset=utf-8")
18      print("")
19      # HTMLを出力
20      print("""
21  <html><head><meta charset="utf-8">
22  <title>チャット</title></head><body>
23  <h1>チャット</h1>
24  <div><form>
25  名前: <input type="text" name="name" size="8">
26  本文: <input type="text" name="body" size="20">
27  <input type="submit" value="発言">
28  <input type="hidden" name="mode" value="write">
29  </form></div><hr>
30  {0}
31  </body></html>
32      """.format(body))
33
34  # 画面に書き込みログを表示する --- (❹)
35  def mode_read(form):
36      # ログを読み取る
37      log = ""
38      if os.path.exists(FILE_LOG):
39          with open(FILE_LOG, "r", encoding='utf-8') as f:
40              log = f.read()
41      print_html(log)
42
43  # 任意のURLにジャンプする --- (❺)
44  def jump(url):
45      # ヘッダを出力
46      print("Status: 301 Moved Permanently")
47      print("Location: " + url)
48      print("")
49      # HTMLを出力 (ヘッダがうまく動かなかった時の対策)
50      print('<html><head>')
51      print('<meta http-equiv="refresh" content="0;'+url+'">')
52      print('</head><body>')
53      print('<a href="'+url+'">jump</a></body></html>')
54
55  # メッセージの書き込み --- (❻)
56  def mode_write(form):
57      # パラメータを取得
58      name = form.getvalue("name", "no name")
59      body = form.getvalue("body", "")
60      # HTMLに変換
61      name = html.escape(name)
62      body = html.escape(body)
63      # ファイルに保存 --- (❻a)
64      with open(FILE_LOG, "a+", encoding='utf-8') as f:
65          f.write("<p>{0}: {1}</p><hr>\n".format(name,body))
66      # 書き込み後にリダイレクトする
67      jump('chat.py')
68
69  # メイン処理 --- (❼)
70  def main():
```

```
71      # フォームの値を取得
72      form = cgi.FieldStorage()
73      # modeパラメータを取得
74      mode = form.getvalue("mode", "read")
75      # modeの値によって処理を変更
76      if mode == "read": mode_read(form)
77      elif mode == "write": mode_write(form)
78      else: mode_read(form)
79
80  if __name__ == "__main__":  # --- (⑧)
81      main()
```

このプログラムの実行方法ですが、これまでと同じように、まず、Webサーバを起動します(P.215)。そして、プログラムに実行権限を与えた上で、Webブラウザから、プログラムのURLにアクセスします。

図5-3-8　チャットアプリにアクセスして、メッセージを書き込んだところ

それでは、プログラムを見ていきましょう。まず、プログラム❶の部分ですが、`cgitb.enable()`と書くことで、プログラムのエラーをWebブラウザに出力するようにします。続く、プログラムの❷の部分では、変数`FILE_LOG`を指定しています。これは、チャットのメッセージログをどこに保存するのかを指定するものです。大文字で変数名を書いていることからも分かるように、この変数は定数として扱い、プログラム中で値を変更することはありません。

プログラムの❸では、HTMLを画面に出力します。最初にヘッダを出力し、その後、HTMLを出力します。その際、HTML中に、body変数の内容を埋め込めるように、フォームのすぐ後ろに「{0}」と書いています。プログラムの❹で、ファイルからログデータを読み込みますが、そのログがformat()メソッドで{0}の部分に差し込まれることになります。

続く、プログラムの❹、mode_read()関数では、チャットの書き込みログをファイルから読み出します。`os.path.exists()`を使うと、任意のパスにファイルがあるかどうかを確認できます。つまり、ログファイルがあれば、ファイルから読み出します。そして、ログを読み込んだら、プログラム❸の`print_html()`関数でログをHTMLに埋め込んで出力します。

プログラムの❺では、任意のURLにジャンプするjump()関数を定義しています。これは、メッセージを書き込んだ後で、メッセージの閲覧ページに自動ジャンプするのに利用します。任意のURLにジャンプするには、通常、以下のようなヘッダデータを出力します。

228　**Chapter 5**　実践編 —— Python を実践で使おう

```
Status: 301 Moved Permanently
Location: http://example.com/hoge(改行)
(改行)
```

補足ですが、多くのWebサーバでは、この1行目のStatusヘッダを省略しても、Locationジャンプが利用できるのですが、Pythonの簡易Webサーバでは、Statusヘッダを指定する必要があります。加えて、ここでは、Locationヘッダに加えて、Webブラウザ側でも自動的にジャンプするようにしておきましょう。以下のように、meta要素のhttp-equiv属性にrefreshを記述すると任意のページにジャンプできます。

```
<meta
    http-equiv="refresh"
    content="0;http://example.com/hoge">
```

そして、プログラムの❻では、メッセージの書き込みを行います。フォームデータからnameとbodyのパラメータを取り出して、ファイルに保存します。このとき、ポイントとなるのが、htmlモジュールのescape()関数です。1行メッセージは、HTMLに変換された上でファイルに保存されるのですが、html.escape()関数を使うことで、メッセージに含まれていた「&」が「&」に変換され、「>」も「>」に変換されます。HTMLでは、「&」や「>」「<」は、特殊記号です。そのため、html.escape()で忘れずに変換しておく必要があるのです。もし、この処理を忘れると、画面のレイアウトが崩れたり、悪意をもったユーザーによって、JavaScriptを勝手に実行されるなどの弊害が出ます。ちなみに、❻aの部分では、ファイルを"a+"でオープンしています。これは、ファイルを追記モードで開くという意味で、その後ろのwrite()メソッドで書き込んだデータは、ファイルの末尾に追記されることになります。メッセージを書き込んだ後は、jump関数を呼び出して閲覧ページにリダイレクト(ジャンプ)します。

プログラムのメイン処理が❼です。ここでは、cgi.FieldStorage()でフォームデータを取得します。フォームデータのmodeパラメータを調べて、値がreadであれば、メッセージの閲覧を行うmode_read()関数を実行します。もし、modeパラメータがwriteであれば書き込みを行うmode_write()関数を実行します。つまり、フォームにメッセージを入力して「発言」ボタンを押したときには、mode_write()関数が実行され、それ以外のときは、mode_read()関数が実行されるという仕組みになっているということです。

```
＊処理の流れ＊
Webブラウザでアクセス → main() → mode_read()
メッセージを入力して発言 → main() → mode_write()
```

最後、プログラムの❽に見慣れない記述があります。__name__というのは、Pythonのシステム変数です。普通に実行されたときには「__main__」が代入されることになっています。しかし、importを使ってモジュールとして取り込まれたときには、モジュールの名前が代入されることになっています。ですから、もしこのプログラムがimportでモジュールとして取り込まれた場合、条件式の__name__ == "__main__"は偽となるので、そのif文以下のプログラムは実行されないということです。ここで、__name__を使っているのは、このプログラムの関数を別のプログラムから使う可能性があることを考慮しているからです。このスクリプト自身を実行したときには、自動的にmain()の処理を実行したいものの、外部のプログラムからこのプログラムをモジュールとして読み込むときには、main()の処理は必要ないので実行しないようにしているのです。

どうでしょうか。少し、長めのプログラムでしたが、このように、1つ1つ見ていけば、それほど、難しいものではありません。

Column

本格Webサーバアプリ「Apache」について

ところで、今回のようにPythonのプログラムを覚える目的でプログラムを作る場合には、Python標準の簡易Webサーバを使うのが手軽でオススメです。しかし、実際に、Webアプリを公開していろいろな人に使ってもらおうと思ったときには、簡易サーバでは力不足となります。

それで、覚えておきたいのが、世界で最も使われているWebサーバアプリケーションの「Apache」です。Apacheはオープンソースで開発されており、無償で利用することができます。そのため、Mac OS XやメジャーなLinuxには最初からインストールされています。

Windowsでも、Web開発環境のXAMPPをインストールすることで利用することができます。XAMPPは、以下のURLから入手してインストールすることができます。

XAMPP
[URL] https://www.apachefriends.org/jp/index.html

とはいえ、WindowsサーバでApacheを運用することは多くありません。多くの場合、LinuxでApacheが運用されています。レンタルサーバで使う場合も一般的にLinuxの方が料金が安く設定されています。そのため、Windowsを使ってWebアプリを開発する場合でも、Windowsマシンに仮想マシンをインストールし、その上でLinuxを動かして、開発することが多くなっています。

仮想マシンを利用する利点は、本番環境に近い環境で開発できることです。加えて、仮想マシンのVirtualBoxは無料で配布されており、Linuxディストリビューションの、CentOSやUbuntuもまた無料で配布されています。ただし、この場合、Linuxの操作方法を覚える必要があります。しかし、Linuxの基本操作はWebサーバを運用する上で知っていて損はないものです。本書では、具体的な手順までは紹介できませんが、時間を見つけて挑戦してみると良いでしょう。

- **VirtualBox** ── 仮想マシン
  https://www.virtualbox.org/

- **Ubuntu** ── Linuxのディストリビューション
  https://www.ubuntulinux.jp/

- **CentOS** ── Linuxのディストリビューション
  https://www.centos.org/

この節のまとめ

本節では、PythonでWebアプリを開発する例として、1行メッセージを書き込むチャットを作ってみました。HTMLのフォーム部品について、また、そこから送信されたフォームデータをどのように処理したら良いのかを紹介しました。Webアプリの基本的な仕組みについて理解できたでしょうか。

Chapter 5-4

機械学習に挑戦してみよう

この節のポイント

● 機械学習とは？

● scikit-learnをインストールしよう

● 機械学習に挑戦してみよう

機械学習とは？

機械学習（英語：machine learning）とは、コンピュータに大量のデータを入力して、そのデータを解析し、そのデータから有用な規則やルールを抽出する手法のことです。人工知能の研究課題の1つで、人間の学習と同様の機能をコンピュータで実現しようというものです。

機械学習で何ができるのかという点ですが、大まかにいって、「分類」「予測」「ルール抽出」となります。具体的には、大量の手書き文字を学習しておいて、手書き文字の認識を行うことができます。同じように、スパムメールの判定や文章の自動分類もできます。ユーザの購入した商品に基づいて、オススメ商品を提示することもできるでしょう。他にも、音声認識や画像分類、顔認識、株予想などなど、さまざまな分野に応用できることから大きな注目を集めています。

さまざまな機械学習ライブラリ

機械学習に関するライブラリの多くは、Pythonで操作できるようになっています。最近Pythonが人気なのも、多くの機械学習が対応しているからという理由もあります。ここでは、機械学習ライブラリをいくつか紹介します。

● **TensorFlow（テンソルフロー）**
https://www.tensorflow.org/
TensorFlowとは、Googleがオープンソースで公開した機械学習・深層学習（ディープラーニング）・ニューラルネットワークなどのためのライブラリです。柔軟で汎用性があり、高いパフォーマンス、スケーラビリティが特徴です。

● **scikit-learn（サイキット・ラーン）**
http://scikit-learn.org/
scikit-learnとは、Python向け機械学習ライブラリの定番ともいえるライブラリです。分類・回帰・クラスタリング・次元削減など、機械学習でよく使われるさまざまなアルゴリズムをサポートしています。

● **Caffe**（カフェ）

http://caffe.berkeleyvision.org/

Caffeは、C++で実装されており、高速な計算処理が可能な深層学習のライブラリです。GPUを利用した高速な演算が可能です。

他にも、「Pylearn2」「Theano」「chainer」「PyML」など、さまざまな機械学習のライブラリがあります。

scikit-learnをインストールしよう

機械学習のライブラリの中では、Googleが公開したTensorFlowが最も人気があります。しかし、原稿執筆時点で、Windowsで動かすには、複雑な環境設定が必要となります。そこで、比較的、環境構築の簡単な「scikit-learn」を利用してみたいと思います。

Windowsの場合

Windowsで、scikit-learnを利用するには、Anacondaを使うのが便利です。Anacondaは、Pythonのディストリビューションの1つで、主要ライブラリをオールインワンでインストールできます。以下のサイトからダウンロードできます。

● **ANACONDA > DOWNLOAD**

https://www.continuum.io/downloads

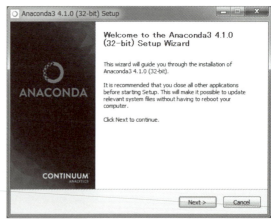

Anacondaに含まれるライブラリには、numpy、scipy、pandas、ipython、jupyter、scikit-learnなどがあり、今回、機械学習に利用するのにぴったりです。上記のページから、自分のPCにあったインストーラをダウンロードしてインストールします。ちなみに、本書では、Python3系を紹介していますので、2.7ではなく、3系をダウンロードしてください。パスの設定なども自動でやってくれるので、「Next」ボタンを押していくだけで設定が完了します。

図5-4-1　Anacondaのインストール

Mac OS Xの場合

OS Xでは、pipコマンドを使ってインストールするのが簡単です。
以下のコマンドを実行してインストールしましょう。

▼コマンドライン
```
$ pip3 install -U scikit-learn scipy matplotlib scikit-image
```

Scikit learnではじめる機械学習

まずは、機械学習を行う手順を確認しておきましょう。機械学習は以下の手順で行います。

(1) **学習データを準備する**：データを入手し扱いやすく加工する
(2) **データを学習させる**：どんな手法を使うのか、どのように学習させるのかを指定して、モデルを構築する
(3) **モデルを評価する**：テストデータを用いてどれくらいの精度が出たかを確認する
(4) **チューニングする**：精度を確認して手法を変更するなどチューニングして(2)に戻る

上から順番に見ていきましょう。機械学習で最初に行うのは、手順(1)にあるように大量の学習データを準備することです。いろいろな限界もあると思いますが、できるだけたくさんのサンプルを用意しましょう。データを入手したら、プログラムで扱いやすい形に加工しておきます。そして、収集したデータは、学習用とテスト用の2つに分けておきます。学習用のデータは、モデルを構築するために利用するもので、実際に入力するデータです。そして、テスト用のデータは、手順(3)でモデルを評価するために利用します。手順(2)では、データをどのように入力するのか、また、どのように学習させるのかを指定します。機械学習と一言でいっても、実際には複数の学習アルゴリズムを組み合わせるのが一般的です。そこで、ここでは、データに応じたアルゴリズムやパラメータを指定します。そして、手順(3)では、テストデータを用いてどれくらいの精度が出るのかを確認します。その結果に応じて、手順(4)でチューニング作業を行います。

定義済み学習データを利用してみよう

ちなみに、Scikit learnには、最初からいろいろな学習データが用意されているので、これを利用して、すぐに機械学習を試してみることができます。
たとえば、手書き数字のデータが用意されているので確認してみましょう。以下は、REPLで、Scikit learnのモジュールを利用する例です。

REPL

```
>>> # Scikit learnのサンプルデータを取り込む
>>> from sklearn import datasets
```

この「from .. import ..」宣言は、sklearnモジュールにある、datasets要素を取り込むという意味になります。詳しくは、Chapter 4-1「モジュールについて」を参照してください。
もしも、ここでエラーが出るとしたら、Scikit learnが正しくインストールできていません。その場合、もう一度、インストールをやり直してみてください。Windowsを利用している場合、本家のPythonをアンインストールして、再度、Anacondaをインストールし直すとトラブルは少なくなるでしょう。
続けて、REPLでデータを読み込んでみましょう。

REPL

```
>>> # 手書き数字のデータを読み込む
>>> digits = datasets.load_digits()
```

```
>>> digits.images.shape
(1797, 8, 8)
```

それで、上記のように、(1797, 8, 8)のような値が出力された場合、手書き数字のデータが1797件入っているという意味になります。
ちなみに、どのような形式で手書き数字データが得られるのか試してみましょう。REPLで先ほどの続きで試してみてください。

REPL

```
>>> # 0番目のデータ ― どの数字か
>>> digits.target[0]
0
>>> # 0番目のピクセルデータ
>>> digits.images[0]
array([[  0.,   0.,   5.,  13.,   9.,   1.,   0.,   0.],
       [  0.,   0.,  13.,  15.,  10.,  15.,   5.,   0.],
       [  0.,   3.,  15.,   2.,   0.,  11.,   8.,   0.],
       [  0.,   4.,  12.,   0.,   0.,   8.,   8.,   0.],
       [  0.,   5.,   8.,   0.,   0.,   9.,   8.,   0.],
       [  0.,   4.,  11.,   0.,   1.,  12.,   7.,   0.],
       [  0.,   2.,  14.,   5.,  10.,  12.,   0.,   0.],
       [  0.,   0.,   6.,  13.,  10.,   0.,   0.,   0.]])
```

このように、`target`プロパティに、どの数字かを表すラベル情報のリストが入っており、`images`プロパティに、ピクセルデータが格納されています。ピクセルデータは、グレイスケールの8x8ピクセルで構成されており、16階調（0：薄い←→15：濃い）のデータで表されています。試しにこのデータを使って図を描画してみましょう。`matplotlib`モジュールを使って、上記のデータを描画すると、次のようになります。

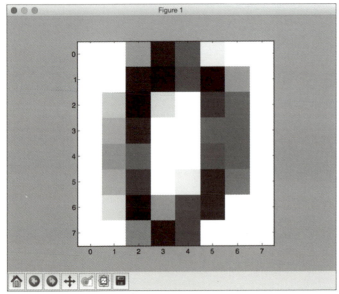

図5-4-2 matplotlibを用いて描画したところ

ちなみに、これを描画するプログラムは、次のようなものです。非常に短いコードでデータを描画することができます。

テキストエディタ file: src/c5/sklearn/draw_num.py

```
01  # Scikit learnのサンプル学習データを取り込む
02  from sklearn import datasets
03
04  # 描画のためにmatplotlibモジュールを取り込む
05  from matplotlib import pyplot as plt, cm    # asについてはP.158を参照
06
07  # 手書き数字データを読み込む
08  digits = datasets.load_digits()
09  data = digits.images[0]
10
11  # 描画
12  plt.imshow(data.reshape(8, 8), cmap=cm.gray_r, interpolation='nearest')
13  plt.show()
```

プログラムを実行するには、以下のコマンドを入力します(WindowsでAnacondaをインストールした場合は、python3ではなく、pythonコマンドを使ってください)。

コマンドライン

```
$ python3 draw_num.py
```

手書き数字認識を試してみよう

それでは、この学習データを使って、**手書き数字の認識**を実践してみようと思います。具体的には、サンプルの学習データを、訓練用データとテストデータに分割し、訓練用データを利用して学習させます。そして、テストデータを用いて、どのくらいの精度が出たのかを確認してみます。おおまかには以下のような流れです。ここでは、SVMというアルゴリズムを利用して、機械学習を実践してみましょう。

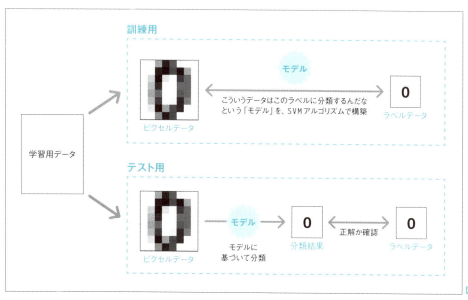

図5-4-3

テキストエディタ file: src/c5/sklearn/handwriting.py

```python
01  from sklearn import datasets, cross_validation, svm, metrics
02
03  # 手書き数字データを読み込む
04  digits = datasets.load_digits()
05
06  # 訓練用データとテスト用データに分ける --- (❶)
07  data_train, data_test, label_train, label_test = \
08      cross_validation.train_test_split(digits.data, digits.target)
09
10  # SVMアルゴリズムを利用してモデルを構築する --- (❷)
11  clf = svm.SVC(gamma=0.001)
12  clf.fit(data_train, label_train)
13
14  # テストデータでの分類結果予測してみる --- (❸)
15  predict = clf.predict(data_test)
16
17  # 結果を表示する --- (❹)
18  ac_score = metrics.accuracy_score(label_test, predict)
19  cl_report = metrics.classification_report(label_test, predict)
20  print("分類器の情報=", clf)
21  print("正解率=", ac_score)
22  print("レポート=\n", cl_report)
```

コマンドラインから実行してみましょう。プログラムを実行すると、以下のように、**分類器の情報**、**正解率**、**レポート**の3種類のデータが表示されます。正解率を見ると、0.9955...（99%）となっています。かなりの精度の高さです。ちなみに、**分類器**というのは、ここでデータを元にして分類を行うプログラムのことをいいます。ここで出力される**レポート**は、各数字への分類がどの程度正確に行われたかを表すものです。各行が、分類された数字（ラベル）に対する精度となります。`precision`が精度、`recall`が再現率（実際に正解した割合）、`f1-score`が精度と再現率の調和平均で、`support`が正解ラベルのデータの数です。

ちなみに、評価指標の`precision`と`recall`の違いは計算方法の違いです。モデルの判定結果が真であり実際に正しい値を判定したときをTrue Positive(TP)、誤っていたときをFalse Positive(FP)と呼び、判定結果がが偽であるものの、実際の値が真であるとき（本来出るべきではない値が出たとき）をFalse Negative(FN)、出なくて正しかったときをTrue negative(TN)と呼びます。precision(適合率)の計算は、TP/(TP+FP)から求められれ、recall(再現率)の計算は、TP/(TP+FN)から求められます。少しややこしいですが、どちらも予測が正しいことの指標です。

	際の値が真	実際の値が偽
判定結果が真	TP(True Positive)	FP(False Positive)
判定結果が偽	FN(False Negative)	TN(True Negative)

コマンドライン

```
$ python3 handwriting.py
分類器の情報= SVC(C=1.0, cache_size=200, class_weight=None, coef0=0.0,
  decision_function_shape=None, degree=3, gamma=0.001, kernel='rbf',
  max_iter=-1, probability=False, random_state=None, shrinking=True,
  tol=0.001, verbose=False)
正解率= 0.995555555556
```

```
レポート=
             precision    recall  f1-score   support

          0       1.00      1.00      1.00        43
          1       1.00      1.00      1.00        46
          2       1.00      1.00      1.00        41
          3       1.00      1.00      1.00        49
          4       1.00      1.00      1.00        52
          5       1.00      1.00      1.00        41
          6       1.00      0.98      0.99        55
          7       0.97      1.00      0.99        38
          8       0.98      1.00      0.99        46
          9       1.00      0.97      0.99        39

avg / total       1.00      1.00      1.00       450
```

プログラムを確認してみましょう。プログラムの❶では、サンプル学習データを、訓練用のデータとテスト用のデータに分けます。cross_validation.train_test_split()は、指定されたデータをランダムに訓練用とテスト用に分けるメソッドです。先ほど見たように、訓練用のデータを用いてモデルを構築し、テスト用のデータを用いて、モデルの精度を確認します。ここでは、手書き画像データ(digits.data)とラベルデータ(digits.target)を入力し、data_train(訓練用のデータ)、data_test(テスト用のデータ)、label_train(訓練用のラベル)、label_test(テスト用のラベル)の4つを出力します。なお、7行目の最後にある「\」は、プログラムが長いとき、プログラムの文を改行で区切るのに利用するものです。

続いて、❷では、SVMアルゴリズムのSVCクラスを用いて分類します。引数にパラメータを指定することができます。ちなみに、SVMには、SVC/LinearSVC/NuSVCなどの種類があります。SVCは、SVMの標準的な実装です。LinearSVCは線形カーネルに特化しており、高速に計算できるものとなっています。この「SVC」の部分を「LinearSVC」と変えて試してみると良いでしょう。実行速度や判定精度が変わります。

また、引数にはいろいろなパラメータを指定できます。ここではガンマ値を表すgammaを指定していますが、ソフトマージンのコストパラメータを表す、Cなどのパラメータも指定できます。そして、fit()メソッドを使うと学習することができます。fit()メソッドの第1引数は訓練データの本体、第2引数は訓練データに対するラベルを指定します。そして、❸のpredict()メソッドを使うと、学習済みのモデルを元に、テストデータの分類を予測することができます。プログラムの❹では、正解率や分類レポートを出力します。

手書き数字の画像を認識させてみよう

ここまでのところで、手書き数字のデータを学習させて、正解率を調べるプログラムを紹介しました。次に、学習させたデータを、ファイルに保存しておいて、その保存したデータを用いて、新たな画像を認識させてみましょう。

ここでは、コマンドラインで画像ファイルを指定すると、画像内に書かれている数字を認識するというプログラムを作ってみましょう。

サンプルとして、右図のような適当な手書き数字の画像ファイル(test5.png)を用意しました。この画像を認識させてみましょう。

図5-4-4　テスト用手書きデータ

手書き数字を認識するプログラムは以下の通りです。

テキストエディタ file: src/c5/sklearn/predict_digit.py

```python
01  import os, sys, math
02  from sklearn import datasets, svm
03  from sklearn.externals import joblib
04
05  # モデルデータファイル名
06  DIGITS_PKL = "digit-clf.pkl"
07
08  # 予測モデルを作成する --- (❶)
09  def train_digits():
10      # 手書き数字データを読み込む
11      digits = datasets.load_digits()
12      # 訓練する
13      data_train = digits.data
14      label_train = digits.target
15      clf = svm.SVC(gamma=0.001)
16      clf.fit(data_train, label_train)
17      # 予測モデルを保存
18      joblib.dump(clf, DIGITS_PKL)
19      print("予測モデルを保存しました=", DIGITS_PKL)
20      return clf
21
22  # データから数字を予測する --- (❷)
23  def predict_digits(data):
24      # モデルファイルを読み込む
25      if not os.path.exists(DIGITS_PKL):
26          clf = train_digits() # モデルがなければ生成
27      clf = joblib.load(DIGITS_PKL)
28      # 予測
29      n = clf.predict([data])
30      print("判定結果=", n)
31
32  # 手書き数字画像を8x8グレイスケールのデータ配列に変換 --- (❸)
33  def image_to_data(imagefile):
34      import numpy as np
35      from PIL import Image
36      image = Image.open(imagefile).convert('L')
37      image = image.resize((8, 8), Image.ANTIALIAS)
38      img = np.asarray(image, dtype=float)
39      img = np.floor(16 - 16 * (img / 256)) # 行列演算 --- (❸a)
40      # 変換後の画像を表示(コメントを外すと見れます) --- (❸b)
41      # import matplotlib.pyplot as plt
42      # plt.imshow(img)
43      # plt.gray()
44      # plt.show()
45      img = img.flatten()
46      print(img)
47      return img
48
49  def main():
50      # コマンドライン引数を得る --- (❹)
51      if len(sys.argv) <= 1:
52          print("USAGE:")
53          print("python3 predict_digit.py imagefile")
54          return
55      imagefile = sys.argv[1]
56      data = image_to_data(imagefile)
```

238   **Chapter 5**   実践編 —— Python を実践で使おう

```
57        predict_digits(data)
58
59 if __name__ == '__main__':
60     main()
```

プログラムを実行するには、コマンドラインで以下のコマンドを入力します。ここでは、手書き数字の画像ファイル「test5.png」を指定しています。

コマンドライン

```
$ python3 predict_digit.py test5.png
[ 0.  0.  0.  0.  0.  0.  0.  1.  9.  7.  7.  7.  7.  2.  0.  1.  8.
  0.  1.  0.  0.  0.  0.  1.  6.  0.  0.  0.  0.  0.  1.  9.  5.  6.
  5.  1.  0.  0.  0.  4.  3.  3.  4.  8.  1.  0.  0.  0.  0.  0.  2.  9.
  2.  0.  0.  3.  8.  8.  8.  2.  0.  0.]
予測モデルを保存しました= digit-clf.pkl
判定結果= [5]
```

結果を見ると、手書き数字の画像データを、正しく[5]と認識していることが分かるでしょう。

ちなみに、プログラム❸bにあるコメントを外すと、画像をグレイスケール8x8ピクセルに変換した画像を見ることができます。

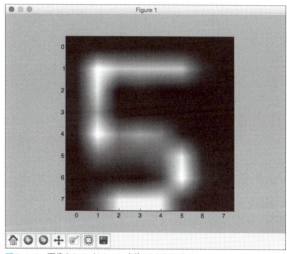

図5-4-5　画像を8x8ピクセルに変換したときのデータ

それでは、プログラムを見ていきましょう。このプログラムは、大きく分けると、❶予測モデルを作成してファイルに保存する処理、❷予測モデルを元に数字を判定する処理、❸画像をデータに変換する処理に分けることができます。プログラム❶では、Scikit learnのサンプル手書きデータを使って、予測モデルを生成します。この部分は、前回のプログラムと同じです。そして、前回と異なるのが、生成したモデルを「digit-clf.pkl」というファイルに保存するところです。それを行うのが、joblib.dump()メソッドです。

そして、プログラム❷の部分では、生成した予測モデルを読み込みます。もし、モデルファイルがなければ、train_digits()関数を呼んでモデルを作成します。モデルの読み込みを行うのが、joblib.load()メソッドです。ファイルから読み込んだモデルは、前回のプログラムと同様、predict()メソッドを使って値を予測することができます。predict()の引数には、複数のデータをリストで指定することになっているので、予測結果もリストで返ってきます。

プログラム❸の部分では、画像データを、Scikit learnのサンプル手書きデータの形式に合わせます。このデータは、画像の左上から右下へ8x8ピクセル(合計64個の実数を持つ、numpy.ndarray型)となっています。つまり、画像ファイルを読み込んでndarray型に変換する必要があるのです。

ちなみに、numpyとは、数値計算を効率的に行うための拡張モジュールです。Pythonのリストデータは、大量のデータを扱う際には非効率なので、より効率的な処理を行うために、numpyが用意されています。

そして、画像ファイルを読み込むには、PILモジュールを利用します。PILモジュールのImage.open()メソッドで画像を読み込むことができます。convert('L')メソッドを呼ぶと、画像をグレイスケールに変換します。続いて、reisize()メソッドを使って、画像を8x8ピクセルにリサイズします。これで、画像の準備が整ったので、numpy.asarray()メソッドを使って画像データを、numpy.ndarray型に変換します。

とはいえ、まだ問題があります。グレイスケールの画像データは、0(黒)から255(白)というデータになっています。しかし、Scikit learnのサンプル手書きデータは、0(薄い)から15(濃い)というデータです。そこで、プログラムの❸aにある通り行列演算を行います。ここでは、img変数に対して1回だけの計算処理をしているように思えます。しかし、imgというのは、numpyの多次元配列(ndarray)です。つまり、この演算は、ndarrayの全要素に対して演算が行われます。その結果、画像のすべてのピクセルに対して、この計算処理が行われるという意味になります。

そして、プログラム❹の部分では、コマンドライン引数を確認し、コマンドラインで指定したファイル名を取り出し、その画像を読み込んで、予測するという処理を実行しています。

この節のまとめ

以上、本節では機械学習について紹介しました。機械学習のライブラリを紹介し、その中から、Scikit learnを使う方法を紹介しました。そして、Scikit learnに最初から用意されている手書き数字データを利用して学習させるプログラムを紹介しました。また、予測モデルの生成から実際の予測を行う方法も解説しました。機械学習の雰囲気を楽しむことができたのではないでしょうか。自分で学習データを用意した場合も、同様の手順で試すことができます。本書を足がかりに、深くて楽しい機械学習の世界に踏み込んでみると良いでしょう。

Chapter 5-5

機械学習で
ワインの美味しさを判定しよう

この節のポイント

- ●成分データからワインの味を予測できるか試してみよう

- ●予測結果をチューニングしてみよう

- ●ワインの成分を視覚化してみよう

機械学習でワインの美味しさを判定するには

食品業界では「味の見える化」が進んでいます。どういうことかというと、食品に含まれる成分を分析して、美味しいかどうかを判定する材料にするということです。ここでは、機械学習の例として、ワインの成分から、その美味しさ(グレード)を判定してみましょう。

ワインのデータについて

機械学習では、どのようにしてデータを収集するのかが大きな課題となります。とはいえ、データの収集からはじめていると、紙面が足りなくなってしまいますので、ここでは、機械学習に使えるデータを収集し公開している「UCI機械学習リポジトリ」(図5-5-1)からワインに関するデータをダウンロードして使ってみましょう。

- ● UCI機械学習リポジトリ > Wine Quality Data Set
  [URL] http://archive.ics.uci.edu/ml/datasets/Wine+Quality

このデータは、ポルトガルのワイン(vinho verde)に含まれる成分を分析したものです。赤ワインと白ワインに分けて、2つのCSVファイルが提供されています。
白ワインの方がデータ量が多いので、白ワインのデータを扱ってみます。そもそも、このワインデータには、専門家が評価したワインの味(グレード)と、アルコール度数やクエン酸濃度など11種類の成分データが記録されています。そこで、機械学習を使って、成分データからワインの味を予測することができるのかを確かめてみたいと思います。

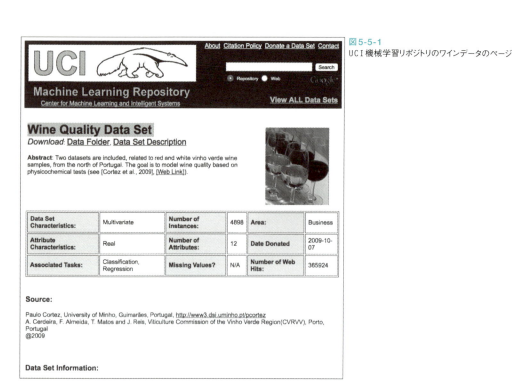

図5-5-1
UCI機械学習リポジトリのワインデータのページ

右の表がCSVデータのフィールドの一覧となっています。1列目から11列目が、ワインの成分となっており、12列目が専門家の評価です。このワインの味ですが、0（まずい）から10（美味しい）までの10段階評価となっています。

列番号	フィールドの意味
1	fixed acidity（酒石酸濃度）
2	volatile acidity（酢酸濃度）
3	citric acid（クエン酸濃度）
4	residual sugar（残糖濃度）
5	chlorides（塩化ナトリウム濃度）
6	free sulfur dioxide（遊離SO2濃度）
7	total sulfur dioxide（総SO2濃度）
8	density（密度）
9	pH（酸とアルカリの濃度の度合い）
10	sulphates（硫化カリウム濃度）
11	alcohol（アルコール濃度）
12	quality（ワインの味）

データの概要が分かったところで、データをダウンロードしてみましょう。
Webブラウザで以下のURLにアクセスして、CSVファイルを保存しましょう。ここでは、オリジナルファイル名通り「winequality-white.csv」という名前で保存します。

● 白ワインのデータ

　[URL] http://archive.ics.uci.edu/ml/machine-learning-databases/wine-quality/winequality-white.csv

ダウンロードしたデータをテキストエディタで見てみましょう。以下のように、1列が1データとなっており、1データのフィールドは区切り記号「;」で区切ったものとなっています。

```
"fixed acidity";"volatile acidity";"citric acid";"residual sugar";"chlorides";"free
sulfur dioxide";"total sulfur dioxide";"density";"pH";"sulphates";"alcohol";"quality"
7;0.27;0.36;20.7;0.045;45;170;1.001;3;0.45;8.8;6
6.3;0.3;0.34;1.6;0.049;14;132;0.994;3.3;0.49;9.5;6
8.1;0.28;0.4;6.9;0.05;30;97;0.9951;3.26;0.44;10.1;6
...
```

機械学習のプログラムを書こう

前節で見たように、機械学習のライブラリ「scikit-learn」で学習器にデータを学習させる場合は、データの配列とラベルの配列に分けておく必要があります。そこで、このCSVデータを読み込んで、データ(1列目から11列目のワインの成分)とラベル(12列目のワインの評価)に分割してから、学習器に学習させて、うまくワインの味を判別できるかテストしてみましょう。

テキストエディタ file: src/c5/wine/wine-train.py

```python
01 from sklearn import cross_validation, svm, metrics
02
03 # ワインデータ(CSV)を読みこむ --- (①)
04 wine_csv= []
05 with open("winequality-white.csv", "r", encoding="utf-8") as fp:
06     no = 0
07     for line in fp:
08         line = line.strip()
09         cols = line.split(";")
10         wine_csv.append(cols)
11
12 # 1行目はヘッダ行なので削除 --- (②)
13 wine_csv = wine_csv[1:]
14
15 # CSVの各データを数値に変換 --- (③)
16 labels = []
17 data = []
18 for cols in wine_csv:
19     cols = list(map(lambda n: float(n), cols)) # --- (③a)
20     # ワインのグレードを調整 --- (④)
21     grade = int(cols[11])    # 末尾のデータがワインのグレード
22     if grade == 9: grade = 8    # 少なすぎるサンプルを調整
23     if grade < 4 : grade = 5
24     labels.append(grade)
25     data.append( cols[0:11] )    # ワインの成分データ --- (⑤)
26
27 # 訓練用データとテスト用データに分ける --- (⑥)
28 data_train, data_test, label_train, label_test = \
29     cross_validation.train_test_split(data, labels)
30
31 # SVMのアルゴリズムを利用して学習 --- (⑦)
```

```
32  clf = svm.SVC()
33  clf.fit(data_train, label_train)
34
35  # 予測してみる --- (8)
36  predict = clf.predict(data_test)
37
38  # 結果を表示する --- (9)
39  ac_score = metrics.accuracy_score(label_test, predict)
40  cl_report = metrics.classification_report(label_test, predict)
41  print("正解率=", ac_score)
42  print("レポート=\n", cl_report)
```

それでは、コマンドラインから実行してみましょう。

コマンドライン

```
$ python3 wine-train.py
正解率= 0.552653061224
レポート=
              precision    recall   f1-score    support

          4       0.50      0.03       0.06         34
          5       0.58      0.47       0.52        362
          6       0.54      0.79       0.64        542
          7       0.58      0.31       0.41        237
          8       0.80      0.08       0.15         50

avg / total       0.57      0.55       0.52       1225
```

正解率を見ると、0.552...(55%)の精度が出ています。それほど良い正解率ではありません。とはいえ、一通りプログラムを確認してみましょう。

プログラムの❶の部分では、CSVファイルを読み込みます。Pythonには、CSVファイルを扱うモジュールも用意されていますが、ここは、敢えてPythonプログラミングの練習のため、自力でCSVファイルを解析してみましょう。open()でファイルを開いて、for構文で1行ずつデータを読み込みます。CSVファイルでは、1行が1レコードとなっているため、1行ずつ処理できる方が都合が良いのです。for構文の中では、split()メソッドを使って、区切り記号の「;」で行を区切ります。

プログラムの❷の部分ですが、ワインCSVデータの1行目は、フィールドの説明が記述されたヘッダとなっています。そのため、先頭行(0行目)を削除しています。リストの要素を削除するにはdelが利用できるので「del wine_csv[0]」と書いても良いのですが、ここでは、リストの(0から数えて)1番目以降のデータを得るという意味で「wine_csv = wine_csv[1:]」と記述しています(詳しくは、P.095のリストのスライスの項を参照してみてください)。

プログラムの❸の部分では、CSVの各データを数値に変換します。というのも、❶の部分では、CSVを二次元のリストに変換しただけで、値は文字列(str)のままです。そこで、❸の部分で、値を数値(float)に変換します。特に注目したいのは、❸aの部分で、map()関数を使って、リストの各要素を一気に数値に変換している部分です。

プログラムの❹では、ワインのグレードに手を加えています。というのも、このワインのグレードは、10段階評価となっていましたが、実際にデータを見ると、3から9のグレードしかありません。しかも、グレード3、4、9の値は非常に少ないデータしか存在しません。このグレードをそのまま学習させると、これらのデータが少なすぎるというエ

244 **Chapter 5**　実践編 —— Pythonを実践で使おう

ラーが出てしまいます。そこで、ここでは、9を8に、また、3と4を5に修正してみました。

プログラムの❺の部分では、ワインの各成分のデータを取得し、リスト型の変数に追加します。

プログラムの❻の部分では、学習器に訓練させるデータと、テスト用に使うデータに分割します。❼の部分では、SVMアルゴリズムを使って訓練を行います。続く、❽でテストデータの予測を行い、❾では、予測が正しかったのか集計を行って結果を表示します。

チューニングしてみよう

先ほど、実行結果が悪かったので、少しチューニングしてみましょう。ここでは、SVMのアルゴリズムを使って分類を行いましたが、scikit-learnでは、複数のアルゴリズムをサポートしています。精度が高いことで有名なランダムフォレストのアルゴリズムに変更してみましょう。scikit-learnでは、アルゴリズムを変更したとしても、データの訓練はfit()メソッド、データの予測がpredict()メソッドと、APIが統一されていますので、アルゴリズムの変更が簡単です。

上記のプログラムの❼の部分を以下のように書き換えてみましょう。

テキストエディタ file: src/c5/wine/wine-train-rf.py から抜粋

```
01  # ランダムフォレストのアルゴリズムを利用して学習 --- (❼)
02  from sklearn.ensemble import RandomForestClassifier
03  clf = RandomForestClassifier()
04  clf.fit(data_train, label_train)
```

コマンドラインから実行してみましょう。

コマンドライン

```
$ python3 wine-train-rf.py
正解率= 0.66693877551
```

なんと、2行書き換えただけで、正解率を、0.669...(67%)にまで改善することができました。これで、まずまずの成果で、ワインのグレードの分類に成功しています。しかし、ここで考えたいのが、ワインの味を評価しているのが人間であり、10段階評価であったという点です。評価5と6、7と8の差はどれほどでしょうか。そこで、もう少し評価を甘くして、評価5であるなら6でもほぼ正解と見なして再度評価してみましょう。ここでは、ワインを成分で見て「まずい」か「うまい」が分かるのか、という点が明確になれば良いとしましょう。

このプログラムの❽以下の部分を次のように変更して実行してみましょう。

テキストエディタ file: src/c5/wine/wine-train-rf2.py から抜粋

```
01  # 予測してみる --- (❽)
02  predict = clf.predict(data_test)
03  total = ok = 0
04  for idx,pre in enumerate(predict):
05      # pre = predict[idx]    # 予測したラベル
06      answer = label_test[idx]    # 正解ラベル
```

245

```
07        total += 1
08        # ほぼ正解なら、正解とみなす
09        if (pre-1) <= answer <= (pre+1):
10            ok += 1
11  print("正解率=", ok, "/", total, "=", ok/total)
```

コマンドラインから実行してみましょう。

コマンドライン

```
$ python3 wine-train-rf2.py
正解率= 1180 / 1225 = 0.9632653061224449
```

出ました。0.963..(96%)の正解率です。もちろん、正確な分類ではありませんが、この結果から、ワインの美味しさ(グレード)は、その成分を見れば分かるということが分かりました。

ワインの成分を視覚化する

ちなみに、ワインの成分を視覚化してみるとどうなるでしょうか。ここでは、ワインの成分から3つの要素を取り出し、3Dで描画してみました。

テキストエディタ　file: src/c5/wine/wine-plot-3d.py

```
01  import pandas as pd
02  import matplotlib.pyplot as plt
03  from mpl_toolkits.mplot3d.axes3d import Axes3D
04
05  # ワインデータ(CSV)を読みこむ --- (❶)
06  wine = pd.read_csv("winequality-white.csv", delimiter=";")
07
08  # ワインのグレードを表す列だけ取り出す --- (❷)
09  y = wine["quality"] # label
10
11  # 3Dで描画 --- (❸)
12  xname = "alcohol"
13  yname = "sulphates"
14  zname = "total sulfur dioxide"
15
16  plt.style.use('ggplot')
17  fig = plt.figure()
18  ax = Axes3D(fig)
19  ax.set_xlabel(xname)
20  ax.set_ylabel(yname)
21  ax.set_zlabel(zname)
22  ax.scatter3D(
23      wine[xname],
24      wine[yname],
25      wine[zname],
26      c=y, s=y**2, cmap="cool")
27  plt.show()
```

246   Chapter 5   実践編 —— Pythonを実践で使おう

コマンドラインから実行してみましょう。

> コマンドライン

```
$ python3 wine-plot-3d.py
```

すると、以下のようなグラフが描画されます。
こうして視覚的にグラフでデータを見ると、いろいろな発見があると思います。

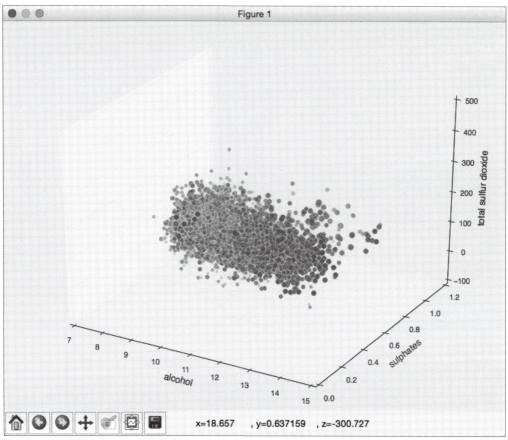

図5-5-2　3つの要素を取り出して3Dで描画してみたところ

プログラムを見てみましょう。
プログラムの❶の部分では、数表データの操作を行うライブラリPandasを利用して、CSVファイルを読み込んでいます。Pandasを使えば、CSVファイルの読み込みもこのように、たった1行で記述することができます。
続いて、❷の部分では、ワインのグレードが記述されたフィールド「quality」を取り出します。Pandasでは、CSVの1行目にヘッダ行があれば、そのヘッダ行の名前を使って、フィールドを取り出すことができます。
そして、プログラムの❸の部分で、データを3D散布図に描画します。ここでは、ワインデータの中にある「alcohol」「sulphates」「total sulfur dioxide」の3列を散布図に描画します。このとき、❷で取り出したワインのグレードデータを、色と点のサイズに反映させています。

247

機械学習の楽しみ

このように、簡単でしたが、機械学習を用いて、ワインの成分でワインの美味しさが測れるかどうかを検証してみました。機械学習というと、数式が必須で数学が得意でないと太刀打ちできないもののように感じるかもしれません。しかし、ここで見たように、`scikit-learn`のライブラリを使うなら、特に難しい公式を理解する必要もなく、データを学習し、分類することができました。また、`matplotlib`を使うと、簡単なプログラムでデータを視覚化することができるのも楽しいものです。このように、Pythonにはデータ分析を行うためのライブラリが備わっていますので、活用してみましょう。

Chapter 6

応用編 ── オブジェクト指向について

この項目は、後から読んでも大丈夫だよ!

Pythonには「オブジェクト指向」の機能が備わっています。この Chapterでは、オブジェクト指向について紹介します。オブジェクト 指向は、その名の通り「オブジェクト」を中心に物事を考えるプログ ラミングの手法です。そんなに難しいものではないので、落ち着いて ゆったり見ていきましょう。

Chapter 6-1	オブジェクト指向について	250
Chapter 6-2	継承について	261
Chapter 6-3	非公開メンバと静的メソッド	270
Chapter 6-4	クラスの特殊メソッドについて	276
Chapter 6-5	抽象クラスとダックタイピングについて	286
Chapter 6-6	ユニットテストについて	292
Chapter 6-7	会員制Webサイトを作ろう	298

Chapter 6-1

オブジェクト指向について

この節のポイント

- ●オブジェクト指向ってなんだろう？
- ●クラスを定義してみよう
- ●クラスとインスタンスについて

オブジェクト指向とは？

Pythonをはじめ現代的な言語には「オブジェクト指向」の仕組みが備わっています。「いろいろな言語に備わっている機能」ということを考えると、その機能が非常に便利で役立つものであることが分かるでしょう。オブジェクト指向は、オブジェクトを中心に考えるプログラミング手法です。

とはいえ、最初はなかなかオブジェクト指向のイメージが掴みにくいので、少し遠回りして例えで考えてみましょう。オブジェクト指向というのは、人間の体に例えることができます。人間の体には、手や足や目や耳といった器官があります。それらの器官には、それぞれ個別の機能が備わっています。手は物を掴むことができますし、目は物を見ることができます。それらの器官が持つ機能は、別々のものですが、どれも人間が生きていくために必要なものです。

果物を食べたい時には、目で果物がどこにあるのかを見て、手で果物を掴み、口の中へと放り込みます。オブジェクト指向というのも、それと同じで、1つのオブジェクトの中に、いろいろな機能を持つデータやメソッド(関数)があります。それぞれのメソッドは異なる機能を持っていますが、それらの機能を組み合わせて使うことで、さまざまな役立つ処理を行うことができます。

先ほどの例えで、人が食物を食べるという動作をプログラムで表してみましょう。人間というオブジェクトに、食物を食べるという動作をさせてみます。そのためには、どんなメソッドが必要でしょうか。「周りを見る」「そこに果物があるかどうか判定する」「食物を掴む」「口を開ける」「口に入れる」「口を動かす」などなど、さまざまなメソッドが必要になるでしょう。

図6-1-1　人間をオブジェクトに例えた場合

人間を表すクラスを設計してみよう

本書でもここまで、「オブジェクト」という言葉は登場していましたね。P.084では「すべての値はオブジェクト」であるということや、メソッドを持っていることなどを説明しました。

Pythonではあらかじめたくさんのオブジェクトが用意されていますが、ここではオブジェクトを理解するために、自分でオブジェクトを設計してみましょう。まずは簡単に擬似的なコードで、人間を表すオブジェクトを設計してみましょう。オブジェクト指向では、まず、class宣言を利用して、クラスを設計をします。クラスはオブジェクトのひな型となるものです。

テキストエディタ file: src/c6/human-class.py

```
01  # クラスを設計したところ
02  class Human:
03      ''' 人間を表すクラス '''
04
05      def search(self, place):
06          '''周りを見る処理'''
07          pass
08
09      def take(self, food):
10          '''物を掴む処理'''
11          self.food = food
12
13      def open_mouth(self):
14          '''口を開ける処理'''
15          pass
16
17      def eat(self):
18          '''食物を食べる処理'''
19          print(self.food+"を食べました")
```

クラスには関数や変数を定義することができます。クラス内で定義した関数のことを「メソッド(method)」と呼び、クラスのメソッドを定義するにはdef宣言を使います。class宣言の下にあることや、必ず自身を表すselfという引数が必要であることを除けば、関数を定義するのと同じです。selfに関しては、後で詳しく説明しますが、クラスのメソッドを定義するときには、必ず第1引数にselfを指定しなければなりません。また、クラス内で定義した変数のことは「プロパティ(Property)」と呼びます。

クラスからオブジェクトを生成する

ただし、クラスを宣言しただけでは、これを利用することはできません。クラスは、ただの**設計書**であり、設計書を元にオブジェクトを生成する必要があるのです。

クラスからオブジェクトを生成するには、以下のように、『**オブジェクト名 = クラス名()**』のように記述します。

```
# クラスHumanを元にオブジェクトを生成する
hito = Human()
```

上記のように、オブジェクトを生成すると、クラスで定義したメソッドを呼び出すことができるようになります。

chapter
6-1

251

```
# Humanで定義したメソッドを呼び出す
hito.take("Banana")
hito.eat()
```

クラスを宣言するとき、メソッドには、必ずselfという引数が必要ですが、呼び出すときには、selfを与える必要がありません。クラスを利用する時に与えた値は、selfを飛ばして2つ目以降の引数に割り当てられます。

「インスタンス」と「たいやき」について

ちなみに、オブジェクト指向では、クラスを元にして生成したオブジェクトのことを「インスタンス」と言います。

クラスとインスタンスの関係を表すのに良い例が「たいやき」です。たいやきは、その鋳型の通りの模様で作られます。鋳型がクラスに当たります。そして、鋳型があれば、全く同じ形のたいやきをいくつも作ることができます。つまり、1つクラスを定義すれば、全く同じインスタンスをいくつも生成することができるというわけです。

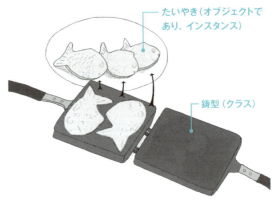

図6-1-2　インスタンスはたいやきと同じ、クラスから複数のインスタンスを生成できる

メソッドの引数「self」とは？

ところで、クラスを定義するとき、各メソッドの第1引数に「self」という不思議な引数を与えていたのに気づいたでしょうか。この「self」という引数は何者でしょうか。これは、クラスのインスタンス自身を表します。

たとえば、上記のHumanクラスのインスタンスhitoで、hito.take()メソッドを呼び出したとき、take()メソッドの第1引数のselfには、hitoインスタンスが引数として与えられます。言葉で説明しただけでは、ちょっと分かりづらいと思うので、実際のプログラムで確認してみましょう。

以下のプログラムでは、HumanNameクラスを定義します。このクラスには、名前を記憶するnameプロパティを設定するsetName()メソッドと、名前を取得するgetName()メソッドの2つを定義します。そして、プログラムの後半では、クラスのインスタンスを生成し、そのメソッドを実行してみます。

テキストエディタ　file: src/c6/human-name.py

```
01  # クラスの定義
02  class HumanName:
03      ''' 人を表すクラス '''
04      def setName(self, name):
05          ''' 名前を設定するメソッド '''
06          self.name = name
07
08      def getName(self):
09          ''' 名前を取得するメソッド '''
10          return self.name
```

```
11
12  # インスタンスを生成
13  taro = HumanName()
14  taro.setName("Taro")
15  print(taro.getName())
16
17  jiro = HumanName()
18  jiro.setName("Jiro")
19  print(jiro.getName())   # --- (❶)
20  print(jiro.name)    # --- (❷)
```

まずは、プログラムをコマンドラインから実行してみましょう。

コマンドライン

```
$ python3 human-name.py
Taro
Jiro
Jiro
```

結果を踏まえつつ、プログラムを見てみましょう。HumanNameクラス定義では、setName()メソッドを実行すると、self.nameプロパティに値を設定するようにします。そして、getName()メソッドを実行したとき、self.nameプロパティの値を返すようにします。それで、プログラム中の❶と❷に注目してみてください。getName()メソッドの戻り値、つまり、self.nameプロパティの値と、jiro.nameの値は同じ "Jiro" となっています。ここから、引数selfが、オブジェクトのインスタンスを表すということが分かります。

コンストラクタ ── インスタンスの初期化メソッド

ちなみに、たいやきを作ることを想像してみてください。ただ鋳型に生地を流し込むだけでは、たいやきは完成しません。あらかじめ鋳型を温めたり、油を引いたり、温度を調節するなど、準備をする必要があります。

同じように、クラスのオブジェクトを生成するときにも、クラス内で利用するデータの準備をする必要があります。オブジェクト指向では、このデータの準備を「初期化メソッド」と呼ばれるメソッドで行います。また、インスタンスの初期化メソッドのことを「コンストラクタ(constructor)」と呼びますので、覚えておきましょう。

Pythonでコンストラクタに相当するのが、特殊メソッドの__init__()メソッドです[1]。クラスを定義するとき、__init__()メソッドを定義しておくと、インスタンスを生成したときに、このメソッドが自動的に実行される仕組みとなっているのです。そのため、オブジェクトのデータを初期化するのに利用できます。ちなみに、この__init__という名前ですが、initの前後にアンダーバー(_)を2つ付けたものとなっています。

たとえば、買い物をしたときの料金を計算するクラスを定義しましょう。基本的に送料は、1000円であるとします。そこで、__init__()メソッドの中で、先に送料を1000円とセットします。また、税金の税率も先にセットすることにします。

※1 Pythonのマニュアルでは『__init__メソッドがコンストラクタである』とは明言されていません。しかし、コンストラクタに相当するメソッドであることに間違いありません。

では、実際のプログラムを見てみましょう。

テキストエディタ file: src/c6/calcfee.py

```python
01  # 料金を計算
02  import math
03
04  # 計算を行うクラスを定義 --------- (❶)
05  class CalcFee:
06      def __init__(self):
07          ''' 初期化処理 '''
08          self.shipping_fee = 1000    # 送料
09          self.tax_rate = 0.08    # 税率
10          self.value = 0    # 合計
11
12      def addItem(self, price):
13          ''' 商品の値段を加算する '''
14          self.value += price
15
16      def calc(self):
17          ''' 最終的な料金を計算する '''
18          total = self.value + self.shipping_fee
19          tax = math.ceil(total * self.tax_rate)
20          v = math.ceil(total + tax)
21          return v
22
23  # 実際の計算を行う ------------ (❷)
24  fee1 = CalcFee()
25  fee1.addItem(500)
26  print(fee1.calc(), "円")
27
28  fee2 = CalcFee()
29  fee2.shipping_fee = 1500
30  fee2.addItem(800)
31  fee2.addItem(500)
32  print(fee2.calc(), "円")
```

このスクリプトをコマンドラインから実行してみましょう。正しく送料込み、税込みの金額を計算することができました。

コマンドライン

```
$ python3 src/c5/calcfee.py
1620 円
3024 円
```

では、プログラムを見ていきましょう。プログラムの❶では、CalcFeeクラスを定義しています。そして、❷では、実際の計算を行います。

前半のCalcFeeクラスの定義では、__init__メソッドで、インスタンスを初期化します。ここでは、インスタンスのプロパティの送料(shipping_fee)、税率(tax_rate)、合計(value)の値を初期化します。addItem()メソッドでは、商品の値段を加算します。そして、calc()メソッドでは、最終的な料金を計算します。

後半では、2回の買物計算を行います。本来、面倒な送料や税率の計算を、毎回記述しなければなりませんが、

254　**Chapter 6**　応用編 —— オブジェクト指向について

CalcFeeクラスを利用するため、買物に必要な操作を数回記述しただけで計算を行うことができました。

ちなみに、クラスで定義したメソッドの第1引数selfには、必ず、オブジェクトのインスタンスが設定されます。そのため、クラスの内部で、インスタンスのプロパティに値を設定したり、値を取得するには、「self.value」のように「self.プロパティ名」のように記述します。プログラムの後半でインスタンスを生成して計算する処理では、「インスタンス変数名.プロパティ」のように記述します。

BMI計算クラスを設計する

それでは、次に、Chapter 2で登場した、肥満度テストのBMIを計算するプログラムのクラスを作成してみましょう。もちろん、肥満度を判定するだけなら、クラスにする必要はありません。しかし、クラスを設計することで、オブジェクト指向の考え方を理解する助けになるでしょう。

ここでは、BMIを計算する、BMIクラスを設計しましょう。BMIインスタンスを生成し、身長と体重を与えることで、BMI値と肥満度の判定結果を出力するプログラムです。

テキストエディタ file: src/c6/bmi-class.py

```python
01  # BMIを計算するクラス
02  class BMI:
03      def __init__(self, weight, height):
04          ''' 初期化 '''
05          self.weight = weight
06          self.height = height
07          self.calcBMI()
08
09      def calcBMI(self):
10          ''' BMIを計算する '''
11          h = self.height / 100
12          self.bmi = self.weight / (h ** 2)
13
14      def printJudge(self):
15          ''' 結果を表示する '''
16          print("---")
17          print("BMI=", self.bmi)
18          b = self.bmi
19          if (b < 18.5): print("痩せ型")
20          elif (b < 25): print("標準")
21          elif (b < 30): print("肥満(軽)")
22          else: print("肥満(重)")
23
24  # 1人目
25  person1 = BMI(weight=65, height=170)
26  person1.printJudge()
27
28  # 2人目
29  person2 = BMI(76, 165)
30  person2.printJudge()
31
32  # 3人目
33  person3 = BMI(50, 180)
34  person3.printJudge()
```

chapter
6-1

255

コマンドラインから実行してみましょう。

コマンドライン

```
$ python3 bmi-class.py
---
BMI= 22.49134948096886
標準
---
BMI= 27.915518824609737
肥満(軽)
---
BMI= 15.432098765432098
痩せ型
```

プログラムの前半でBMIの計算クラスを定義し、後半では、3人のBMI値を計算し判定を出力します。BMIのインスタンスを生成するときに、**体重(weight)と身長(height)を与えます。**コンストラクタ(__init__メソッド)では、インスタンスのプロパティに**体重と身長を設定**し、BMI値を計算します。そして、printJudge()メソッドでは、BMI値に基づいて、肥満度の判定結果を表示します。

ちなみに、1人目のインスタンスを生成している箇所を見ると分かりますが、インスタンスを生成する際も、普通の関数を呼び出すのと同じように、**引数名を明示した関数呼び出しが可能です。**

テストの点数を管理する

さて、次に、**複数のクラス**を扱う方法を考えましょう。その例として、学生のテストの点数を管理するようなプログラムを作ってみます。学生番号と名前、点数を管理します。個々の学生を表すクラスと、学生を束ねて管理するクラスの2つのクラスを設計してみましょう。

テキストエディタ file: src/c6/students.py

```
01  class Student:
02      ''' 生徒を表すクラス '''
03      def __init__(self, id, name, score = 0):
04          ''' 初期化 '''
05          self.id = id
06          self.name = name
07          self.score = score
08
09      def getId(self):
10          ''' IDを取得するメソッド '''
11          return self.id
12
13      def getName(self):
14          ''' 生徒名を取得するメソッド '''
15          return self.name
16
17      def setScore(self, score):
18          ''' 点数を取得するメソッド '''
19          self.score = score
```

256　**Chapter 6**　応用編 —— オブジェクト指向について

```
20
21     def getScore(self):
22         ''' 点数を設定するメソッド '''
23         return self.score
24
25 class CalcScore:
26     ''' 点数を計算する関数 '''
27     def __init__(self):
28         ''' 初期化 '''
29         self.students = []
30
31     def addStudent(self, student):
32         ''' 学生を追加する '''
33         self.students.append(student)
34
35     def ave(self):
36         v = 0
37         for i in self.students:
38             v += i.getScore()
39         ave_v = v / len(self.students)
40         return ave_v
41
42 # 学生を表すインスタンスを生成
43 p1 = Student(10, "佐藤")
44 p1.setScore(80)
45 p2 = Student(11, "鈴木", score=79)
46 p3 = Student(12, "佐々木", score=84)
47 p4 = Student(13, "井上", score=77)
48
49 # 平均点を計算
50 calc = CalcScore()
51 calc.addStudent(p1)
52 calc.addStudent(p2)
53 calc.addStudent(p3)
54 calc.addStudent(p4)
55 print("平均点=", calc.ave())
```

コマンドラインから実行してみましょう。正しく平均点が表示されました。

コマンドライン

```
$ python3 students.py
平均点= 80.0
```

プログラムを見てみましょう。プログラムの前半では、学生を表すStudentクラスとテストの点数を計算する CalcScoreクラスを定義しています。後半では、学生ごとのStudentクラスのインスタンスp1〜p4と、平均点を 計算するCalcScoreクラスのインスタンスcalcを生成します。学生のインスタンスを、calc.addStudent()メ ソッドで追加します。その後、calc.ave()メソッドを呼び出して平均点を求めます。

このプログラムで見たように、クラスはプログラムの中で1つしか定義できないというわけではなく、**複数のクラス を組み合わせてプログラムを組み立てていくことができます**。

クラス変数とインスタンス変数

先ほど、**クラスの定義**は、たいやきの鋳型であり、それを元に作られた**インスタンス**が、たいやきであるという説明をしました。つまり、鋳型は1つですが、そこから生成されるたいやきは、複数個であることが分かると思います。ただし、クラスから生成されたインスタンスは、全く同じ物という訳ではなく、異なる値を保持することができます。先ほど、学生を表すクラスを定義しましたが、学生の名前やテストの点数には、異なる値を設定することができました。クラスはあくまでも鋳型であって、鋳型に流し込む具によっては異なるたいやきを作ることができるという訳です。たいやきに餡の代わりにカスタードやクリームチーズ、紫芋を入れて、異なるたいやきを作ることができるようなものです。ちなみに、インスタンスごとに異なる値を設定できる変数を「**インスタンス変数**」と呼びます。これに対し、すべてのインスタンスで共通して使うことのできる変数を「**クラス変数**」と呼びます。

クラス変数は以下の書式で定義することができます。

書式 クラス変数の定義

```
class クラス名:
    クラス変数名1 = 値1
    クラス変数名2 = 値2
    クラス変数名3 = 値3
```

このようにして定義した**クラス変数**は、すべてのインスタンスで共有されます。そのため、あるインスタンスでクラス変数の値を変更すると、すべてのインスタンスで変更した値が参照されます。そして、「**クラス名.クラス変数名**」のようにして値を参照することができます。

では、クラス変数を使ってみましょう。以下は、猫を表す**Cat**クラスと、クラス変数「**nakigoe**」を定義した例です。クラス変数として定義しているので、すべてのインスタンスで共通の値を利用できます。

テキストエディタ file: src/c6/class-var.py

```
01  class Cat:
02      # クラス変数
03      nakigoe = "nya-"
04      # メソッド
05      def naku(self):
06          print(Cat.nakigoe)
07
08  mike = Cat()
09  mike.naku() # nya-
10
11  nora = Cat()
12  nora.naku() # nya-
13
14  # ここでクラス変数を変更する
15  Cat.nakigoe = "myu-"
16
17  # するとすべてのインスタンスで値が変更される
18  nora.naku() # myu-
19  mike.naku() # myu-
```

コマンドラインから実行してみましょう。

258　**Chapter 6**　応用編 —— オブジェクト指向について

コマンドライン

```
$ python3 class-var.py
nya-
nya-
myu-
myu-
```

上記のプログラムのように、クラス変数は「クラス名.クラス変数名」のようにして、値を参照・代入することができます。

加えて、クラス変数にアクセスする方法には「インスタンス.クラス変数名」のように記述することもできます。たとえば、上記のCatクラスのクラス変数にアクセスするのに、以下のように記述することもできます。

テキストエディタ

```
01  mike = Cat() # インスタンスの生成
02  print( mike.nakigoe )    # クラス変数「nakigoe」にアクセス
```

ただし、「インスタンス.クラス変数名」でアクセスする場合には若干注意が必要です。同名のインスタンス変数を生成してしまうと、クラス変数にアクセスできなくなります。では、次のプログラムを見てください。プログラムの❶の部分が変更した部分で、「インスタンス.クラス変数名」の書式でクラス変数を参照しています。

テキストエディタ file: src/c6/class-var2.py

```
01  class Cat:
02      # クラス変数
03      nakigoe = "nya-"
04      # メソッド
05      def naku(self):
06          print(self.nakigoe)    # ← ここを変更（❶）
07
08  mike = Cat()
09  nora = Cat()
10
11  # 鳴き声を変更
12  mike.nakigoe = "myu-"    # --- （❷）
13  mike.naku()
14  nora.naku()
```

コマンドラインから実行してみましょう。

コマンドライン

```
$ python3 class-var2.py
myu-
nya-
```

プログラム❷の部分で、クラス変数「nakigoe」の値を変更したつもりですが、noraの鳴き声を見て分かるとおり、クラス変数の値は変更されていません。

というのも、「インスタンス.変数名 = 値」のように書くと、クラス変数ではなく、インスタンス変数への代入とな

ります。そのため、上記のプログラムで、mike.nakigoeに値を代入したとき、クラス変数「nakigoe」とは別の変数、同名ながら異なる**インスタンス変数**「nakigoie」が生成され、その変数への代入となります。そのため、「インスタンス.クラス変数」でクラス変数にアクセスする際には、若干、注意が必要です。

この節のまとめ

以上、本節では、オブジェクト指向の基本について紹介しました。改めてまとめると、オブジェクト指向とは、操作対象の**データ**や、データを操作する**メソッド**を、まとめて1つにしたものであることも分かったのではないでしょうか。メソッドとデータがばらばらになっていると、どのメソッドにどんなデータを渡せば良いのか迷うこともありますが、データとメソッドがひとつにまとまっていれば、迷うことはありません。次節では、さらにオブジェクト指向を掘り下げます。

Chapter 6-2

継承について

この節のポイント

- 継承について学ぼう
- 基底クラス(スーパークラス)と派生クラス(サブクラス)
- 多重継承につい

継承とは？

継承とは、すでに定義してあるクラスを元にして、新たな要素を加えたクラスを定義することです。元になるクラスを「基底クラス(スーパークラス)」と呼び、新たに定義されたクラスを「派生クラス(サブクラス)」と呼びます。新たに定義した派生クラスには、元となる基底クラスの機能が備わっているため、派生クラスを定義する際には、その差分だけを定義するだけで済みます。つまり、既存のクラスを再利用して、異なるクラスを作成することができるというわけです。

図6-2-1　継承したら差分だけを定義すれば良い

継承の記述方法

継承を記述するのは、次の書式で記述します。通常のクラス定義とそれほど異なるわけではありません。クラス名の後に基底クラスの名前を記述するだけです。

書式 クラスの継承

```
class 派生クラス名(基底クラス名):
    派生クラスの定義
    ...
```

簡単な例で使い方を見ていきましょう。ここで**基底クラス**として作成するのは、Car（自動車）です。このCarには、自動車として**一般的な機能**（ハンドルを左右に回す、情報を表示する）を持たせるものとします。そして、Carクラスを元にして、家族向けの自動車Van（ワゴン車）や、寝泊まりできる設備を備えたCamper（キャンピングカー）といった**派生クラス**を作ります。

以下は、こうした機能を持つ擬似的なCarクラスを定義したものです。今回は、クラスをモジュールとして使うことにします。そのため、以下のプログラムでは、クラスを定義しているだけです。

テキストエディタ file: src/c6/car.py

```python
01  # 基底クラスの定義
02  class Car:
03      ''' 基本的な自動車の機能を備えたクラス '''
04      def __init__(self, owner):
05          self.handle = 0
06          self.car_type = "normal"
07          self.owner = owner
08
09      def turn_left(self):
10          ''' ハンドル左に回す '''
11          self.handle -= 90
12
13      def turn_right(self):
14          ''' ハンドルを右に回す '''
15          self.handle += 90
16
17      def show_status(self):
18          ''' 状態を表示 '''
19          print("---")
20          print("owner:", self.owner)
21          print("car_type:", self.car_type)
22          print("handle:", self.handle)
23
24  # 派生クラスの定義
25  class Van(Car):
26      ''' ワゴン車のクラス '''
27      def __init__(self, owner):
28          super().__init__(owner)
29          self.car_type = "van"
30
31      def open_door(self):
32          ''' 自動でドアを開ける '''
```

262　**Chapter 6**　応用編 —— オブジェクト指向について

```
33              print("ドアを開けました")
34
35      def close_door(self):
36          ''' 自動でドアを閉じる '''
37          print("ドアを閉じました")
38
39  class Camper(Car):
40      ''' キャンピングカーのクラス '''
41      def __init__(self, owner):
42          super().__init__(owner)
43          self.car_type = "camper"
44
45      def make_ice(self):
46          ''' 氷を作る '''
47          print("氷を作りました")
```

まず、Carクラスの定義から見てみましょう。コンストラクタ(__init__メソッド)では、ハンドルの角度を表すhandleや車の種類のcar_type、持ち主ownerというプロパティを初期化します。続く、turn_left()、turn_right()メソッドは、自動車のハンドルを回す処理を記述したもので、handleプロパティの値を変更します。そして、show_status()メソッドで各種情報を表示します。

Carクラスの下では、Carクラスを継承した派生クラスのVanクラスを定義しています。オブジェクト指向でクラスを継承すると、基底クラスの機能は全部使うことができます。そして、Vanクラスの定義では、自動でドアを開閉するopen_door()、close_door()メソッドを定義しています。

続けて、Camperクラスを定義しています。このクラスも、Carクラスを継承しています。そのため、Carクラスのメソッドを全部使うことができます。その上で、氷を作る、make_ice()メソッドを定義しています。

それでは、このモジュールを、REPLから読み込んで、クラスの情報を引き出してみましょう。car.pyをモジュールとして取り込むので、REPLを、car.pyと同じディレクトリで実行してください。そして、REPLが起動したら、以下のコマンドを実行して、Camperクラスの情報を調べてみます。

REPL

```
>>> # carモジュールを取り込む
>>> import car
>>> help(car.Camper)
```

すると、図6-2-2のように、Camperクラスで利用できるメソッドの一覧が表示されます。

これを見ると、確かに、Camperクラスの中で定義したメソッドだけでなく、Carクラスで定義したメソッドも使えることが分かります。importして、help()コマンドを使うことで、クラスの構造を確認することができるので便利です。

また、派生クラスのコンストラクタ(Van.__init__メソッドとCamper.__init__メソッド)に注目してください。ここでは、基底クラスの__init__メソッドを呼び出しています。基底クラスのメソッドを呼び出したいときには、super().__init__()のようにして呼び出します。super()とは、スーパークラス、つまり基底クラスのメソッドを呼び出すことができます。

書式 派生クラスから基底クラスのメソッドを呼び出す

```
super().基底クラスのメソッド()
```

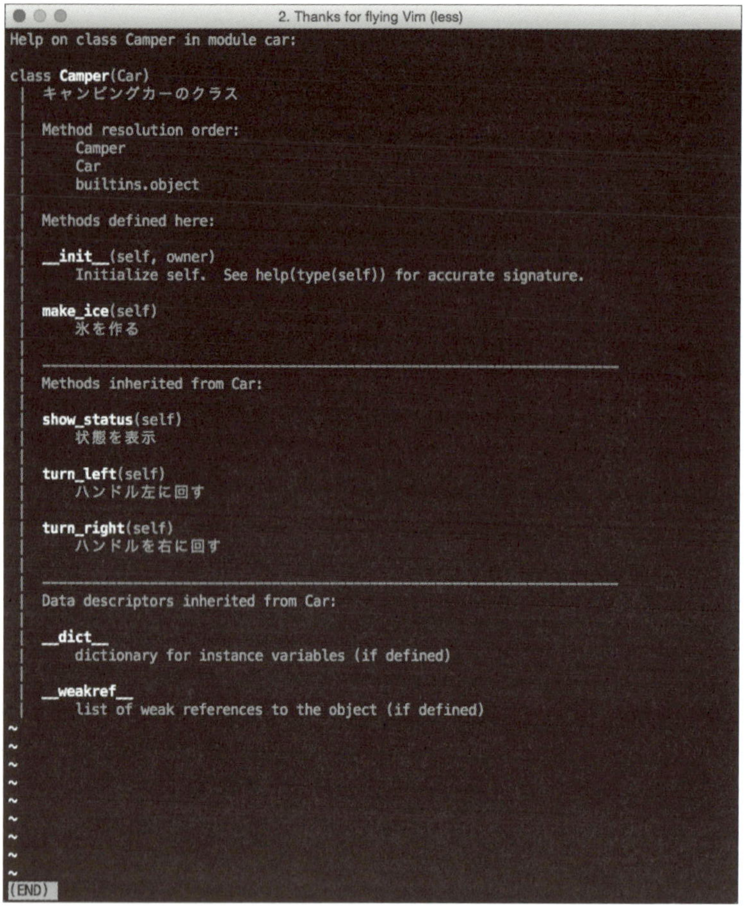

図6-2-2 Camperクラスの情報が表示されたところ

```
2. Thanks for flying Vim (less)
Help on class Camper in module car:

class Camper(Car)
 |  キャンピングカーのクラス
 |
 |  Method resolution order:
 |      Camper
 |      Car
 |      builtins.object
 |
 |  Methods defined here:
 |
 |  __init__(self, owner)
 |      Initialize self.  See help(type(self)) for accurate signature.
 |
 |  make_ice(self)
 |      氷を作る
 |
 |  ----------------------------------------------------------------------
 |  Methods inherited from Car:
 |
 |  show_status(self)
 |      状態を表示
 |
 |  turn_left(self)
 |      ハンドル左に回す
 |
 |  turn_right(self)
 |      ハンドルを右に回す
 |
 |  ----------------------------------------------------------------------
 |  Data descriptors inherited from Car:
 |
 |  __dict__
 |      dictionary for instance variables (if defined)
 |
 |  __weakref__
 |      list of weak references to the object (if defined)
~
~
~
~
~
~
~
~
(END)
```

モジュールで定義したクラスを利用する方法

それでは、定義したクラスのモジュールを利用するプログラムを作りましょう。

テキストエディタ file: src/c6/use-car.py

```python
01  # 定義したクラスを含むモジュールを取り込む
02  import car
03
04  # ワゴン車を作成
05  car1 = car.Van("Taro")
06  car1.turn_left()    # --- (❶) 基底クラスのメソッドが使える
07  car1.show_status()
08
09  # キャンピングカーを作成
10  car2 = car.Camper("Jiro")
11  car2.turn_right()
12  car2.show_status()
13  car2.make_ice()
```

264   **Chapter 6**   応用編 —— オブジェクト指向について

これを、コマンドラインから実行してみましょう。

コマンドライン

```
$ python3 use-car.py
---
owner: Taro
car_type: van
handle: -90
---
owner: Jiro
car_type: camper
handle: 90
氷を作りました
```

Van（ワゴン車）とCamper（キャンピングカー）のインスタンスを生成して使うことができました。それではプログラムを見てみましょう。Vanクラス・Camperクラスのどちらも、モジュールcarで定義されています。そのため、冒頭で「import car」と書くことにより、car.pyの中で定義した関数やクラスを取り込むことができます。このようにして取り込んだクラスは、「モジュール名.クラス名()」の書式で利用することができます。

プログラムの❶を見てみましょう。car1には、Vanクラスのインスタンスが代入されています。しかし、Vanクラスは、Carクラスを継承しているため、Carクラスで定義した、turn_left()やshow_status()メソッドを実行することができます。

どんなときに継承を使ったら良い?

とはいえ、最初はどんなときに継承を使ったら良いのか、分からないかもしれません。考え方としては、同じようなプログラムを作るときに、プログラムを関数にまとめるのと同じで、同じようなクラスを定義するときに、クラスをまとめるのに使えば良いのです。先ほど見た、VanクラスとCamperクラスでも、2種類の車で共通する部分を、基底クラスのCarクラスの中で定義し、異なる部分だけを、VanクラスとCamperクラスで定義しました。

メソッドのオーバーライド

ところで、基底クラスと派生クラスの両方で、hoge()というメソッドを定義したとすると、どちらのメソッドが実行されるのでしょうか。試してみましょう。

テキストエディタ file: src/c6/override-test.py

```
01  class SuperClass:
02      def hoge(self):
03          print("SuperClass.hoge")
04
05  class SubClass(SuperClass):    # SuperClass を継承した SubClass を定義
06      def hoge(self):    # SuperClass のメソッドと同名のメソッドを定義
07          print("SubClass.hoge")
08
09  it = SubClass()    # SubClass のインスタンスを作成
10  it.hoge()    # hoge() メソッドを実行
```

コマンドラインから実行してみましょう。

コマンドライン

```
$ python3 override-test.py
SubClass.hoge
```

表示結果は「SubClass.hoge」です。つまり、派生クラスのhoge()メソッドが実行されました。つまり、基底クラスと派生クラスの両方で同じメソッドを定義した場合、派生クラスのメソッドで上書きされるということです。これを、「メソッドのオーバーライド」と言います。

もちろん、派生クラス側で基底クラスのメソッドをオーバーライドしつつ、基底クラスのメソッドを呼び出すことも可能です。その場合には、super()をつけて呼び出します。簡単な例で確認してみましょう。

以下は、SuperClassで定義したhoge()メソッドを、派生クラスのSubClassでオーバーライドしますが、SubClassのhoge()メソッドから、基底クラスSuperClassのhoge()メソッドも呼び出します。

テキストエディタ file: src/c6/override-test2.py

```
01  class SuperClass:
02      def hoge(self, id):
03          print("---")
04          print("SuperClass.hoge=", id)
05
06  class SubClass(SuperClass):
07      def hoge(self, id):
08          super().hoge(id)    # 基底クラスのhogeメソッドを呼び出す
09          print("SubClass.hoge=", id)
10
11
12  # 基底クラスのhogeメソッドの実行例
13  rc = SuperClass()
14  rc.hoge(100)
15
16  # 派生クラスのhogeメソッドを実行する
17  sc = SubClass()
18  sc.hoge(300)
```

コマンドラインから実行してみましょう。

コマンドライン

```
$ python3 override-test2.py
--- # 基底クラスのhoge()メソッドの実行結果
SuperClass.hoge= 100
--- # 派生クラスのhoge()メソッドの実行結果
SuperClass.hoge= 300
SubClass.hoge= 300
```

このように、super()に続けて、メソッド名を記述することで、オーバーライドした基底クラスのメソッドを呼び出すことができます。

266　**Chapter 6**　応用編 —— オブジェクト指向について

多重継承について

Pythonのオブジェクト指向には多重継承の機能があります。これは、複数のクラスを基底クラスに指定することができるというものです。つまり、A、B、Cという異なるクラスがあったとして、それらの機能を全部持つ、新たなDクラスを作ることができます。

多重継承を使う場合は、以下のような書式で指定します。

書式 多重継承してクラスを定義

```
class 派生クラス名( 基底クラス1, 基底クラス2, 基底クラス3 ... ):
    派生クラスの定義
```

では、具体例を見てみましょう。以下は、printA()というメソッドを持つクラスA、printB()というメソッドを持つクラスB、printC()というメソッドを持つクラスCを定義し、A、B、Cのメソッドすべてを持つDというクラスを定義する例です。

テキストエディタ file: src/c6/multi-iht.py

```
01  class A:
02      def printA(self):
03          print("A")
04
05  class B:
06      def printB(self):
07          print("B")
08
09  class C:
10      def printC(self):
11          print("C")
12
13  class D(A, B, C):    # クラスA、クラスB、クラスCを継承したクラスD
14      def printD(self):
15          print("D")
16
17      def printAll(self):
18          self.printA()
19          self.printB()
20          self.printC()
21          self.printD()
22
23  obj = D()    # クラスDのインスタンスを作成
24  obj.printA()    # クラスAのprintA()メソッドを実行
25  obj.printB()    # クラスBのprintB()メソッドを実行
26  obj.printC()    # クラスCのprintC()メソッドを実行
27  obj.printD()    # クラスDのprintD()メソッドを実行
28  obj.printAll()    # クラスDのprintAll()メソッドを実行
```

コマンドラインから実行してみましょう。

chapter
6-2

267

コマンドライン

```
$ python3 multi-iht.py
A
B
C
D
A
B
C
D
```

このように、多重継承はとても便利な機能なのですが、他の多くのプログラミング言語では、多重継承をサポートしていない場合もあります。それは、単に多重継承をサポートするのが難しいという理由ではなく、多重継承により複雑な問題が発生する可能性があるというのが一番の理由です。

というのも、クラスAとクラスBで同名のメソッドが定義されていたら、どうなるでしょうか。もともと異なる2つのクラスでは問題なく使えていたメソッドが、多重継承をすることにより、どちらかのメソッドが使えなくなってしまうのです。そのため、多重継承を安全に利用する方法を考えなくてはなりません。

多重継承の優先順位

多重継承が複雑なのは、単に、複数のクラスを1つにまとめるからというだけではありません。ここまで見てきたように、クラスは継承を行うことができます。では、あるクラスAを元に作成した派生クラスBとCがあるとして、これらを多重継承することができるのでしょうか。できます。複数の派生クラスを多重継承することができます。つまり、多重継承した派生クラスを、さらに多重継承することができます。そのため、とても自由度が高いのですが、多重継承したクラスを多重継承して、それをさらに多重継承する……。考えただけで複雑ですよね。そのため、多重継承する際には、どのクラスを優先するのかを考える必要があります。

Pythonでは、多重継承に指定した左側のクラスが最も優先されます。つまり、以下のようにクラスを多重継承したとします。

```
class Hoge(A, B, C, D):
    pass
```

この場合、Aが最も優先度が高く、Dが最も優先度が低くなります。簡単なサンプルで確かめてみましょう。以下は、クラスAから派生したクラスABとACを多重継承したDを定義したものです。A、およびABとACのすべてのクラスにprint()メソッドがあります。そのため、Dのprint()メソッドを実行したとき、どのクラスのメソッドが優先されるのかを確かめることができます。

テキストエディタ file: src/c6/multi-iht2.py

```
01  class A:
02      def print(self):
03          print("A")
04
05  class AB:
06      def print(self):
```

268 **Chapter 6** 応用編 —— オブジェクト指向について

```
07          print("AB")
08
09 class AC:
10     def print(self):
11         print("AC")
12
13 class D(AB, AC):
14     pass
15
16 obj = D()
17 obj.print()
```

コマンドラインから実行してみましょう。

コマンドライン

```
$ python3 multi-iht2.py
AB
```

結果は、ABです。確かに、多重継承した際、最も左側に指定したクラスのメソッドが優先されて実行されました。また、クラスAB、ACの親となる基底クラスAのprint()も実行されなかったという点も考えてみてください。基底クラスのメソッドは、派生クラスよりも優先度が低くなるという点も覚えておきましょう。

この節のまとめ

本節では、オブジェクト指向の継承にスポットを当ててみました。継承を使うと、既存のクラスの機能を、新たに作るクラスでそのまま利用できるので、非常に便利です。また、複数のクラスを継承する多重継承についても紹介しました。

Chapter 6-3

非公開メンバと静的メソッド

この節のポイント

● 非公開メンバについて

● 空クラスについて

● 静的メソッドについて

オブジェクト指向の機能を掘り下げよう

さて、ここまでの部分でオブジェクト指向の基礎となる機能を紹介しました。ここから、さらにオブジェクト指向の機能を深く掘り下げていきます。

非公開メンバについて

オブジェクト指向プログラミングでは、クラスを定義したら、そのクラスをインスタンス化してから利用します。つまり、クラスを定義する側と、クラスを利用する側に、役割を分けることができます。たとえ、クラスを定義し利用するのが自分だけだとしても、仕事を小さな単位に分けることができれば、作業を単純にすることができて、効率がよく間違いも少なくすることができます。

このような役割分担を考えたときに、クラス定義する側だけで利用し、クラスの利用する側には、秘密にしておきたい機能がでてくることがあります。たとえば、ゲームを制作する側と、それを買って遊ぶ側を考えてみましょう。ゲームを遊ぶ側は、ただゲームを楽しむことができればその目的を達成することができます。そのため、ゲームが動く仕組みやプログラミングについて詳しく知っている必要はありません。当然ながら、ゲームを遊ぶために、プログラミング言語を覚えたり、そのソースコードを読む必要はないのです。同じように、クラスの利用者は、クラスの詳しい仕組みについて知らなくても、そのクラスの機能を利用することができれば良いわけです。

そのために、オブジェクト指向では、「カプセル化」と呼ばれる隠蔽処理を使います。つまり、舞台裏で行われる細々した処理を隠しておくことができれば、クラスの利用者の利便性を向上させることができるというわけです。

Pythonでは、完全な隠蔽処理をサポートしていませんが、メソッド名や変数名がアンダーバー（_）から始まっていれば、それは非公開のメンバであり、クラスの利用者は手を出さないという暗黙のルールがあります。メンバとは、クラスの中で定義するメソッドや変数の総称のことです。たとえば、クラスの中で「_foo」とか「_bar」のようなアンダーバーから始まる名前のメソッドがあった場合、それは、クラスの設計側だけが使うものであり、クラスの利

用者は、それを利用しないという決まりです。

ただし、それは、暗黙のルールというだけなので、実際、クラスの利用者もアンダーバーから始まる名前を操作できてしまいます。しかし、それでは困る場合もあります。それで、クラス利用者から要素名を隠すために「マングリング」という機能が用意されています。この機能を利用するには、要素名の前にアンダーバーを2つ（＿＿）つけます。そうすると、要素名が自動的に「＿クラス名＿＿要素名」と置換される仕組みになっているので、ある程度クラス利用者から属性を隠すことができます。それでは、非公開属性のメソッド「＿＿goal」を持つクラスGameを定義して、それが、クラス利用者から利用できないことを確かめてみましょう。

テキストエディタ file: src/c6/private.py

```
01  # 非公開属性にアクセスできないことを確かめるプログラム
02  # そのためエラーが出ます
03  # --- クラス定義
04  class Game:
05      def __goal(self):
06          print("非公開のメソッド")
07
08      def play(self):
09          print("公開のメソッド")
10
11  # --- クラスの利用
12  game = Game()
13  game.play()
14  game.__goal() # ここでエラー
```

プログラムをコマンドラインから実行してみましょう。以下のようなエラーが出ます。

コマンドライン

```
$ python3 private.py
公開のメソッド
Traceback (most recent call last):
  File "private.py", line 15, in <module>
    game.__goal()
AttributeError: 'Game' object has no attribute '__goal'
```

ただし、上記のようにアンダーバー2つで要素名を記述したとしても、結局、以下のように「＿クラス名＿＿要素名()」と記述すればアクセス可能なので、完全に隠蔽することはできません。

```
# 結局、下記のように記述すればアクセスできる
game._Game__goal()
```

どんなときに非公開属性を使うのか

しかし、この仕組みは主に、**クラスの継承**の際に大きな役割を果たします。継承を使えば、定義しようとしている新しいクラスに、基底クラスの機能をそのまま取り込むことができます。オブジェクト指向を使ったプログラムを作る際には、あるクラスを継承して使ってもらうことを前提にして基底クラスを作ることも多々あります。

とはいえ、前説で説明したように、継承を利用するときには、メソッド名が被らないように注意する必要があります。

もし被ってしまうと、メソッドが上書きされて(オーバーライドされて)しまいます。そうなると、派生先のメソッドが優先されるので、基底クラスのメソッドが使えなくなってしまうからです。そこで、上書きされては困る要素については、アンダーバー2つで書き始めるようにします。すると、自動的に「_クラス名__要素名」と置換されるので、基底クラスの要素を上書きすることを防ぐことができます。

ここまでいろいろと説明したのですが、最初は、次の2つ点を覚えておけば十分でしょう。

● **オブジェクト指向を使うと、クラスの設計者と利用者に役割分担できる**
● **クラスの設計者だけが使いたい要素は、アンダーバーから始める**

空のクラスについて

ちなみに、クラスを定義するとき、以下のように、その定義内容を空にすることができます。

```
class Hoge: pass
```

定義が空であるからといって、そのインスタンスで何もできないという訳ではありません。**インスタンス変数**を使うことができます。そのため、複数の変数をまとめるのに役立ちます。

テキストエディタ file: src/c6/empty-class.py

```
01  # 空のクラス
02  class Empty : pass
03
04  # 空のクラスのインスタンスを作成
05  o = Empty()
06
07  # インスタンス変数を設定
08  o.id = 100
09  o.name = "Jiro"
10  o.job = "Programmer"
11
12  print(o.id)
13  print(o.name)
```

また、Pythonの関数はオブジェクトであることを紹介しました(P.131)。ですので、lambda式を使って、空のクラスに対して動的にメソッドを追加できます。

テキストエディタ file: src/c6/empty-class2.py

```
01  # 空のクラス
02  class Empty : pass
03
04  # 空のクラスのインスタンスを生成
05  calc = Empty()
06  # 動的にメソッドを追加
```

272　**Chapter 6**　応用編 ── オブジェクト指向について

```
07  calc.x2 = lambda x : x * 2
08  calc.x3 = lambda x : x * 3
09
10  # 追加したメソッドを使ってみる
11  print( calc.x2(8) )
12  print( calc.x3(5) )
```

コマンドラインから実行してみましょう。

コマンドライン

```
$ python3 empty-class2.py
16
15
```

このように、空のクラスも、インスタンス変数や関数を追加することで、さまざまな機能を持たせることができます。

静的なメソッドstaticmethodについて

次に、静的なメソッドについて紹介します。クラス内で定義したメソッドを、インスタンス化することなく使いたい場合があります。インスタンス化する手間をかけずに直接クラスのメソッドを実行するのです。そのようなメソッドを定義するには、@staticmethodというデコレータを記述します。

以下は、クラスHogeの中で、静的メソッドintroduce()を定義したものです。

テキストエディタ file: src/c6/static.py

```
01  class Hoge:
02      @staticmethod
03      def introduce():
04          print("Hoge")
05
06  Hoge.introduce()
```

コマンドラインから実行してみましょう。

コマンドライン

```
$ python3 static.py
Hoge
```

静的メソッドは、これまでのクラス定義とどう違うでしょうか。まず、インスタンスを作成する必要がありません。そして、メソッドに引数selfを指定する必要がありません。上記のプログラムからも、この2点が分かります。

今日の為替レートを取得してみよう

それでは、ここまで紹介した知識を利用して、今日の為替レートを取得するプログラムを作ってみましょう。以下は、Kawase クラスを定義し、為替情報を表示するスクリプトを記述したものです。本日のレートで、米ドル（USD）が日本円（JPY）でいくらかなのかを表示します。

テキストエディタ file: src/c6/kawase.py

```python
01  # モジュールを取り込む
02  import json
03  import urllib.request
04
05  # 為替情報を得るクラス
06  class Kawase:
07      # 為替情報の取得元（筆者のWebサイト）
08      API = "http://api.aoikujira.com/kawase/json/usd"
09
10      # 非公開のメソッド
11      def __get_api(self):
12          ''' API から今日のレート情報を得る '''
13          res = urllib.request.urlopen(Kawase.API)
14          return res.read().decode('utf8')
15
16      def __analize_result(self, json_str):
17          ''' 結果を解析する '''
18          return json.loads(json_str)
19
20      # 公開メソッド
21      def get_result(self):
22          ''' API から為替情報を取得する '''
23          json_str = self.__get_api()
24          return self.__analize_result(json_str)
25
26      # 静的メソッド
27      @staticmethod
28      def get_usd_jpy():
29          ''' USD/JPY の結果を得る '''
30          kawase = Kawase()
31          data = kawase.get_result()
32          usd = data.get("JPY", -1)
33          return usd
34
35  # 本日の為替レート情報を表示
36  print("USD:JPY = 1:", Kawase.get_usd_jpy())
```

コマンドラインから実行してみましょう。以下の実行例は、執筆当時のレートで有り、プログラムを実行する日により異なる値が表示されるはずです。もし、取得に失敗した場合は -1 が表示されます。

コマンドライン

```
$ python3 kawase.py
USD:JPY = 1: 106.94605
```

274　**Chapter 6**　応用編 —— オブジェクト指向について

このプログラムでは、Kawaseクラスを定義していますが、その中で、非公開のメソッドを利用しています。そもそも為替情報をWebから取得して利用する場合、次の2つの処理が必要になります。

- **Webから為替情報を取得する（__get_apiメソッド）**
- **取得した情報を解析する（__analize_resultメソッド）**

そこで、Kawaseクラスでは、この2つの処理を、それぞれのメソッドで処理しています。とはいえ、Kawaseクラスを利用する側からすると、為替情報を取得することこそが目的であり、それがどんな手順で取得されるのかまで知る必要がありません。そこで、この2つのメソッドは非公開のメソッドにしました。その代わり、get_result()メソッドを呼び出すだけで、為替情報を取得できるようにしました。

また、get_result()メソッドを呼ぶと、かなりいろいろな国の通貨レートを取得しますが、このプログラムでは、米ドル(USD)と日本円(JPY)の変換結果だけを得ることを目的としています。そこで、静的メソッドget_usd_jpy()を定義して、Kawaseクラスのインスタンスを作らなくても、手軽に使えるようにしています。

実際に、Kawaseクラスを使って、USD/JPYのレート情報を得るには、このプログラムの末尾にある1行、Kawase.get_usd_jpy()メソッドを呼ぶだけで実現できるようになっています。

この節のまとめ

この節では、クラスの非公開メンバについて、また、空クラスや、クラスの静的メソッドについて紹介しました。これらの機能を使うことで、より分かりやすく、扱いやすいプログラムを作ることができるでしょう

Chapter 6-4

クラスの特殊メソッドについて

この節のポイント

● クラスの特殊メソッドについて

● 演算子のオーバーロードを使ってみよう

● 添字アクセスできるクラスやイテレータのクラスを作ろう

クラスの特殊メソッドとは？

特殊メソッドというのは、名前の前後に2つのアンダースコア(＿＿)がついたメソッドのことです。クラスのコンストラクタである＿＿init＿＿も特殊メソッドの1つです。特殊メソッドを実装することで、自作クラスに特殊な振る舞いをさせることができます。たとえば、クラスに＿＿add＿＿()メソッドを実装すれば、インスタンス同士を「+」演算子で加算したときの挙動を指定できます。また、＿＿gt＿＿()メソッドを実装すれば「>」演算子で比較することができます。この節では、こうした特殊メソッドについて紹介します。

演算子のオーバーロード

自作クラスのオブジェクトに対して、「+」や「-」などの演算子を適用したときの動作を定義することを、「演算子のオーバーロード(演算子の多重定義)」と呼びます。たとえば、(x，y)の座標を管理するクラスPosを設計したとします。当然ですが、このPosインスタンスは、独自のクラスなので、「+」演算子を利用して加算することはできません。

```
p1 = Pos(3, 50)    # 独自Posクラスのインスタンス
p2 = Pos(10,50)    #
p3 = p1 + p2    # 座標を加算しようとするが・・・当然エラー
```

しかし、演算子のオーバーロードで動作を定義するなら、座標同士を「+」演算子で加算したときの動作を指定することができるのです。
以下は、Pythonのクラスで定義可能な演算子の一部です。大抵の演算子をオーバーロードできることが分かります。

276　Chapter 6　応用編 —— オブジェクト指向について

「演算子のオーバーロード」で定義できるメソッドの一覧（抜粋）

実装するメソッド	機能
object.__add__(self, other)	算術演算子「+」を使ったときの挙動
object.__sub__(self, other)	算術演算子「-」を使ったときの挙動
object.__mul__(self, other)	算術演算子「*」を使ったときの挙動
object.__truediv__(self, other)	算術演算子「/」を使ったときの挙動
object.__floordiv__(self, other)	算術演算子「//」を使ったときの挙動
object.__mod__(self, other)	算術演算子「%」を使ったときの挙動
object.__lt__(self, other)	比較演算子「<」を使ったときの挙動
object.__le__(self, other)	比較演算子「<=」を使ったときの挙動
object.__eq__(self, other)	比較演算子「==」を使ったときの挙動
object.__ne__(self, other)	比較演算子「!=」を使ったときの挙動
object.__gt__(self, other)	比較演算子「>」を使ったときの挙動
object.__ge__(self, other)	比較演算子「>=」を使ったときの挙動

それでは、座標の位置を表すPosクラスを定義し、上の表の中から「__add__」を使って、座標同士を演算子「+」
で加算できるようにしてみましょう。

テキストエディタ file: src/c6/pos-add.py

```
01  class Pos:
02      """ 座標を表すクラス """
03      def __init__(self, x, y):
04          self.x = x
05          self.y = y
06
07      def __add__(self, other):
08          """ 「+」演算子の振る舞いを定義
09              selfとotherの要素を足した
10              新しいインスタンスを返す """
11          x2 = self.x + other.x
12          y2 = self.y + other.y
13          return Pos(x2, y2)
14
15      def __str__(self):
16          """ 文字列として取得する際の振る舞いを定義 """
17          return "({0}, {1})".format(self.x, self.y)
18
19  # 座標p1とp2を作成
20  p1 = Pos(10, 20)
21  p2 = Pos(30, 40)
22
23  # 演算子「+」を使ってみる
24  p3 = p1 + p2
25  print(p3)
```

chapter
6-4

コマンドラインから実行すると、座標p1(10, 20)とp2(30, 40)を足した値(40, 60)を得ることができます。

コマンドライン

```
$ python3 pos-add.py
(40, 60)
```

277

プログラムを確認してみましょう。クラス定義で__add__()メソッドを実装すると、クラスのインスタンスがxのとき、式「x + y」を記述したときに、「x.__add__(y)」が呼び出されます。それを念頭において、特殊メソッド__add__()の実装を見てみましょう。一般的に、演算子の「+」を使う際には、z = x + y のように使います。つまり、足し算を計算したときには、xやyの値を変更することなく、計算結果が、zに得られるということです。ですから、__add__()メソッドを実装する際には、**新たなインスタンスを生成し**、そのインスタンスに加算の結果を与えるようにします。

また、Posクラスでは、同じく特殊メソッドの__str__()も実装しています。このメソッドは、**表示に適した文字列を返すメソッド**です。クラスのインスタンスを、str()、format()、print()メソッドの引数に指定したときに、__str__()メソッドが自動的に呼ばれて、文字列を返すことになっています。

続けて __mull__ メソッドを実装してみる

続いて、かけ算を行う__mul__()メソッドを実装してみましょう。とはいえ、2つの座標同士を掛け合わせることは、それほど多くないでしょう。そこで、この場合は、実数値を1つ指定して、X座標とY座標のそれぞれに値を掛けあわせることにします。

テキストエディタ file: src/c6/pos-mul.py

```python
01  class Pos:
02      """ 座標を表すクラス """
03      def __init__(self, x, y):
04          self.x = x
05          self.y = y
06
07      def __add__(self, other):
08          x2 = self.x + other.x
09          y2 = self.y + other.y
10          return Pos(x2, y2)
11
12      def __mul__(self, other):
13          if isinstance(other, (int, float)):
14              x2 = self.x * other
15              y2 = self.y * other
16              return Pos(x2, y2)
17          else:
18              raise TypeError
19
20      def __str__(self):
21          """ 文字列として取得する際の振る舞いを定義 """
22          return "({0}, {1})".format(self.x, self.y)
23
24  # 座標p1
25  p1 = Pos(10, 20)
26
27  # 演算子「*」を使ってみる
28  p2 = p1 * 1.7
29  print(p2)
```

コマンドラインから実行してみましょう。

278   **Chapter 6**   応用編 —— オブジェクト指向について

コマンドライン

```
$ python3 pos-mul.py
(17.0, 34.0)
```

新たに定義したのは、__mul__()メソッドですが、基本的には、先ほど定義した__add__()メソッドとほとんど同じです。ただし、整数または実数だけを受け付けるようにしています。変数が任意の型であることを調べるのに、isinstance()関数を使うことができます。REPLを使って、使い方を確認してみましょう。

REPL

```
>>> # isinstance()を使ってみる
>>> isinstance(3.5, float)
True
>>> isinstance(3.5, int)
False
>>> # 第2引数にはタプルで複数の型を指定できる --- (❶)
>>> isinstance(3.5, (int, float))
True
>>> isinstance(5, (int, float))
True
```

上記の❶で、タプルで複数の型を指定した場合、この(int, float)どちらかに第1引数が当てはまっていたらTrueを返します。

インデックス番号やキーでのアクセスを実現する __getitem__と__setitem__

Pythonでリスト型や辞書型にアクセスするには、a[3]やb["point"]のように記述するのでした。これと同じように、独自クラスに、object[key]の形でアクセスできるようにする特殊メソッドが用意されています。それが、以下のメソッドです。配列のように、オブジェクトにアクセスできれば、直感的に値を取得できる場面も多くあります。

実装するメソッド	機能
object.__getitem__(self, key)	インデックス番号やキーのアクセスでkeyの値を返す
object.__setitem__(self, key,value)	インデックス番号やキーのアクセスでkeyの値をvalueに書き換える
object.__contains__(self, item)	帰属テスト演算(in)の結果を返す

たとえば、旧暦で3月のことを「弥生」、6月を「水無月」と言いますが、この旧暦の月名を返すクラスを定義してみましょう。それで、インデックス番号に月を指定するとそれに対応した旧暦の月名を返すようなプログラムを作ってみます。

テキストエディタ file: src/c6/tukimei.py

```
01  # 旧暦の月名を返すクラスを定義
02  class Tukimei:
```

279

```
03        tuki = ["睦月","如月","弥生","卯月","皐月","水無月",
04            "文月","葉月","長月","神無月","霜月","師走"]
05        def __getitem__(self, key):
06            i = int(key)
07            return self.tuki[i-1]    # インデックス番号に「-1」を指定して、月と一致させる
08
09  # 添字アクセスしてみる
10  t = Tukimei()
11  print(t[3])
12  print(t[6])
```

コマンドラインから実行してみましょう。

コマンドライン

```
$ python3 tukimei.py
弥生
水無月
```

ところで、上記のプログラムは、__getitem__メソッドだけを定義したので、値の書き換えはできませんでした。今度は、__setitem__メソッドも定義してみます。ちなみに、出雲地方では、神無月を神在月と呼んでいたそうです。そこで、出雲地方でこのプログラムを使う場合に、10月の旧暦名を書き換えて表示してみます。

テキストエディタ file: src/c6/tukimei2.py

```
01  # 旧暦の月名を返すクラスを定義
02  class Tukimei:
03      tuki = ["睦月","如月","弥生","卯月","皐月","水無月",
04          "文月","葉月","長月","神無月","霜月","師走"]
05      def __getitem__(self, key):
06          i = int(key)
07          return self.tuki[i-1]
08      def __setitem__(self,key,value):
09          i = int(key)
10          self.tuki[i-1] = value
11
12  # 添字アクセスしてみる
13  t = Tukimei()
14  t[10] = "神在月"
15  print(t[10])
16  print(t[12])
```

コマンドラインから実行してみましょう。

コマンドライン

```
$ python3 tukimei2.py
神在月
師走
```

280   **Chapter 6**   応用編 —— オブジェクト指向について

イテレータとして振る舞うクラスを作ろう

また、クラスで、__iter__と__next__メソッドを実装すると、そのクラスは、イテレータとして振る舞うことができます。イテレータとして振る舞うことができれば、for構文で要素が列挙できるので、使い勝手の良いクラスとなります。

実装するメソッド	機能
object.__iter__(self)	イテレータを初期化
object.__next__(self)	次の値を返す

ここでは、イテレータを使う例として、小さな数から順に素数を返すイテレータを実装してみます。P.146でも出てきましたが、素数というのは、自然数で、正の約数が 1 と自分自身のみであるもののことです。たとえば、2、3、5、7、11、13などが素数です。素数を返すイテレータのクラスを実装したものが以下のプログラムです。

テキストエディタ file: src/c6/prime-iter.py

```python
01  # 素数を列挙するイテレータクラス
02  class PrimeIter:
03      def __init__(self, max):
04          """ 最大値を指定 """
05          self.max = max
06
07      def __iter__(self):
08          """ 値を初期化する """
09          self.n = 1
10          return self
11
12      def __next__(self):
13          """ 次の素数を探して返す """
14          is_prime = False
15          self.n += 1
16          # 素数を探す
17          while not is_prime:
18              is_prime = True
19              for i in range(2, self.n):
20                  if self.n % i == 0:
21                      is_prime = False
22                      break
23              if is_prime: break
24              self.n += 1
25              # 最大値に達したら例外を出す
26              if self.n >= self.max:
27                  raise StopIteration
28          return self.n
29
30  # 100以下の素数を列挙する
31  it = PrimeIter(100)
32  for no in it:
33      print(no, end=",")
```

プログラムをコマンドライン上で実行してみましょう。ここでは、100以下の素数を表示します。

chapter
6-4

281

コマンドライン

```
$ python3 prime-iter.py
2,3,5,7,11,13,17,19,23,29,31,37,41,43,47,53,59,61,67,71,73,79,83,89,97,
```

プログラムを確認してみましょう。ここでは、PrimeIterクラスを定義しています。コンストラクタである`__init__()`メソッドでは、素数の最大値を指定します。続く、`__iter__()`メソッドでは、イテレータの初期化処理を記述します。そして、`__next__()`メソッドで、実際の素数の値を返すようにします。

ちなみに、ここでは、もっとも愚直に素数を求めるプログラムを記述しています。つまり、数値nが素数かどうかを調べるために、n未満の全部で割って割り切れる数がないかどうかを調べるというものです。この方法では正確に素数を求めますが、値が大きくなればなるほど、素数を求めるのに時間がかかります。素数は暗号生成など応用範囲が広く、さまざまな素数判定方法が考案されています。余力があれば、より効率的に素数を求めるようプログラムを改良してみてください。

このように、`__iter__()`メソッドと`__next__()`メソッドを実装することで、クラスのオブジェクトを1つずつ列挙するイテレータを実装できます。もしも、複数の値を持つデータであるならば、そのデータを1つずつ列挙する必要するようにすれば、使い勝手の良いクラスとなるでしょう。

アクセサとゲッター・セッターについて

ここまで見てきたように、オブジェクトは、複数の値を覚えておくことができます。しかし、しばしば、オブジェクトを外部から操作するとき、そのオブジェクト内部の値に直接アクセスすることは、**メンテナンス性がよくない**とされています。そのために、**内部の値にアクセスするためのメソッドを用意する**ことが好ましいとされています。

たとえば、時間を表すClockクラスを用意したとします。Clockオブジェクトには、時（_hour）と分（_min）を表す変数を持っているとします。その際、以下のように、直接、値を書き換えてしまったら、Clockクラス内部で意図しない問題を引き起こしてしまうかもしれません。

```
obj = Clock()
obj._hour = 10
obj._min = 50
```

どういうことかというと、これらの変数は、定期的にコンピュータの時と分の情報を読み取って、自動的に設定される値なのかもしれません。そうだとすると、上記のように、値を設定したとしても、全く無意味で、1秒後には、他の値に書き換えられてしまうのです。そのため、オブジェクト外部から内部の値にアクセスする際には、「**アクセサ**」と呼ばれる内部の値を得るためのメソッドを用意します。以下は、アクセサを定義する例です。

```
class Clock:
    # ...
    def get_hour(self):
        return self.hour
    def get_min(self):
        return self.min
```

このようなオブジェクトの値を読み取る専用のメソッド（アクセサ）を用意しておけば、内部の値を勝手に書き換えてしまうというトラブルを避けることができます。ちなみに、上記のように値を読み取るアクセサをゲッター（getter）、その逆で値を設定するもアクセサをセッター（setter）と呼びます。

しかし、安全のためとはいえ、オブジェクトのhourという値を得たいだけなのに、get_hour()メソッドを呼ばなければならないというのは、面倒に感じませんか？そうです、多くの人が面倒だと感じることです。そこで、Pythonには、@propertyというデコレータが用意されています。これを使うと、メソッドに対して変数のようにアクセスできるようになります。

書式 ゲッターの指定

```
class クラス名:
    @property
    def ゲッター名(self):
        return 値
```

以下は、Clockクラスに、ゲッターアクセサ「hour」を定義して利用するプログラムです。

テキストエディタ file: src/c6/getter_test.py

```
01  class Clock:
02      def __init__(self, hour):
03          self._hour = hour
04
05      @property
06      def hour(self):
07          return self._hour
08
09  obj = Clock(11)
10  print(obj.hour)
```

コマンドラインから実行してみましょう。

コマンドライン

```
$ python3 getter_test.py
11
```

このClockのインスタンスobjに定義されているhourはゲッターです。ですから、値を変更しようとするとエラーになります。REPLでこのクラスを読み込んで、敢えてhourの値を変更しようと試みてみましょう。

REPL

```
>>> import getter_test
>>> a = getter_test.Clock(8)
>>> a.hour = 10    # 書き換えようとすると...
Traceback (most recent call last):
  File "<stdin>", line 1, in <module>
AttributeError: can't set attribute
```

上記から分かるように、確かに、ゲッターであるhourは書き換えることはできません。

283

次に、アクセサのセッターを定義する方法を紹介します。セッターを定義するには、次の書式で指定します。

書式 セッターの定義

```
class クラス名:
    ...
    @ゲッター名.setter
    def ゲッター名(self, value):
        # ここで変数にvalueを設定
```

それでは、セッターを定義する具体的な例を見てみましょう。先ほど定義したClockクラスにセッターを追加してみましょう。このクラスでは、hourに12を超える値を設定できないようにしてみます。加えて、hourが12を超えたときには、ampmを"pm"に変更するようにします。

テキストエディタ file: src/c6/setter_test.py

```
01  class Clock:
02      def __init__(self, hour):
03          self._hour = hour
04          self._ampm = "am"
05
06      @property
07      def hour(self):
08          return self._hour
09
10      @hour.setter
11      def hour(self, value):
12          self._hour = value % 12
13          self._ampm = "am" if value <= 12 else "pm"
14
15      @property
16      def ampm(self):
17          return self._ampm
18
19
20  obj = Clock(11)
21  print(obj.hour, obj.ampm)
22  obj.hour = 13
23  print(obj.hour, obj.ampm)
```

コマンドラインから実行してみましょう。確かに、hourに13を設定しようとするとampmが午後を表すpmになり、hourは1になります。

コマンドライン

```
$ python3 setter_test.py
11 am
1 pm
```

284 **Chapter 6** 応用編 —— オブジェクト指向について

この節のまとめ

ここでは、クラスの特殊メソッドについて紹介しました。特殊メソッドを実装することで、クラスの使い勝手を向上させることができます。Pytyonのオブジェクト指向の使い勝手が良いのは、こうした特殊メソッドが充実しているからと言うこともできるでしょう。

ここでは、主な特殊メソッドを取り上げましたが、他にも、便利な特殊メソッドが用意されています。Pythonのマニュアルに一覧が記載されています。自作のクラスを設計しようと思ったときに、目を通しておくと良いでしょう。

● **Python 言語リファレンス（3. データモデル > 3.3. 特殊メソッド名）**

　http://docs.python.jp/3/reference/datamodel.html#specialnames

Chapter 6-5

抽象基底クラスとダック・タイピング

この節のポイント

- 抽象基底クラスについて

- ダック・タイピングについて

- 鶴亀算を解いてみよう

抽象基底クラスとダック・タイピングについて

次に、抽象基底クラスとダック・タイピングについて紹介します。これらの機能を知らなくても、プログラムを作ることはできますが、知っていると、よりスマートにオブジェクト指向を実践できます。

抽象基底クラスとは？

抽象基底クラス（あるいは抽象クラス）とは、クラスの定義において空のメソッドだけを持つクラスです。メソッドが空であるので、抽象基底クラスをそのまま使うことはありません。言い換えれば、実体のない空っぽのクラス定義です。そのため、抽象基底クラスを使う際には、抽象基底クラスを継承して空のメソッドをすべてオーバーライドしなければ、インスタンスを作ることはできません。

いったい空のメソッドしか持たない抽象基底クラスが何の役に立つのかといえば、クラス定義において、「任意のメソッドを持つことを強制させる」という役割があります。

たとえば、迷路を脱出するロボットに関するプログラムを公募したとします。しかし、漠然としたプログラムを公募するなら、個人ごとバラバラの名前のメソッドを定義することでしょう。しかし、各ロボットに共通するであろう初期化処理（init_robot）と移動先の決定に関するメソッド（choose_dir）を決め打ちにしておきたいとします。そうするなら、各プログラムの性能評価がやりやすくなるからです。

このようなときに使えるのが、抽象基底クラスです。このロボットを作るためには、必ず、『抽象基底クラスのMazeRobotクラスを継承するように』という決まりにしておくのです。基底抽象クラスを継承した場合、指定されたメソッドをオーバーライドしなければ、エラーが出る仕掛けになっているのです。

抽象基底クラスを使うには、abcモジュールを利用します。以下は、抽象基底クラスのMazeRobotクラスを定義したところです。

テキストエディタ file: src/c6/abc_robot.py

```
01  # abcモジュールの取り込み
02  from abc import ABCMeta, abstractmethod
03
04  # 基底抽象クラスの定義
05  class MazeRobot(metaclass=ABCMeta):
06
07      @abstractmethod
08      def init_robot(self): pass
09
10      @abstractmethod
11      def choose_dir(self): pass
```

この抽象基底クラスを使うには、以下のようにMazeRobotを継承したクラスを作り、@abstractmethodのデコレータの付いたメソッドをオーバーライドする必要があります。ちなみに、「メソッドのオーバーライド」の意味を覚えていますか？（P.265で紹介しましたが、派生先のクラスでメソッドを上書きすることでした。）

テキストエディタ file: src/c6/abc_robot-test.py

```
01  from abc_robot import MazeRobot
02
03  class MazeRobotTest(MazeRobot):
04
05      def init_robot(self):
06          print("ロボットを初期化します")
07      def choose_dir(self):
08          print("前進します")
09
10  robot = MazeRobotTest()
11  robot.init_robot()
```

それでは、上記のMazeRobotTestクラスの定義で、choose_dir()メソッドの定義を削除した上でプログラム実行してみてください。すると、下記のように、choose_dir()メソッドがないのでインスタンスを生成できないとエラーが出ます。

コマンドライン

```
$ python3 abc_robot-test.py
...
TypeError: Can't instantiate abstract class MazeRobotTest with abstract methods choose_dir
```

ここから、抽象基底クラス（abcモジュールのABCMetaとデコレータのabstractmethod）を使うと、クラスの継承の際に、メソッド定義を強制させることができることが分かったのではないでしょうか。

ダック・タイピングについて

次に、動的プログラミング言語のPythonならではの面白い機能として、**ダック・タイピング**（英語：duck typing）
を紹介します。

もともとダック・タイピングというのは、「もしも、それがアヒルのように歩き、アヒルのように鳴くのなら、それはア
ヒルである」という話から来ています。これは、**クラスの型が違えど同じメソッドを持っていれば同様に処理する**と
いう手法です。

もう少し、具体的に考えてみましょう。たとえば、Duckというオブジェクトには、walkとsoundという2つのメソ
ッドがあることを想定します。このとき、Duckと全く関係ないクラスであっても、walkとsoundというメソッドが
定義されているなら、**Duckクラスであるかのように振る舞わせる**ことができるということを、ダック・タイピングと
呼びます。

以下のプログラムを見てください。

テキストエディタ　file: src/c6/duck.py

```
01  # あるインスタンスのsoundとwalkメソッドを実行
02  def test_duck(it):
03      it.sound()
04      it.walk()
05
06  # クラスを定義
07  class Duck:
08      def sound(self):
09          print('ガァガァ')
10      def walk(self):
11          print("アヒルが歩く")
12
13  class Dog:
14      def sound(self):
15          print("ワンワン")
16      def walk(self):
17          print("犬が歩く")
18
19  class Cat:
20      def sound(self):
21          print("ニャーニャー")
22      def walk(self):
23          print("猫が歩く")
24
25  # ダック・タイピング
26  ahiru = Duck()
27  test_duck(ahiru)
28
29  inu = Dog()
30  test_duck(inu)
31
32  neko = Cat()
33  test_duck(neko)
```

コマンドラインから実行してみましょう。

288　**Chapter 6**　応用編 —— オブジェクト指向について

コマンドライン

```
$ python3 duck.py
ガァガァ
アヒルが歩く
ワンワン
犬が歩く
ニャーニャー
猫が歩く
```

まずは、関数test_duck()に注目してください。もともとアヒルのオブジェクトが鳴き、歩くということを想定して書かれたテストプログラムですが、アヒルと関係ない犬や猫のクラスでも、sound()とwalk()というメソッドが備わっていればエラーを起こすことなく実行できることを示しています。

つまり、先ほどの抽象基底クラスでは、抽象基底クラスを継承することにより、メソッド名を持っていることを強制させました。しかし、ダック・タイピングの手法では、特に強制させることなく、必要なメソッドがすでに定義されていることを前提として話を進めるという点が異なります。

鶴亀算をダック・タイピングで解いてみる

ところで、「鶴亀算」なるものをご存知でしょうか。鶴亀算というのは、算数の文章題の典型問題で、次のようなものです。

> [問題]
> 鶴と亀があわせて10匹います。足の数を数えると28本です。
> 鶴と亀それぞれ何匹いますか。

この問題を、プログラミングで解いてみましょう。ただし、ただ鶴と亀の数を表示するだけでは面白みがないので、鶴と亀を異なる動物でカスタマイズできるようにしてみましょう。上記の問題に加えて、次の問題も同じプログラムで解くこととします。

> タコとイカが併せて11杯（匹）います。足の数を数えると100本です。
> タコとイカ、それぞれ何匹いますか。

このプログラムを解くプログラムは、以下の通りです。

テキストエディタ file: src/c6/turukame.py

```python
01  # 鶴・亀・タコ・イカを表すクラスを定義 --- (❶)
02  class Turu:
03      def get_name(self):
04          return "鶴"
05      def get_legs(self):
06          return 2
07
08  class Kame:
09      def get_name(self):
10          return "亀"
```

chapter
6-5

289

```
11      def get_legs(self):
12          return 4
13
14  class Tako:
15      def get_name(self):
16          return "タコ"
17      def get_legs(self):
18          return 8
19
20  class Ika:
21      def get_name(self):
22          return "イカ"
23      def get_legs(self):
24          return 10
25
26  # 鶴亀算を解く関数 --- (❷)
27  def calc_turukame(turu, kame, heads, legs):
28      turu_l = turu.get_legs()
29      kame_l = kame.get_legs()
30      turu_name = turu.get_name()
31      kame_name = kame.get_name()
32  # 実際の足の本数(28)と、仮に10匹全部が鶴だったと仮定した場合の足の本数(20)との差を計算し、それを鶴
    と亀の足の数の差で割ると、亀の数になる(鶴亀算)
33      kame_num = (legs - (turu_l * heads)) // (kame_l - turu_l)
34  # 10匹から亀の数を引いて、鶴の数を出す
35      turu_num = heads - kame_num
36      print("---")
37      print("頭=", heads, "足=", legs)
38      print(turu_name, "=", turu_num)
39      print(kame_name, "=", kame_num)
40      return (turu_num, kame_num)
41
42
43  # モジュールではない時に以下を実行する --- (❸)
44  if __name__ == '__main__':
45      # 鶴亀算で問題を解く
46      calc_turukame(Turu(), Kame(), heads=10, legs=28)
47      calc_turukame(Tako(), Ika(),  heads=11, legs=100)
```

コマンドラインから実行してみましょう。

コマンドライン

```
$ python3 turukame.py
---
頭= 10 足= 28
鶴 = 6
亀 = 4
---
頭= 11 足= 100
タコ = 5
イカ = 6
```

290　**Chapter 6**　応用編 —— オブジェクト指向について

無事に答えを導き出すことができました。

このプログラムは3つの部分に分けることができます。冒頭、プログラム❶の部分では、鶴・亀・タコ・イカとそれぞれの動物を表すクラスを定義しました。それぞれのクラスには、動物の名前を返すget_name()メソッドと、足の数を返すget_legs()メソッドがあることにします。

そして、次に、プログラム❷の部分では、鶴亀算を解く関数calc_turukame()を定義しています。この関数の第1、第2引数には、それぞれ数えるべき動物のインスタンスを与えます。そして、第3引数には頭数、第4引数には足の数を指定します。第1、第2引数で与える動物のインスタンスは、get_name()とget_legs()メソッドの2つのメソッドを持っていることが求められます。この2つのメソッドが備わっていない場合、エラーが出ます。それから、プログラムの最後、プログラム❸で、動物と頭数と足数を指定して、鶴亀算を解きます。

このように、calc_turukame()関数に与えるオブジェクトが、get_name()とget_legs()メソッドを備えていれば、ツルでもカメでも、タコでもイカでも実行できるようになっています。ここで、特定の型のクラスを指定する必要がないという点がポイントで、これが、ダック・タイピングの気軽さです。

ちなみに、このプログラムは、後からモジュールとしても利用しようと思います。そのため、プログラム❸の部分で、モジュールとして利用する際に、鶴亀算の演算を実行しないように工夫しています。Pythonでは、モジュールとして、外部のプログラムから取り込まれるとき、特殊変数の「__name__」には、モジュールの名前が設定されますが、メインプログラムとして実行されるときには「__main__」が設定される仕組みになっています。

この節のまとめ

この節では、抽象基底クラスとダック・タイピングについて紹介しました。どちらも、オブジェクト指向における、オブジェクトとオブジェクトを上手に橋渡しするための手法です。双方の違いを理解して、ケースバイケースで使い分けできるようになると良いでしょう。

Chapter 6-6

ユニットテストについて

この節のポイント

● ユニットテストとは？

● unittestモジュールを使う方法

● テストを書いてみよう

ユニットテストとは？

最近では、比較的大きなプログラムを作るとき、実際のプログラムとは別に「ユニットテスト(英：unit test)」と呼ばれる、テスト・プログラムを作ることが、広く行われています。「ユニットテスト」というのは、**プログラムを構成する比較的小さな単位**(ユニット)が正しく動くのかを検証するためのテストです。プログラム全体が正しく動くかどうかを確認するテストとは別に行います。

プログラムは、作ってから時間が経てば経つほど、修正するのが難しくなりますが、ユニットテストを記述することで、早い段階でバグを見つけて修正することができます。また、プログラムの一部を修正したときに、その部分とは別の機能で問題が出ることがあります。ユニットテストを作っておけば、どのような影響が出るのかを、あらかじめ把握することができます。

プログラムとは別に、テストプログラムを作るというと、何だか面倒で、プログラム開発にかかる時間が増えるようにも感じます。しかし、経験豊かなプログラマーであれば、ほとんどの人が同意することですが、プログラムを開発している時間のほとんどは、新たなプログラムを作ることではなく、**プログラムの修正**に時間を費やしています。ユニットテストを用意しておけば、修正や、問題を特定することが容易になります。

ユニットテストを書いてみよう

このように、ユニットテストは、プログラム開発で役立つものです。そのため、Pythonには、最初からユニットテストのための**unittestモジュール**が付属しています。では、このモジュールを利用するプログラムを紹介します。

前節で、鶴亀算のプログラムを解くプログラムを作りました。このプログラムは、モジュールとしても使えるようにしていました。そこで、この鶴亀算を解くモジュールを使って、テストを書いてみましょう。

ユニットテストを記述するときは、まず、**unittestモジュール**を取り込みます。ここでは、鶴亀算のモジュールをテストするため、**テスト対象のモジュール**も一緒に取り込むようにします。

292 **Chapter 6** 応用編 —— オブジェクト指向について

```
import unittest, turukame
```

そして、ユニットテストのためのクラスを定義し、unittest.TestCaseを継承します。

```
class TestTurukame(unittest.TestCase):
```

続けて、クラスのメソッドにテストを記述します。このとき、self.assertEqual()メソッドを使って値をテストします。このとき、引数には、前から順に、テストしたい値と想定する値、そしてテストの説明を指定します。

```
def test_hoge(self):
    v = 2 + 4
    self.assertEqual(v, 6, "計算")
```

以上が、ユニットテストの基本です。それでは、実際のユニットテストを記述してみましょう。

テキストエディタ file: src/c6/test_turukame.py

```
01  import unittest, turukame
02
03  class TestTurukame(unittest.TestCase):
04
05      def test_turukame(self):
06          # 鶴亀算を計算
07          turu, kame = turukame.calc_turukame(
08              turukame.Turu(),
09              turukame.Kame(),
10              heads=10, legs=28)
11
12          # 結果を検証する
13          self.assertEqual(turu, 6, "基本的な計算で鶴の数")
14          self.assertEqual(kame, 4, "基本的な計算で亀の数")
```

このユニットテストを実行するには、コマンドラインから以下のようなコマンドを実行します。

コマンドライン

```
$ python3 -m unittest test_turukame
---
頭= 10 足= 28
鶴 = 6
亀 = 4
.
----------------------------------------------------------------
Ran 1 test in 0.000s

OK
```

正しく実行されると、最後に「OK」と表示されます。

pythonコマンドでは、「-m（モジュール名）」オプションを与えると、そのモジュールをスクリプトとして実行することができます。つまり、ここでは、unittestモジュールをスクリプトとして実行するという意味になります。そして、そのコマンドに続けて、test_turukameと記述しましたが、ここには、テストするスクリプト名を実行します。このとき、テストしたいスクリプトの名前は、「test_***」のように、スクリプトの名前を「test_」からはじめる決まりとなっています。そして、今回は、1つのファイルだけを指定していますが、ディレクトリに複数のファイルを配置しておいた場合には、ディレクトリ名を指定して、複数のテストを実行することができます。

テストに失敗したとき

ちなみに、テストに失敗するときの表示も確認しておきましょう。敢えて、間違った値を記述してみます。

テキストエディタ　file: src/c6/test_turukame2ng.py

```
01  import unittest, turukame
02
03  # 敢えて間違った値を指定する例
04  class TestTurukame2(unittest.TestCase):
05
06      def test_turukame_ng(self):
07          # 鶴亀算を計算
08          turu, kame = turukame.calc_turukame(
09              turukame.Turu(),
10              turukame.Kame(),
11              heads=10, legs=28)
12
13          # 結果を検証する
14          self.assertEqual(turu, 8, "基本的な計算で鶴の数")
15          self.assertEqual(kame, 12, "基本的な計算で亀の数")
```

それでは、コマンドラインからテストを実行してみましょう。

コマンドライン

```
$ python3 -m unittest test_turukame2ng
---
頭= 10 足= 28
鶴 = 6
亀 = 4
F
======================================================================
FAIL: test_turukame_ng (test_turukame2ng.TestTurukame2)
----------------------------------------------------------------------
Traceback (most recent call last):
  File "/.../src/c5/test_turukame2ng.py", line 14, in test_turukame_ng
    self.assertEqual(turu, 8, "基本的な計算で鶴の数")
AssertionError: 6 != 8 : 基本的な計算で鶴の数

----------------------------------------------------------------------
Ran 1 test in 0.001s

FAILED (failures=1)
```

294　**Chapter 6**　応用編 —— オブジェクト指向について

今回、間違った値を指定してテスト実行しました。テスト結果を確認してみましょう。出力の最後を見ると、「FAILED (failures=1)」と表示され、1つのメソッドが失敗したことを表示しています。そして、その前を見ていくと、どこでテストが失敗したのか、また、「AssertionError: 6 != 8」と表示され、実際の値と想定する値が異なっている点も表示されます。

このように、テスト結果を確認すると、どこで何が失敗したのかとても分かりやすく表示されるので、必要に応じて値を修正することができます。

テストの前準備と後片付け

ちなみに、テストユニットでは、テストを実行する前の前準備と、後片付けのためのメソッドを定義することができます。

タイミング	メソッド名
前準備	setUp()
後片付け	tearDown()

たとえば、テストの中で、データベースの接続が必要な場合など、setUp()でデータベースに接続し、テスト後、tearDown()で接続を解除するという使い方ができます。また、クラスのインスタンスを生成する必要がある場合には、setUp()メソッドの中で、インスタンスを生成しておくことができます。そして、テストの中で、データファイルを生成した場合など、tearDown()メソッドの中で生成したファイルを削除するなど、後片付けの用途で利用できます。

では、実際に、setUp()メソッドを定義する例を見てみましょう。

テキストエディタ file: src/c6/test_turukame3.py

```python
01  import unittest, turukame
02
03  class TestTurukame3(unittest.TestCase):
04
05      def setUp(self):
06          # 前処理
07          # インスタンスを先に生成しておく
08          self.turu = turukame.Turu()
09          self.kame = turukame.Kame()
10          self.tako = turukame.Tako()
11          self.ika  = turukame.Ika()
12
13      def tearDown(self):
14          # 後片付け
15          pass
16
17      def test_legs(self):
18          # 鶴と亀の足の数を確認
19          self.assertEqual(self.turu.get_legs(), 2, "足の数")
20          self.assertEqual(self.kame.get_legs(), 4, "足の数")
21
22      def test_basic(self):
23          # 鶴亀算を計算
24          turu, kame = turukame.calc_turukame(
25              self.turu, self.kame,
```

chapter
6-6

295

```
26              heads=10, legs=28)
27          # 結果を検証する
28          self.assertEqual((turu,kame),(6,4), "基本的な計算") --- (❶)
29
30      def test_turu_ika(self):
31          # 検証
32          self.assertEqual(      --- (❷)
33              turukame.calc_turukame(
34                  self.turu, self.ika,
35                  heads=6, legs=36),
36          (3, 3), "鶴とイカの計算")
```

プログラムを見ていきましょう。ここでは、setUp()メソッドで鶴亀算で使うオブジェクトturu/kame/tako/ikaを生成しておきます。そして、test_legs()メソッドでは、turuやkameの足が正しい本数かどうかを確認しています。

少し補足が必要なのは、test_basic()メソッドでしょうか。少しページを戻って、P.290の鶴亀算のプログラムを確認してみてください。calc_turukame()の戻り値は、鶴と亀の頭の数として2つの値を返すものでした。たとえばここで、2つの値が正しいかどうかを確認したいと思います。このようなとき、タプルを指定して、2つ1セットのタプルが等しいかどうかを確認することができます。

REPLでも以下を実行して、簡単に試してみると良いでしょう。

REPL

```
>>> #2つのタプルが等しいかどうかを調べる
>>> (1,2)==(1,2)
True
>>> # タプルの片方の値が異なっていればFalseとなる
>>> (1,2)==(1,3)
False
>>> # もちろん、タプルの要素数が異なればFalseとなる
>>> (1,2,3)==(1,2)
False
>>> (1,2,3)==(1,2,3)
True
```

タプルをうまく利用すると、2つの値が同時に正しいかチェックできるというわけです。❶でもこの書き方を利用して、第1引数と第2引数にタプルを指定しています。

そして、❷の方では、第1引数に直接calc_turukame()関数を指定して、2つの戻り値を得る書き方をしています。

コマンドラインからテストを実行してみましょう。

コマンドライン

```
$ python3 -m unittest test_turukame3.py
---
頭= 10 足= 28
鶴 = 6
亀 = 4
..---
```

```
頭= 6 足= 36
鶴 = 3
イカ = 3
.
-------------------------------------------------------------------
Ran 3 tests in 0.001s

OK
```

今回、3つのテストを記述しましたが、それらがすべて正しく実行され、出力の最後に「OK」というメッセージを見ることができました。若干、素っ気なくも思うのですが、「便りの無いのはよい便り」ということわざの通りでしょう。

値を検証するメソッド

ここまでの部分で、想定する値が正しいことを確認するために、assertEqual() メソッドを利用しました。ユニットテストでは、値が正しいことを確認するメソッドが他にも用意されています。

メソッド名	確認する事柄	説明
assertEqual(a, b)	a == b	aとbが等しい
assertNotEqual(a, b)	a != b	aとbが等しくない
assertTrue(x)	bool(x) is True	値xがTrueであること
assertFalse(x)	bool(x) is False	値xがFalseであること
assertIs(a, b)	a is b	aがbであること
assertIsNot(a, b)	a is not b	aがbではないこと
assertIsNone(x)	x is None	xがNoneであること
assertIsNotNone(x)	x is not None	xがNoneではないこと
assertIn(a, b)	a in b	リストなどでbにaが含まれること
assertNotIn(a, b)	a not in b	リストなどでbにaが含まれないこと
assertIsInstance(obj, cls)	isinstance(obj, cls)	objがclsのインスタンスであること
assertNotIsInstance(obj, cls)	not isinstance(obj, cls)	objがclsのインスタンスでないこと

このように、値を検証するいろいろなメソッドが用意されているので、必要に応じて利用すると良いでしょう。

この節のまとめ

以上、ここでは、ユニットテストについて紹介しました。プログラムの学び始めの頃に、わざわざテストを書くことは少ないかもしれませんが、少し大きなプログラムを作ってみようと思ったら、本節を参考にテストを書いてみると良いでしょう。

Chapter 6-7

会員制Webサイトを作ろう

この節のポイント

● 会員制Webサイトを作ってみよう

● クッキーについて学ぼう

● セッションについて学ぼう

会員制Webサイトを作るには

ここまでオブジェクト指向について紹介しましたが、本書の最後に、オブジェクト指向を使ってWebアプリを作ってみることにしましょう。

最近では、TwitterやFacebookなどのSNS、つまり、会員制のWebサービスが人気です。ログインすることで、会員専用のページを見ることができるのです。これは、どのような仕組みでできているのでしょうか。ポイントとなるのは、クッキーとセッションの仕組みです。ここでは、会員制Webサイトを作る上で欠かせないこれらの仕組みについて見ていきます。

クッキー（Cookie）について

WebブラウザとWebサーバの間で行われるHTTP通信は、基本的にステートレスです。ステートレスな通信とは、同じURLへのアクセスに対して、同じデータが返される通信を指しています。以前どのようなデータをやり取りしたかなどの情報は保持されません。つまり、HTTP通信では、Webブラウザがリクエストを送信し、Webサーバはそれに応答するレスポンスを返信して終わりです。必ず、リクエストとレスポンスがセットであり、それだけで通信は閉じられます。

しかし、HTTP通信のこの仕組みだけでは、会員制のサイトを実現できません。もちろん、ショッピングカートに商品を追加したかどうかも判別できません。そこで、Webブラウザ側にクッキー(Cookie)の仕組みが追加されました。これは、Webブラウザを通してサイトの訪問者のコンピュータに一時的なデータを書き込んで保存するための仕組みです。とはいえ、クッキーに何でもかんでも保存できるわけではなく、1つのクッキーに保存できる最大データは、わずか4096バイトに制限されています。しかも、クッキーは、HTTP通信のヘッダを介して入出力されることになっており、訪問者側で容易に改変が可能であるという特徴があります。

298　Chapter 6　応用編 —— オブジェクト指向について

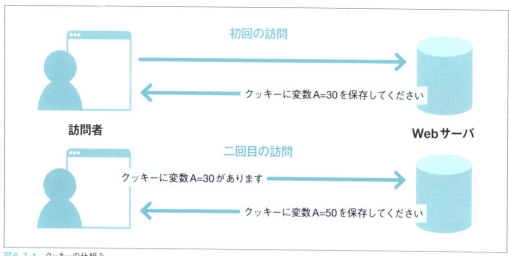

図6-7-1 クッキーの仕組み

クッキーを使ってみよう

これら、クッキーの特徴を踏まえた上で、Pythonで使ってみましょう。以下は、クッキーを用いた簡単なアクセスカウンタのプログラムです。クッキーはあくまでも、訪問者側のWebブラウザのストレージに保存されるという点を覚えておきましょう。そのため、このアクセスカウンタは、訪問者が何度、そのサイトを訪れたかの値を表示するものです。

テキストエディタ file: src/c6/cgi-bin/cookie.py

```
01 #!/usr/bin/env python3
02 # クッキーで訪問回数のカウントアップ
03
04 import os
05 import cgi
06 from http import cookies
07 import datetime
08
09 # Cookieの取得
10 cookie = cookies.SimpleCookie(os.environ.get('HTTP_COOKIE', ''))
11 cnt = 1
12 if 'counter' in cookie:
13     cnt = int(cookie['counter'].value) + 1
14
15 # Cookieの設定
16 cookie['counter'] = cnt
17 #  有効期限の指定
18 expires = datetime.datetime.now() + datetime.timedelta(days=90)
19 cookie['counter']['expires'] = expires.strftime("%a, %d-%b-%Y %H:%M:%S GMT")
20
21 # ヘッダを出力する
22 print("Content-Type: text/html; charset=utf-8")
23 print(cookie.output())
24 print("")
25 print("訪問回数=", cnt)
```

P.215で詳しく解説していますが、Webアプリを実行するには、まず、Python内蔵のサーバを起動する必要があります。以下のコマンドを実行して、Webサーバを起動します。

コマンドライン

```
$ python3 -m http.server --cgi 8080
Serving HTTP on 0.0.0.0 port 8080 ...
```

また、プログラムは、「cgi-bin」ディレクトリに配置し、Mac/Linuxでは実行権限を与えてください。

図6-7-2　クッキーによるアクセスカウンタ

図6-7-3　リロードするたびに、カウントアップします

セッション（Session）について

次に、セッションの仕組みを紹介します。セッションは、クッキーを使ってデータを保存するのは同じなのですが、クッキーに保存するのは、訪問者に適当に付与する固有のIDだけで、実際のデータはWebサーバ側に保存します。サーバ側にデータを保存する仕組みなので、クッキーの制限である保存データサイズの制限を気にする必要がありません。保存するデータのサイズが4096バイト以上になっても問題ありません。

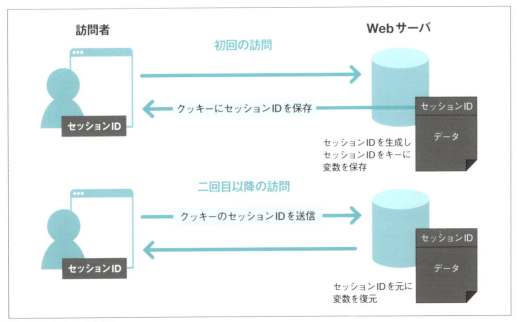
図6-7-4　セッションの仕組み

本節の冒頭で、HTTP通信は、ステートレスであることを紹介しました。しかし、セッションを使った通信では、クッキーに記録した固有のIDをキーとして、それ以前の変数の値を復元する処理を毎回行うようにするのです。この固有のIDをセッションIDと呼びます。つまり、訪問者はWebブラウザで、Webサーバにアクセスしたとき、最初の訪問であれば、クッキーにセッションIDを記録します。そして、Webサーバ内部に、セッションIDと同名のデータファイルを用意して、そこに保存したい変数の値を保存しておきます。次回、再度同じ訪問者がサーバにアクセスしたときには、クッキーのセッションIDを元に、保存した変数を復元するのです。

セッションを使ってみよう

それでは、簡単にセッションを管理するクラスを定義して使ってみましょう。以下は、クッキーを利用してセッションを管理するCookieSessionというクラスを定義したものです。セッションIDをキーとして、ファイルに変数の値を保存します。

テキストエディタ file: src/c6/cgi-bin/cksession.py

```python
#!/usr/bin/env python3
# クッキーを使ったセッション

from http import cookies
import os, json
import datetime, random, hashlib

class CookieSession:
    """ クッキーを使ったセッションのクラス """

    SESSION_ID = "CookieSessionId"
    # セッションデータの保存先を指定 --- (1)
    SESSION_DIR = os.path.dirname(
        os.path.abspath(__file__)) + "/SESSION"

    def __init__(self):
        # セッションデータの保存パスを確認 --- (2)
        if not os.path.exists(self.SESSION_DIR):
            os.mkdir(self.SESSION_DIR)

        # クッキーからセッションIDを得る --- (3)
        rc = os.environ.get('HTTP_COOKIE', '')
        self.cookie = cookies.SimpleCookie(rc)
        if self.SESSION_ID in self.cookie:
            self.sid = self.cookie[self.SESSION_ID].value
        else:
            # 初回の訪問ならセッションIDを生成する
            self.sid = self.gen_sid()

        # 保存してあるデータを読み出す --- (4)
        self.modified = False
        self.values = {}
        path = self.SESSION_DIR + "/" + self.sid
        if os.path.exists(path):
            with open(path, "r", encoding="utf-8") as f:
                a_json = f.read()
                # JSON形式のデータを復元
                self.values = json.loads(a_json)
```

301

```
39
40      def gen_sid(self):
41          """ セッションIDを生成する """ # --- ❺
42          token = ":#sa$2jAiN"
43          now = datetime.datetime.now().strftime("%Y%m%d%H%M%S%f")
44          rnd = random.randint(0, 100000)
45          key = (token + now + str(rnd)).encode('utf-8')
46          sid = hashlib.sha256(key).hexdigest()
47          return sid
48
49      def output(self):
50          """ クッキーヘッダを書き出す """ # --- ❻
51          self.cookie[self.SESSION_ID] = self.sid
52          self.save_data()
53          return self.cookie.output()
54
55      def save_data(self):
56          """ セッションデータをファイルに書き出す """
57          if not self.modified: return
58          path = self.SESSION_DIR + "/" + self.sid
59          # JSON形式に変換して保存
60          a_json = json.dumps(self.values)
61          with open(path, "w", encoding="utf-8") as f:
62              f.write(a_json)
63
64      # 添字アクセスのための特殊メソッドの定義 --- ❼
65      def __getitem__(self, key):
66          return self.values[key]
67
68      def __setitem__(self, key, value):
69          self.modified = True
70          self.values[key] = value
71
72      def __contains__(self, key):
73          return key in self.values
74
75      def clear(self):
76          self.values = {}
77
78  if __name__ == "__main__":
79      # 実行テスト(訪問カウンターの例)
80      ck = CookieSession()
81      counter = 1
82      if "counter" in ck:
83          counter = int(ck["counter"]) + 1
84      ck["counter"] = counter
85      print("Content-Type: text/html")
86      print(ck.output())
87      print("")
88      print("counter=", counter)
```

このプログラムは、**モジュール**としても利用できますが、単独でアクセスしたときには、訪問回数を**カウント**するカウンターとしても動作します。このファイルに実行権限を与えたら、Webブラウザでアクセスしてみてください。ブラウザ画面をリロードするたびに、カウントアップされるのを確認できます。見た目は、先ほどクッキーで作ったプログラムと同じですが、Webブラウザのクッキーには、カウンターの値は保存されず、データはWebサーバ側に保存

302　**Chapter 6**　応用編 —— オブジェクト指向について

されます。そのため、訪問者自身によりセッション内の変数の値を変更することは不可能です。これは、重要なことで、購入した通販の商品や料金などのデータを安心して保持しておくことができます。

では、プログラムを確認してみましょう。プログラムの❶の部分では、セッションデータの保存先を指定しています。ここでは、変数SESSION_DIRに、プログラムの配置パス以下「(スクリプトのパス)/SESSION」というディレクトリを指定し、それを保存先に指定しています。特殊変数`__file__`は、プログラム自身のパスを表します。`os.path.dirname()`メソッドを使うと、パスのディレクトリ名を取得できるのでした。

次に、オブジェクトの初期化を行う`__init__()`メソッドを見てみましょう。プログラムの❷の部分では、セッションデータの保存先のディレクトリが作成されていなければ、新規ディレクトリを作成します。❸の部分では、クッキーを調べてセッションIDを取得します。もし、初回のアクセスであれば、セッションIDを生成します。❹の部分では、セッションIDをキーにして、保存してあるデータを読み出します。ここでは、セッションデータのディレクトリに、セッションIDの名前を持つファイルを読み出します。保存形式は、JSON形式なので、`json.loads()`メソッドを使って、JSON形式をPythonのデータに変換します。これで、訪問ユーザごとのデータを復元することができました。

続いて、セッションIDを生成する❺の部分を見てみましょう。セッションIDは適当な数値で良いでしょうか。いいえ。適当な値であれば、訪問者がセッションIDを偽装して、他人のセッションに成りすますことが可能になってしまいます。これを、セッションハイジャックと呼びますが、セキュリティ上の脅威の1つです。ですから、セッションIDは他人から類推されることのないユニークな値であるべきです。ここでは、現在時刻とランダムな値をかけあわせたものをSHA256でハッシュ化することでセッションIDを生成しています。

ここでセッション管理は、クッキーを利用しています。そのため、❻の部分では、クッキー用にHTTPのヘッダを書き出す処理を記述しています。ヘッダを書き出すのと同時に、セッションに保存したデータをファイルに保存しています。最後、クラス定義の❼以降の部分では、キーでデータを取得するために、特殊メソッドを定義しています。クラスの利便性を向上させるために用意しています。

会員制のメッセージボードを作ろう

ここで作るのは、会員制のメッセージボードです。IDとパスワードを入力して、ログインしないと、メッセージを見ることができないというものです。

図6-7-5　利用するにはまずログインします

図6-7-6　ログインしたところ

図6-7-7 ログインすると秘密のメッセージを見られます

図6-7-8 終了するにはログアウトします

図6-7-9 ログインなしに秘密のメッセージを見ることはできません

プログラムの概要が分かったところで、会員制のメッセージボードのプログラムを確認してみましょう。

テキストエディタ　file: src/c6/cgi-bin/sec-board.py

```
001 #!/usr/bin/env python3
002
003 import os, cgi, cgitb, html
004 import cksession # 自作のセッションモジュール
005 import datetime
006
007 class SecBoard:
008     """ 秘密のメッセージボードを実現するクラス """
009
010     # ユーザー名とパスワード --- (1)
011     USERS = { "taro":"aaa", "jiro":"bbb" }
012     # メッセージのファイル
013     FILE_MSG = "sec-msg.bin"
014
015     def __init__(self): # --- (2)
016         self.form = cgi.FieldStorage()
017         self.session = cksession.CookieSession()
018         self.check_mode()
019
020     def check_mode(self): # --- (3)
021         mode = self.form.getvalue("mode", "login")
022         if   mode == "login"    : self.mode_login()
023         elif mode == "trylogin" : self.mode_trylogin()
024         elif mode == "logout"   : self.mode_logout()
025         elif mode == "sec"      : self.mode_sec()
026         elif mode == "secedit"  : self.mode_secedit()
027         else: self.mode_login()
028
029     def print_html(self, title, html, headers = []):
030         """ ヘッダおよびHTMLを出力する """ # --- (4)
031         print("Content-Type: text/html; charset=utf-8")
032         for hd in headers: print(hd)
```

```
033        print("")
034        print("""
035        <html><head><meta charset="utf-8">
036        <title>{0}</title></head><body>
037        <h2>{0}</h2><div>{1}</div></body></html>
038        """.format(title, html))
039
040    def show_error(self, msg):
041        """ エラーを表示 """
042        self.print_html("エラー", """
043        <div style="color:red">{0}</div>
044        """.format(msg))
045
046    def mode_login(self):
047        """ ログイン画面を表示する """ # --- (5)
048        self.print_html("会員専用ログイン", """
049        <form method="POST">
050        ユーザー名: <input type="text" name="user" size="8"><br>
051        パスワード: <input type="password" name="pw" size="8">
052        <input type="submit" value="ログイン">
053        <input type="hidden" name="mode" value="trylogin">
054        </form>
055        """)
056
057    def mode_trylogin(self):
058        """ ログイン可能か検証する """ # --- (6)
059        # フォームデータからログイン情報を得る
060        user = self.form.getvalue("user", "")
061        pw   = self.form.getvalue("pw", "")
062        # ログインできるか調べる
063        if not (user in self.USERS):
064            self.show_error("ユーザーが存在しません")
065            return
066        if self.USERS[user] != pw:
067            self.show_error("パスワードが異なります")
068            return
069        # ログイン成功を明示
070        now = datetime.datetime.now()
071        self.session["login"] = now.timestamp()
072        headers = [self.session.output()]
073        self.print_html("ログイン成功", """
074        <a href="sec-board.py?mode=sec">会員専用ボードを見る</a>
075        """, headers)
076
077    def mode_logout(self):
078        """ ログアウトする """ # --- (7)
079        self.session['login'] = 0
080        self.print_html('ログアウト', """
081        <a href="sec-board.py">ログアウトしました</a>
082        """, [self.session.output()])
083
084    def is_login(self):
085        """ ログインしているか判定する """ # --- (8)
086        if "login" in self.session:
087            if self.session['login'] > 0:
088                return True
089        return False
```

```
090
091    def mode_sec(self):
092        """ 秘密のメッセージを表示する """ # --- (9)
093        if not self.is_login():
094            self.show_error('ログインが必要です')
095            return
096        # 秘密のメッセージを読み込む
097        msg = "ここに秘密のメッセージを書いてください"
098        if os.path.exists(self.FILE_MSG):
099            with open(self.FILE_MSG, "r", encoding="utf-8") as f:
100                msg = f.read()
101        msg = html.escape(msg)
102        self.print_html("秘密のメッセージ", """
103        <form method="POST" action="sec-board.py">
104        <textarea name="msg" rows="5" cols="80">{0}</textarea>
105        <br><input type="submit" value="変更">
106        <input type="hidden" name="mode" value="secedit"></form>
107        <hr><a href="sec-board.py?mode=logout">→ログアウト</a>
108        """.format(msg))
109
110    def mode_secedit(self):
111        """ 秘密のメッセージを編集する """ # --- (10)
112        if not self.is_login():
113            self.show_error("ログインが必要です", "")
114            return
115        # 秘密のメッセージを保存
116        msg = self.form.getvalue("msg", "")
117        with open(self.FILE_MSG, "w", encoding="utf-8") as f:
118            f.write(msg)
119        # 変更した旨を表示
120        self.print_html("変更しました", """
121        <a href="sec-board.py?mode=sec">内容を確認する</a>
122        """)
123
124 if __name__ == "__main__":
125     cgitb.enable()
126     app = SecBoard()
```

プログラムを実行するには、プログラムに実行権限をつけ、WebブラウザでプログラムのURLにアクセスします。

ログインパスワードは、ここでは決め打ちにしています。プログラム中の❶で設定していますが、ユーザ名が「taro」、パスワードが「aaa」です。

❷の部分では、フォームデータの値を取得し、セッションの利用を開始しています。

ちなみに、このプログラムでは、URLパラメータのmodeの値によって、画面を切り替えています。この切り替えを行っているのが、プログラム中の❸の部分です。

modeの値	画面の機能
login	ログインフォームを表示する
trylogin	ログインフォームの入力を検証する
logout	ログアウトする
sec	秘密のメッセージボードを表示する
secedit	メッセージの内容を変更する

プログラム中❹の部分では、print_html()メソッドを定義しています。これは、ヘッダおよびHTMLを出力するものです。プログラムを短くするために、ヘッダやタイトルの表示などすべてをこの関数にまとめています。

プログラム❺の部分では、ログインフォームを画面に表示します。そして、フォームにユーザ名とパスワードを入力して「ログイン」ボタンを押すと、フォームが送信され、❻の部分にある、mode_trylogin()メソッドが実行されます。このメソッドでは、ログイン可能かどうか検証します。もし、ログイン可能ならば、セッションの値「login」にログインした時刻のタイムスタンプを設定します。

そして、❼の部分では、ログアウト画面を表示します。実際のログアウト処理は、セッションの値「login」に0を代入するだけです。

それから、プログラム❽の部分では、ユーザがログインしているかどうかを判定します。判定方法は、セッションに「login」という値があるか、またその値が0よりも大きな値であるかという点です。

プログラム❾の部分では、秘密のメッセージボードを表示します。この画面の注意点は、ログインしている者だけが見ることができるという点です。ですから、このメソッドの最初で、ログインしているかどうかを確認し、ログインしていなければ、エラーを出すようにしています。

プログラム❿の部分では、秘密のメッセージボードの値を編集します。この画面も同じく、ログインしていない人は編集できないようにします。

改良のポイント

さて、ここで作成したプログラムですが、紙面が限られているため、限られた機能しか実装していません。そこで、実際に使えるようにするために、以下の改良を施すのはどうでしょうか。簡単なポイントだけ紹介します。

まず、ここでは、ユーザ名とパスワードが決め打ちになっており、新規ユーザを追加する機能がありません。ユーザを追加する仕組みを作ると良いでしょう。また、パスワードがプログラムに直接書かれているので、暗号化するなどしてセキュリティを高めましょう。それから、このプログラムでは、すべてのユーザで同じ秘密のメッセージを表示していましたが、ユーザごとに異なるメッセージを保存できるとより良いでしょう。セッションにログイン中のユーザ名を保存するようにすれば、この仕組みを実現できます。

そして、重要な点ですが、ここで作成したセッション管理のクラスCookieSessionは、使わなくなった古いセッションデータの削除処理を入れていません。これでは、新たな訪問者があるたびに、セッションデータがWebサーバ内に増え続けてしまいます。定期的に古いセッションデータを削除する仕組みを作る必要があります。サンプルプログラムに、新規ユーザーを追加する機能とユーザーごとに異なるメッセージを保存できるように改良したものを「sec-board-kai.py」というファイル名で置いておきました。参考にしてみてください。

この節のまとめ

以上、ここでは、会員制のWebサイトの仕組みについて紹介しました。クッキーやセッションの仕組みさえ分かってしまえば、それほど難しいものではありません。プログラムが少し長いので敬遠したくなるかもしれませんが、各部分の処理を1つずつ確認していけば難しいものではないことが分かるでしょう。

また、レンタルサーバなどを借りれば、ここで作ったWebアプリを、すぐに世界中に公開することができます。Webアプリの開発は楽しいものですので挑戦してみてください。

結びに ── もっと Python を学ぶには？

本書では、Pythonの基礎部分にフォーカスを当てて、さまざまな文法や基本的なライブラリの使い方を紹介しました。読者の皆さんは、Pythonの可能性について、その言語の魅力について、輝くものを見つけたことでしょう。しかし、Pythonの底力、その魅力は、もっと大きなものです。本書で紹介しきれなかった魅力的なライブラリや、フレームワークがたくさんあります。これから、より深くPythonに足を踏み入れる皆さんに、その一部を紹介しましょう。

● Webアプリのフレームワーク

本書では、Webアプリ開発の初歩を紹介しましたが、フレームワークを使うことで、より本格的なWebアプリを開発することが可能となります。フレームワーク（英：framework）とは、骨組みとか骨組みという意味を持つ英単語です。つまり、フレームワークを使うなら、Webアプリを作る上で基本的な部分を作る必要がないということです。

- Flask ── Webアプリのフレームワーク
  「Flask」は、Python用のマイクロWeb開発フレームワークです。Flaskを利用すると、より短い記述でWebアプリを作ることができます。日本語の親切なマニュアルもあり、これからWeb開発をするならマスターしておきたいフレームワークと言えます。
  http://a2c.bitbucket.org/flask/

- django ── Webアプリの本格フレームワーク
  「django」は、Python用フルスタック・フレームワークです。Flaskがマイクロなのに対して、djangoはフルスタックです。必要なものは大抵揃っています。djangoの魅力は学習コストが低いことにあります。管理サイトを利用して、メンテナンスを行う機能も用意されています。
  https://www.djangoproject.com/

- py2exe / py2app
  「py2exe」は、PythonのスクリプトをWindows用の実行ファイルに変換するライブラリで、「py2app」はMac OS Xのアプリ形式に変換するライブラリです。自作したPythonのスクリプトを他の人に配布しようと思ったときに役立つことでしょう。
  py2exe　http://www.py2exe.org/
  py2app　https://pythonhosted.org/py2app/

- pep8 / autopep8

  ソースコードをチェックしてくれるツールです。PythonにはPEP8というコーディング規約がありますが、その規約に沿っているのかどうかを教えてくれます。また、自動的にPEP8の規約に沿って整形してくれるのが、autopep8というツールです。

  pep8　　　　http://pep8-ja.readthedocs.io/

  autopep8　https://github.com/hhatto/autopep8

● 科学計算や機械学習に役立つライブラリ

機械学習に関するライブラリについては、本文で触れましたが、その他のライブラリについても紹介しましょう。

- NumPy / SciPy　　… 数値計算・科学技術計算のライブラリ
- pandas　　　　　　… データ解析を支援する機能。
  　　　　　　　　　　　数表、時系列データの操作ライブラリ
- Matplotlib　　　　… グラフ描画など可視化のためのパッケージ
- OpenCV-Python　… 顔認識など画像処理・画像解析のライブラリ

● 結びに

こうしたライブラリやフレームワークを利用することで、より豊かなPythonライフを送ることができます。もちろん、ここで紹介できたライブラリは氷山の一角です。Pythonには膨大な数のパッケージが用意されています。モジュールのところでも紹介しましたが、世界中のPythonプログラマーが作った便利なライブラリがPyPIに集積されています。実践的なプログラムを作るとき、そうしたPyPIのパッケージを利用することができます。

本書を読み切った皆さんであれば、それなりにPythonを書くことができるようになっているのではないでしょうか。これからも、楽しくPythonでプログラムを作ってください。本書が皆さんとPythonの距離をぐっと縮めるのに役立てたなら幸いです。

Index

●キーワード

【A～J】

Anaconda ················· 232
Apache ··················· 230
Atom ···················· 020
bool ···················· 064
Caffe ··················· 232
cgi-bin ·················· 216
Content-Type ············· 218
continue ················· 079
Cookie ··················· 298
float ···················· 016
GUIアプリ ················ 208
Homebrew ················· 010
IDLE ···················· 019
int ····················· 016
JSON形式 ················· 178

【P～X】

Pandas ··················· 247
PyCharm ·················· 018
PyPI ····················· 166
Python ··················· 004
Python 2 ················· 026
Python 3 ················· 026
PYTHONIOENCODING ·········· 217
Raspberry Pi ············· 085
REPL ···················· 012
Session ·················· 300
str ····················· 046
SVCクラス ················ 237
SVMアルゴリズム ·········· 237
TensorFlow ··············· 231
Tkinter ·················· 208
URLパラメータ ············ 220
UTF-8 ··············· 021, 218
Webアプリケーション ······· 214
Webサーバ ················ 214
Webブラウザ ·············· 214
XAMPP ··················· 230

【あ～お】

アクセサ ················· 282
イテレータ ·········· 141, 143, 281
イベントドリブン ·········· 208
入れ子 ··················· 066
インスタンス ·············· 252
インスタンス変数 ·········· 258
インタプリタ ·············· 012
インデックス ·············· 089
インデント ··············· 004
エスケープシーケンス ······ 043
エラー ··············· 086, 221
オーバーライド ············ 265
オーバーロード ············ 276
オブジェクト ········ 052, 084, 251
オブジェクト指向 ······· 004, 250

【か～こ】

開発環境 ················· 018
カプセル化 ··············· 270
可変長引数 ··············· 128
空のクラス ··············· 272
関数オブジェクト ·········· 132
関数を定義する ············ 117
関数を呼び出す ············ 117
管理者権限 ··············· 217
機械学習 ················· 231
基底クラス ··············· 261
強制終了 ················· 072
クッキー ················· 298
組み込み関数 ·············· 157
クラスを設計 ·············· 251
クラス変数 ··············· 258
グローバル変数 ············ 129
継承 ···················· 261
ゲッター ················· 282
コマンドライン ············ 012
コマンドライン引数 ········· 180
コメント ················· 032
コンストラクタ ········ 253, 263
コンソール ··············· 013
コンパイラ ··············· 012

【さ～そ】

サブクラス ··············· 261
三項演算子 ··············· 199
三重引用符 ··············· 044
ジェネレータ ·········· 141, 144
ジェネレータ式 ············ 200
辞書型 ··················· 101
辞書(dict)内包表記 ········· 200
システム変数 ·············· 229
四則演算 ················· 028
集合型 ··············· 099, 100
集合型(set)内包表記 ········ 200
条件分岐 ················· 056
真偽型 ··················· 064
シングルクォート ······ 038, 042
スーパークラス ············ 261
スクリプト言語 ············ 002
スコープ ················· 130
スライス ············· 095, 112
正規表現 ················· 188
制御構文 ················· 056
整数型 ··················· 016
セッション ··············· 300
セッションハイジャック ····· 303
セッター ················· 282

【た～と】

ターミナル ·········· 013, 014
ダイアログ ··············· 208
代入 ···················· 035
対話実行モード ············ 012
多重継承 ················· 266
ダック・タイピング ········· 286
タプル ··············· 098, 100
ダブルクォート ········ 038, 042
抽象基底クラス ············ 286
チューニング ·············· 245
デコレータ ··············· 202
特殊記号 ················· 229

特殊メソッド ·············· 276

【な～ほ】

名前付き引数 ·············· 127
バグ ················· 086, 154
派生クラス ··············· 261
パッケージ管理システム ····· 010
バッチファイル ············ 184
範囲 ···················· 073
比較演算子 ··············· 057
引数 ···················· 117
非公開メンバ ·············· 270
標準モジュール ············ 159
ブール演算 ··············· 064
プログラミング言語 ········· 002
プロパティ ··············· 251
ヘッダ ··················· 228
変数 ···················· 034
ポート ··················· 215

【ま～よ】

無限ループ ··············· 072
無名関数 ················· 134
メソッド ················· 251
メタキャラクタ ············ 188
文字エンコーディング ······· 021
モジュール ··············· 156
文字列 ··················· 042
文字列型 ················· 046
文字列の生成 ·············· 110
文字列の連結 ·············· 045
戻り値 ··················· 117
ユニットテスト ········ 154, 292
要素 ···················· 088
予約語 ··················· 036

【ら～わ】

ライブラリ ··············· 004
リクエスト ··············· 214
リスト ··············· 088, 100
リスト内包表記 ········ 195, 200
レスポンス ··············· 214
ローカル変数 ·············· 129
論理演算 ················· 064
ワイルドカード ············ 188

●コマンド・スクリプト

【記号】

- ······················· 029
!= ····················· 057
% ······················ 029
* ······················ 029
*args ··················· 128
** ····················· 029
**args ·················· 129
.bat ···················· 184
.ps1 ···················· 183
.py ····················· 183
/ ······················ 029
// ····················· 029
__add__()メソッド ········· 277

__eq__()メソッド	277
__floordiv__()メソッド	277
__ge__()メソッド	277
__getitem__()メソッド	279
__gt__()メソッド	277
__init__()メソッド	254, 263
__le__()メソッド	277
__lt__()メソッド	277
__main__()メソッド	229
__mod__()メソッド	277
__mul__()メソッド	277, 278
__name__()メソッド	229
__ne__()メソッド	277
__setitem__()メソッド	279
__sub__()メソッド	277
__truediv__()メソッド	277
+	029
+=	071
<	057
<=	057
-=	071
==	057
>	057
>=	057

【A～E】

abs()関数	029
and	064
append()メソッド	093, 097
askokcancel()メソッド	209
askopenfilename()関数	210
askretrycancel()メソッド	209
askyesno()メソッド	209
assertEqual()メソッド	297
assertFalse()メソッド	297
assertIn()メソッド	297
assertIs()メソッド	297
assertIsInstance()メソッド	297
assertIsNone()メソッド	297
assertIsNot()メソッド	297
assertIsNotNone()メソッド	297
assertNotEqual()メソッド	297
assertNotIn()メソッド	297
assertNotIsInstance()メソッド	297
assertTrue()メソッド	297
atplotlibモジュール	234
bind()メソッド	213
break	078
cd	022
cgi.FieldStorage()	225, 229
cgiモジュール	220
class	251
clear()メソッド	097
close()メソッド	176
convert()メソッド	240
copy()メソッド	097
count()メソッド	097
cross_validation.train_test_ split()	237
datetimeモジュール	163
def	118, 251
docstring	118
dump()関数	178
dumps()関数	178
elif	067
else:	057, 060, 071, 073
enumerate()関数	093

escape()関数	229
except	150
extend()メソッド	095, 097

【F～L】

filter()関数	137
finally:	152, 176
find()メソッド	115
fit()メソッド	237, 245
float()関数	029, 051, 052
for	073
format()メソッド	048, 106, 115
form要素	224
from .. import ..	158, 233
getvalue()メソッド	226
global	130
help()関数	118
if	057
Image.open()メソッド	240
import	157
in	103
index()メソッド	097
input()関数	050, 118
input要素	224
insert()メソッド	097
int()関数	029, 052
isnumeric()メソッド	115
items()メソッド	105, 106
iter()関数	143
joblib.dump()メソッド	239
joblib.load()メソッド	239
join()メソッド	114, 115
jsonモジュール	178
keys()メソッド	103
lambda	134, 272
len()関数	089
list()関数	098
load()関数	178
loads()関数	178
localhost	215
lower()メソッド	109, 115
ls	022

【M～R】

map()関数	136
match.end()メソッド	189
match.expand()メソッド	189
match.group()メソッド	189
match.groupdict()メソッド	189
match.groups()メソッド	189
match.span()メソッド	189
match.start()メソッド	189
next()関数	143, 153
not	064
now()メソッド	163
numpy	240
numpy.asarray()メソッド	240
numpy.ndarray	240
open()関数	175, 183
or	064
os.path.abspath()メソッド	187
os.path.basename()メソッド	187
os.path.dirname()メソッド	187
os.path.dirname()メソッド	303
os.path.exists()メソッド	187, 228
os.path.isdir()メソッド	187

os.path.isfile()メソッド	187
os.walk()メソッド	181
pack()メソッド	213
pass	069
pilloモジュール	167
PILモジュール	240
pip	167
pop()メソッド	097
predict()メソッド	237
predict()メソッド	245
print()関数	038
pycrypto	168
python3コマンド	008
raise	152
randomモジュール	092, 160
range()関数	144
re.compile()メソッド	189
re.findall()メソッド	189
re.finditer()メソッド	189
re.match()メソッド	189
re.search()メソッド	189
re.split()メソッド	189
re.sub()メソッド	189
reisize()メソッド	240
remove()メソッド	097
replace()メソッド	109
replace()メソッド	114, 115
return	118
round()関数	029, 107

【S～Y】

scikit-learn	231, 243
self	252
self.assertEqual()メソッド	293
showerror()メソッド	209
showinfo()メソッド	209
showwarning()メソッド	209
sort()メソッド	097
sorted()関数	104, 138
split()メソッド	109, 113, 115
startswith()	115
staticmethod	273
Statusヘッダ	229
StopIteration	143
str()関数	046, 052
strftime()メソッド	163, 164
strip()	115
sum()関数	091
super()	263, 266
sys.exit()メソッド	182
today()メソッド	163
try .. except ..	149, 183
tuple()関数	098
type()関数	052, 084
TypeError	051
unittest.TestCase	293
unittestモジュール	292
upper()	115
values()メソッド	105
while	071
with	176
write()メソッド	175
yield	144

著者プロフィール

クジラ飛行机（くじら ひこうづくえ）

一人ユニット「クジラ飛行机」名義で活動するプログラマー。代表作に、テキスト音楽「サクラ」や日本語プログラミング言語「なでしこ」など。2001年オンラインソフト大賞入賞、2005年 IPAのスーパークリエイター認定、2010年 IPA OSS貢献者賞受賞。技術書も多く執筆しており、HTML5/JS・PHP・Pythonや機械学習・アルゴリズム関連の書籍を多く手がけている。

STAFF

カバーイラスト：2g (http://twograms.jimdo.com)
本文イラスト：totomods
ブックデザイン：三宮 暁子 (Highcolor)
DTP：AP_Planning
編集：伊佐 知子

eeb:000666

実践力を身につける Pythonの教科書

2016年10月31日　初版第1刷発行
2017年 8月25日　　第7刷発行

著者　　　クジラ飛行机
発行者　　滝口 直樹
発行所　　株式会社マイナビ出版
　　　　　〒101-0003　東京都千代田区一ツ橋2-6-3　一ツ橋ビル 2F
　　　　　TEL：0480-38-6872（注文専用ダイヤル）
　　　　　TEL：03-3556-2731（販売）
　　　　　TEL：03-3556-2736（編集）
　　　　　E-Mail：pc-books@mynavi.jp
　　　　　URL：http://book.mynavi.jp
印刷・製本　シナノ印刷株式会社

©2016 Kujira Hikouzukue , Printed in Japan
ISBN978-4-8399-6024-7

● 定価はカバーに記載してあります。
● 本書は著作権法上の保護を受けています。本書の一部あるいは全部について、著者、
　発行者の許諾を得ずに、無断で複写、複製することは禁じられています。
● 乱丁・落丁についてのお問い合わせは、TEL：0480-38-6872（注文専用ダイヤル）、
　電子メール：sas@mynavi.jpまでお願いいたします。